Sandro Salvador Sandroni
Guido Guidicini

barragens de TERRA e ENROCAMENTO

oficina de textos

Grafia atualizada conforme o Acordo Ortográfico da Língua Portuguesa de 1990, em vigor no Brasil desde 2009.

CAPA E PROJETO GRÁFICO Malu Vallim
DIAGRAMAÇÃO Luciana Di Iorio
PREPARAÇÃO DE TEXTO Hélio Hideki Iraha
REVISÃO DE TEXTO Ana Paula Ribeiro
IMPRESSÃO E ACABAMENTO BMF gráfica e editora

Dados Internacionais de Catalogação na Publicação (CIP)
(Câmara Brasileira do Livro, SP, Brasil)

Sandroni, Sandro Salvador
Barragens de terra e enrocamento / Sandro Salvador Sandroni, Guido Guidicini. -- São Paulo : Oficina de Textos, 2021.

ISBN 978-65-86235-45-6

1. Barragens 2. Barragens de enrocamentos 3. Engenharia civil 4. Segurança - Planejamento I. Guidicini, Guido. II. Título.

22-102386 CDD-627.8

Índices para catálogo sistemático:
1. Barragens de terra : Segurança : Engenharia civil 627.8

Aline Graziele Benitez - Bibliotecária - CRB-1/3129

Rua Cubatão, 798
CEP 04013-003 São Paulo SP
tel. (11) 3085 7933
www.ofitexto.com.br
atend@ofitexto.com.br

Sumário

INTRODUÇÃO

I.1 ASSUNTOS ABORDADOS E NOMENCLATURA UTILIZADA

A versão inicial deste livro de projeto de barragens de terra e enrocamento (BTEs) era constituída por textos sobre itens específicos escritos para cursos de barragens ministrados na Coppe-UFRJ e na PUC-Rio, entre 1988 e 2014. Existem diferenças na profundidade com que são enfocados os diversos tópicos, e as referências bibliográficas não pretendem ser completas. Procura-se suprir a inexistência de um livro que se constitua em um primeiro curso sobre BTE para estudantes de Engenharia Civil. Espera-se também que este livro possa ser útil para engenheiros envolvidos com BTEs. São abordados os principais conceitos geotécnicos utilizados em projetos de BTE. Procurou-se ilustrar os diferentes conceitos com exemplos de acidentes e obras.

O texto é dividido em capítulos da seguinte maneira:

- *Introdução*: explica os objetivos e faz um breve histórico da engenharia geotécnica de barragens.
- *Cap. 1*: aborda estatísticas de acidentes em barragens visando ressaltar os principais aspectos que devem ser objeto de atenção do engenheiro. Com base nessas estatísticas foram fixados os assuntos do curso e a ênfase dada a cada um.
- *Caps. 2 a 4*: enfocam a percolação através dos aterros (Cap. 2), pelas fundações (Cap. 3) e pelas interfaces de aterros com estruturas de concreto e com suas fundações (Cap. 4).
- *Cap. 5*: versa sobre a estabilidade dos aterros, durante a construção e durante a operação.
- *Cap. 6*: aborda aspectos relativos às estruturas de concreto das barragens que possuem caráter eminentemente geotécnico (como as subpressões em estruturas de peso).
- *Cap. 7*: enfoca a erosão dos taludes de montante e de jusante dos aterros.
- *Cap. 8*: aborda a geologia aplicada a projetos de barragens e destaca a importância dos detalhes geológicos.
- *Cap. 9*: aborda as barragens construídas para montante que vão sendo alteadas à medida que chegam ao seu reservatório rejeitos de mineração em condição fluida. Esse tipo de barramento não se encaixa, rigorosamente falando, no conceito de BTE utilizado no livro. Contudo, as rupturas recentes ocorridas em barragens desse tipo, em Mariana (2015) e em Brumadinho (2019), e as questões e dúvidas que essas rupturas trouxeram para nosso meio técnico motivaram a inclusão desse capítulo adicional.

Não são abordados os seguintes assuntos:

- *Procedimentos de prospecções geotécnicas*, tais como sondagens e ensaios de campo e laboratório.
- *Instabilidade dos taludes naturais*, tais como os das ombreiras, das escavações para a obra e das encostas que circundam o reservatório.
- *Instrumentação geotécnica.*
- *Siltagem em reservatórios*, por ser tema especializado situado na interface entre a geotecnia e a hidráulica de barragens.

- *Barragens com outros materiais*, tais como aço e madeira, por ser prática não usual no Brasil. Há menções a barragens de enrocamento com face de concreto e barragens de enrocamento com núcleo de asfalto.
- *Barragens constituídas por aterros hidráulicos*, por terem caído em desuso (há muitas décadas) no Brasil e na maioria dos países do Ocidente.
- *Utilização de geossintéticos em barragens*. Esse tema vem ganhando volume na prática e só é abordado brevemente em algumas passagens.
- *Barragens de peso* (concreto convencional e rolado). Sobre esse tema são enfocados apenas os aspectos que possuem interesse geotécnico (como é o caso das subpressões).

Recomenda-se a leitura dos seguintes materiais:

- *Earth and Earth-Rock Dams*, de Sherard et al. (1963).
- Capítulo 11 do livro *Soil Mechanics in Engineering Practice*, de Terzaghi e Peck (1967).
- *Presas de tierra y enrocamiento*, editado por Marsal e Resendiz Nuñez (1975).
- *100 barragens brasileiras*, de Cruz (1996).

Farto material de estudo e informação sobre projeto e construção de BTEs pode ser encontrado nas seguintes fontes:

- Seminários Brasileiros de Grandes Barragens, Simpósios, Encontros Técnicos e outras publicações do Comitê Brasileiro de Barragens (CBDB, anteriormente Comitê Brasileiro de Grandes Barragens – CBGB).
- Congressos Brasileiros de Mecânica dos Solos e Engenharia de Fundações e outras publicações da Associação Brasileira de Mecânica dos Solos (ABMS).
- Congressos Brasileiros de Geologia de Engenharia e outras publicações da Associação Brasileira de Geologia de Engenharia (ABGE).
- Publicações da International Commission on Large Dams (ICOLD).

Com vistas à uniformidade de nomenclatura, estão mostradas esquematicamente nas Figs. I.1 a I.3 as principais denominações utilizadas em engenharia de barragens. Os lados esquerdo e direito são definidos como se a pessoa estivesse olhando para jusante.

A Fig. I.4 mostra algumas das seções transversais típicas de BTE.

I.2 Evolução da engenharia de barragens

BTEs têm sido construídas desde a remota Antiguidade. As mais antigas de que se tem conhecimento foram construídas há cerca de 4.000 a.C. no Oriente Médio. Como exemplo apresenta-se, na Fig. I.5, a seção da barragem de Saad el Kafara, construída por volta de 2.600 a.C. próximo à cidade do Cairo, no Egito, a qual rompeu por transbordamento (erosão) durante a construção (ao que parece, a obra não dispunha de sistema de desvio).

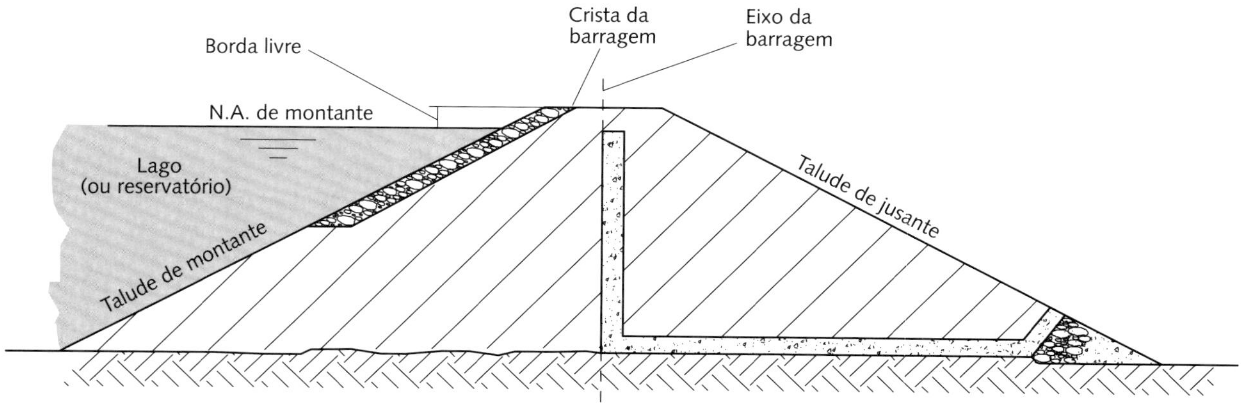

Fig. I.1 *Denominações – seção transversal*

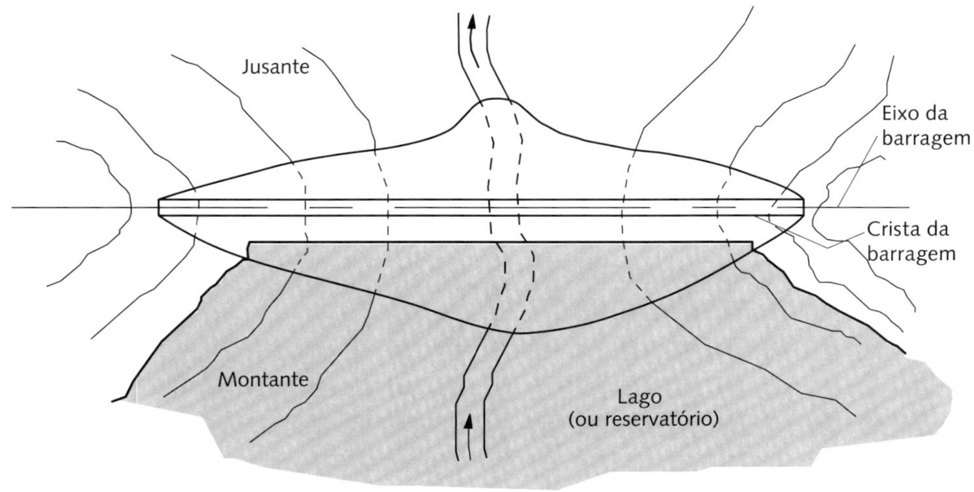

Fig. I.2 *Denominações – planta*

Ombreira esquerda

Crista da barragem

Ombreira direita

Fig. I.3 *Denominações – seção longitudinal*

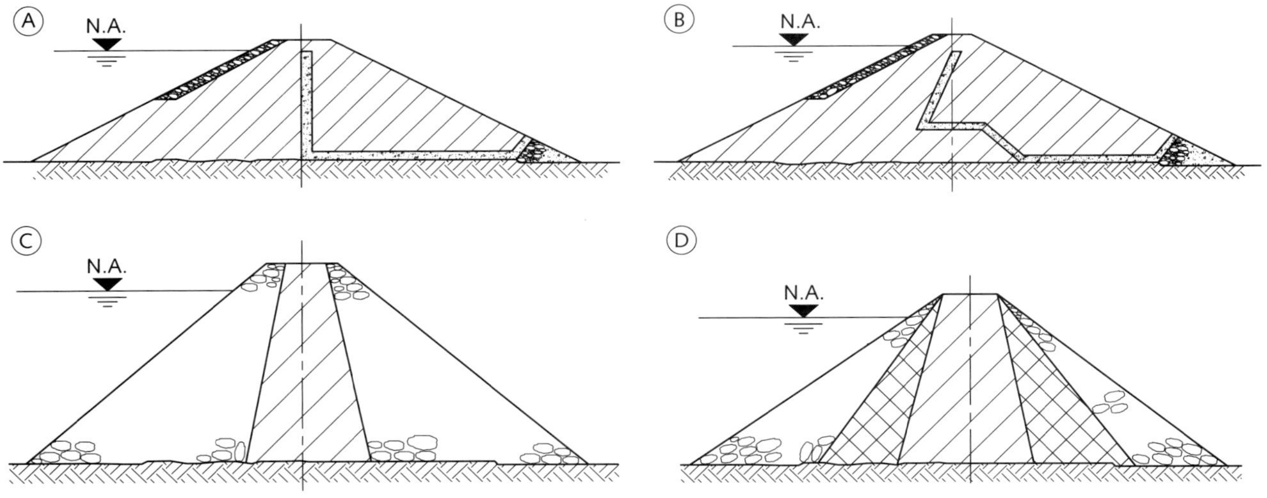

Fig. I.4 *Seções esquemáticas de BTE: (A) homogênea com drenagem interna vertical (chaminé) e tapete horizontal a jusante; (B) homogênea com drenagem interna inclinada e tapete elevado a jusante; (C) zoneada com núcleo e espaldares de enrocamento a montante e a jusante; (D) zoneada com núcleo e espaldares de terra e enrocamento a montante e a jusante*

Muitos outros povos da Antiguidade construíram barragens, com destaque para os da Índia, da China e do Sri Lanka. Os chineses e os hindus construíam barragens de terra desde muito antes de Cristo, mas há poucos registros. A ampla maioria das barragens da Antiguidade eram paredes de blocos de pedra apoiadas em rocha que podiam ser galgadas durante as cheias. Um exemplo são as barragens romanas (entre cerca de 200 a.C. e 300 d.C.), as quais tinham altura pequena (tipicamente entre 2 m e 8 m, com alguns casos de até 10 m a 11 m) e bases largas. A maior parte das barragens romanas de peso seria considerada conservadora pelos padrões atuais, com a relação entre a largura da base e a altura muito maior do que a julgada necessária hoje em dia. Desde a Antiguidade, em diferentes locais e povos, a maioria das barragens era de peso, mas algumas barragens possuíam partes em terra. Um exemplo de 3.000 a.C. localizado em Jawa, na Jordânia, está mostrado na Fig. I.6. A barragem de Kafara (Fig. I.5), de 2.600 a.C., tinha "núcleo" de solo.

As barragens de terra antigas da região de Sri Lanka eram homogêneas e tinham pequena altura. Uma notável exceção é a barragem de Paskanda, cuja primeira etapa, construída em 300 a.C., possuía a impressionante (para a época) altura de 17 m. Em seu terceiro alteamento, em 460 d.C., chegou a uma altura de 34 m, sem precedentes e não igualada nos 1.200 anos seguintes.

Os romanos utilizaram terra como contraforte de jusante em diversas barragens, particularmente na Península Ibérica. Um exemplo é a barragem de Proserpina, perto de Mérida, na Espanha, construída por volta do ano 300 d.C. e operante até hoje (sofreu reparos, mas nenhum acidente sério), mostrada na Fig. I.7. A barragem possui 420 m de crista e se destinava, originalmente, a abastecimento. Hoje sua água é utilizada para irrigação.

Os romanos usaram contrafortes na parede de montante em outras obras. Uma dessas barragens, a de Alcantarilla, perto de Toledo, na Espanha, rompeu por insuficiência desses contrafortes perante rebaixamento rápido. A barragem foi galgada e erodida na parte central e, com a súbita descida do nível de água do reservatório, o empuxo da parte de terra de jusante derrubou a parede para montante.

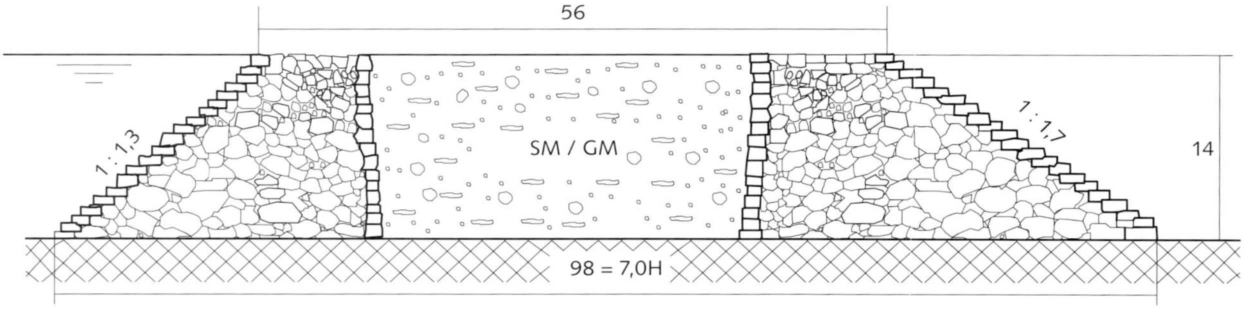

Fig. I.5 *Seção da barragem de Kafara (~2.600 a.C.)*

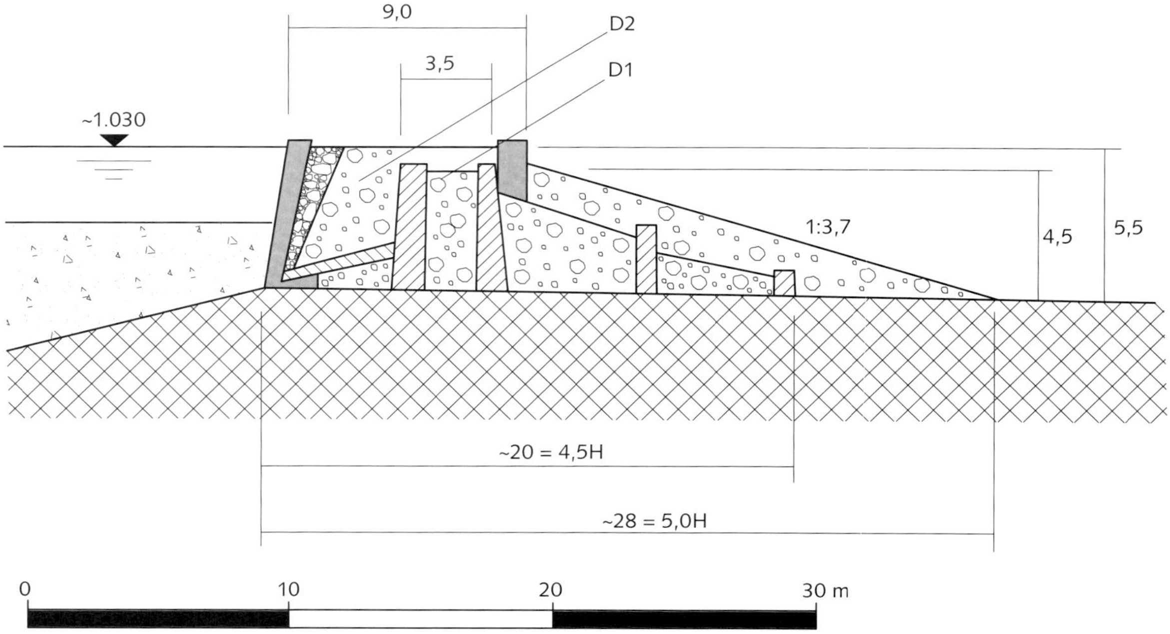

Fig. I.6 *Seção da barragem do sistema de água de Jawa (~3.000 a.C.)*

Os povos pré-colombianos da América Central eram grandes construtores de barragens. A Fig. I.8 apresenta a barragem do Palácio de Tikal, na Guatemala.

As civilizações de Bizâncio e Pérsia, os muçulmanos e os espanhóis destacaram-se como grandes construtores de barragens, sobretudo de alvenaria, respectivamente nos anos de 300 a 1400, 600 a 1100 e 1100 a 1800.

Só a partir do final do século XIX a engenharia civil de barragens começou a tomar a forma atual.

Por fascinante que seja a história antiga da engenharia de barragens, não cabe aqui entrar em mais detalhes. Basta dizer que praticamente todos os povos, em todas as épocas, construíram barragens e que, embora a maioria tenha sido de peso, muitas foram, ao menos em parte, constituídas por terra. Recomenda-se ao leitor interessado o livro de Schnitter (1994) sobre o assunto, no qual foram obtidos quase todos os relatos anteriormente descritos.

Os acidentes em barragens são tão antigos quanto elas. Os casos de Kafara e Alcantarilla mencionados, um durante a construção e outro durante a operação, são ilustrativos. Até recentemente (em termos históricos) procurava-se evitar acidentes através de legislação draconiana, na falta de princípios para racionalização. O código de obras de Hamurabi (1.800 a.C.) determinava que:

> Se alguém for preguiçoso e não mantiver sua barragem em condições adequadas e se, por consequência, a barragem romper e todos os campos forem afundados, então o dono da barragem que rompeu será vendido por dinheiro e o dinheiro será utilizado para repor o milho cuja ruína ele causou.

Uma inscrição de 1369 na Índia indicava os seguintes requisitos para a construção de um bom tanque (Rao, 1951):

- um rei dotado de justiça, rico, alegre e desejoso de adquirir riqueza permanente de um tanque;
- um homem versado na ciência de Pathas e Sastras [hidrologia];
- um terreno de solo duro;
- um rio contendo água doce por uma distância de 40 km;
- duas protuberâncias de morro em contato com ele, para o lugar do tanque;
- um aterro ou uma barragem de muro de pedra não muito longa e firme entre as protuberâncias de morros;

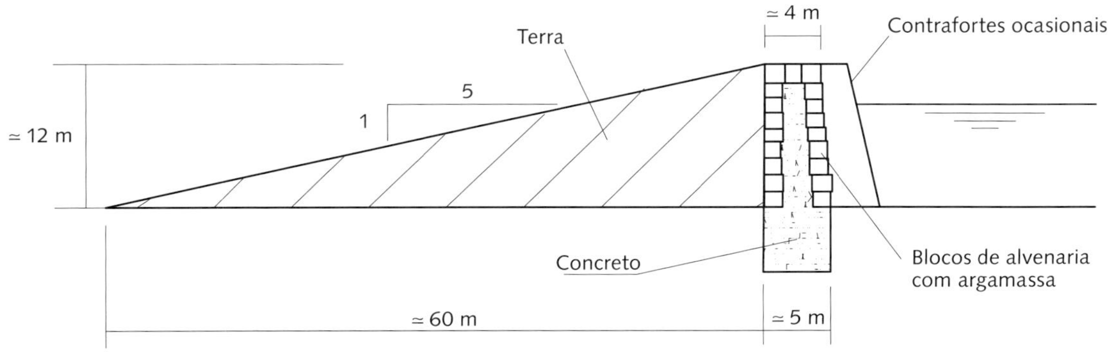

Fig. I.7 *Seção da barragem de Proserpina*

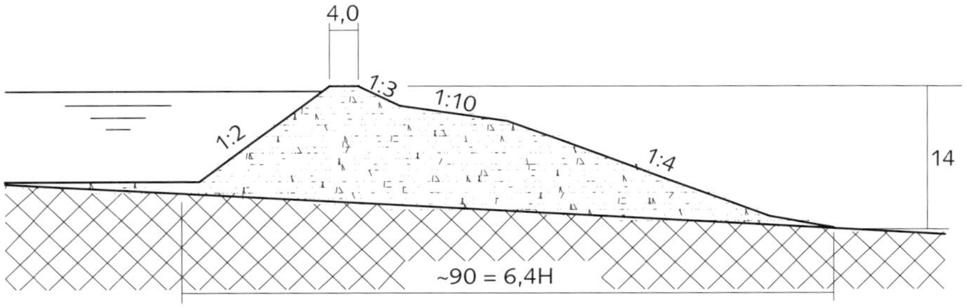

Fig. I.8 *Seção da barragem do Palácio de Tikal*

- as duas extremidades de morros desprovidas de terras frutíferas;
- um leito de tanque extenso e profundo;
- uma pedreira contendo pedras retas e compridas;
- uma baixada fértil na vizinhança;
- um rio contendo fortes rodamoinhos na região montanhosa;
- um grupo de homens versados na arte de construção de tanques.

Essas regras são perfeitamente válidas, e às vezes não observadas, até hoje. Exigir um rei justo, alegre e rico, ou seja, que disponha de recursos financeiros compatíveis com os custos e os prazos da obra a ser realizada e de organização para harmonizar o complexo conjunto de atividades, é um item fundamental para a segurança das barragens.

A partir do século XIX a construção de barragens de terra se torna comum, embora as grandes obras sigam sendo de alvenaria. Esse século foi um período de muito aprendizado e muitos insucessos. Até o início do século XX, a engenharia de barragens de terra era exercida de maneira totalmente empírica. O trecho a seguir, extraído do livro de Wegmann *The Design and Construction of Dams*, que foi sucessivamente publicado entre 1890 e 1927, ilustra claramente essa situação:

> Através da experiência de séculos e das lições ensinadas por várias catástrofes, as dimensões adequadas de barragens de terra e as precauções que devem ser observadas em sua construção foram totalmente estabelecidas. O projeto de tais obras não deve se basear em cálculos matemáticos de equilíbrio e pressão, como no caso de barragens de alvenaria, mas nos resultados encontrados pela experiência. (Wegmann, 1927, tradução nossa).

A partir dos anos 1930 ocorreu uma conscientização crescente de que, embora de racionalização particularmente complexa, as barragens de terra deviam e podiam receber tratamento racional. Em 1932, Justin, em seu livro *Earth Dam Projects*, escreveu que:

> Até recentemente a teoria foi pouco utilizada no projeto de barragens de terra. O projetista bem-sucedido foi governado pelas lições ganhas através de amargas experiências. Barragens de terra que resistiram ao teste do tempo foram fartamente copiadas. [...] esse procedimento é boa prática se todas as condições que existiram no local da barragem copiada também existem no local da barragem a construir. Esse, no entanto, é muito raramente o caso. De fato, uma barragem que esteve em uso por muitos anos possuindo um elevado fator de segurança pode se mostrar inteiramente perigosa se transportada para outro local. [...] Como resultado, a tendência moderna é encarar a barragem de terra como uma estrutura que requer investigação, análise e atenção aos detalhes de projeto e construção tão cuidadosas quanto as devotadas a outras estruturas, tais como pontes e barragens de alvenaria. (Justin, 1932, tradução nossa).

Aparece então um corpo de procedimentos de construção e de controle de qualidade para a execução de maciços terrosos. O início dessa tendência pode ser associado ao surgimento dos conhecimentos sobre compactação de solos argilosos. Essa preocupação com a qualidade do produto final obtido nos maciços gerou uma interação saudável entre os construtores de barragens e os setores de produção de equipamentos de construção, de forma que se veio a assistir a grandes progressos na indústria de equipamentos de terraplanagem e compactação. Data desse período a generalização do uso dos rolos pesados lisos e dos rolos pé de carneiro.

Só no final dos anos 1930 e início dos anos 1940 a função de filtro dos elementos drenantes em barragens de terra ganhou reconhecimento amplo. Os principais livros de referência para projeto de barragens dos anos 1930, como o de Justin (1932) e o manual *Low Dams* (NRC, 1938), precursor do conhecido *Design of Small Dams* (USBR, 1977), não possuem nenhuma referência a critérios de filtragem. Os primeiros trabalhos sobre o assunto datam do início dos anos 1940, como o de Bertram (1940), que se inspirou em sugestões de Terzaghi.

Também nos anos 1940 ocorreu o início das observações sistemáticas de comportamento de obras.

Passou-se a utilizar instrumentação para observar deslocamentos e pressões de poro nos maciços de barragens durante a construção e a operação.

Os anos 1940 e 1950 assistiram à consolidação dos conceitos e dos métodos de cálculo básicos da Mecânica dos Solos. Um número enorme de congressos, simpósios, artigos técnicos e textos básicos, como os de Taylor (1948), de Terzaghi e Peck (1967) e de Skempton e Bishop (1954), serviram, entre outros fins, para popularizar no meio da Engenharia Civil conceitos até então utilizados apenas por grupos restritos.

O trecho a seguir, extraído do livro *Earth and Earth-Rock Dams*, de Sherard et al. (1963, tradução nossa), espelha uma posição que caracteriza o que se pensava no início dos anos 1960 e que permanece válida:

> Tal como para a maioria das estruturas civis, o projeto de uma barragem de terra é baseado tanto em precedentes como em estudos analíticos. A experiência pessoal e as preferências do projetista, no entanto, têm um papel mais incisivo em barragens de terra do que na maioria das outras estruturas.

No final dos anos 1950 e início dos anos 1960 teve início no Brasil um período de construção de grandes barragens, a maioria das quais para aproveitamento hidrelétrico. Desde então ocorreu a formação de um expressivo contingente de engenheiros, geólogos e outros especialistas brasileiros na arte/técnica de projetar e construir grandes barragens. Nas décadas seguintes, a engenharia brasileira de barragens atingiu a posição de destaque da qual, sem dúvida, desfruta hoje no cenário internacional. Cruz (1996), na primeira parte de seu livro, faz uma apreciação histórica desse processo.

Nos anos 1960 e 1970 deu-se a introdução dos computadores e dos métodos numéricos, capazes de simular situações de fluxo, campos de tensão, equilíbrio-limite etc. muito mais complexas do que até então se fazia possível. A capacidade de simulação analítica dos procedimentos atuais de cálculo é tal que ultrapassa, na maioria dos casos, a precisão com que se pode obter parâmetros dos solos e das rochas para nutri-los.

Esses recursos sofisticados de cálculo são de extrema utilidade e seu potencial é indiscutível. Ocorreu, porém, em paralelo, uma valorização, talvez excessiva, da importância desses métodos de análise nos projetos de barragens. O extrato a seguir, de Peck (1980, tradução nossa), espelha adequadamente essa situação:

> Projetistas e entidades reguladoras tendem a dar crédito crescente a procedimentos analíticos complexos e a rejeitar o julgamento como um elemento de projeto não quantitativo, não confiável. Em minha opinião, o julgamento deve ser cultivado, reconhecido e utilizado como nossa melhor esperança para aumentar a segurança de barragens de terra. [...] O que podemos calcular nos permite fazer melhores julgamentos, nos permite chegar a melhores soluções de Engenharia. Porém, embora as teorias possam aperfeiçoar o nosso julgamento, elas podem também inibi-lo se utilizadas sem discriminação e sem avaliação crítica. [...], persistem aspectos da Engenharia Geotécnica em geral e do projeto de barragens em particular que ainda não se mostraram e, talvez, nunca se mostrem submissos à análise teórica. Chega-se à conclusão de que as barragens modernas raramente rompem por causa de análises numéricas incorretas ou inadequadas. Elas rompem porque julgamento inadequado é associado a problemas que, previstos ou não, aparecem em lugares como a fundação e a interface entre o aterro e a fundação. [...] Enquanto o mito de que só o que pode ser calculado é Engenharia persistir, os engenheiros não encontrarão incentivos ou oportunidades para aplicar bom julgamento a problemas cruciais.

Mais ou menos em paralelo com o desenvolvimento dos poderosos recursos de cálculo, tem-se assistido ao crescimento do uso da Estatística e da Probabilidade Aplicada em Engenharia. Jamiolkowski (1986, tradução nossa) vê na Aula Terzaghi de Casagrande (1965) o início efetivo dessa tendência e faz os seguintes comentários:

> A Estatística fornece procedimentos para obter informação de medições quantitativas dadas. Uma

> vez que as incertezas sejam adequadamente definidas em termos de parâmetros estatísticos, a análise de erro fornece procedimento para a seleção de parâmetros de projeto a partir de dados dispersos, tendenciosos e, por vezes, limitados. Ela permite também analisar como essas incertezas afetam o projeto.
>
> A teoria da confiabilidade fornece meios para substituir o fator de segurança pelo grau de confiança e para avaliar a segurança dentro de um arcabouço lógico e consistente. A análise de risco é um conjunto de conceitos e procedimentos que lidam com a tomada de decisões em circunstâncias difíceis, quando muitos componentes interagem e existe mais do que uma maneira de ruptura. [...] Contudo, um problema ainda a ser resolvido é como esses procedimentos, apesar do seu potencial e do seu significado seguro, podem ser introduzidos na prática diária. Duas razões principais para essa dificuldade podem ser identificadas:
>
> - a linguagem esotérica utilizada nas teorias acima;
> - o fato de que ainda existem poucas contribuições que permitem o uso dessas teorias em problemas específicos de projeto.
>
> Mas deve ser ressaltado que, em contraste com a complexidade da teoria como um todo, existem ferramentas simples e poderosas (como a análise de erro) que nos permitem entender a relação entre incerteza e segurança. Finalmente, deve ser enfatizado que análises estatísticas e de risco não devem ser consideradas como substitutas ou como mudança dos métodos determinísticos convencionais do projeto, mas sim como representativas de um procedimento sistemático para tomar decisões em tarefas difíceis.

Trabalhos mais recentes, como os de Christian, Ladd e Baecher (1994) e de Duncan (2000), sugerem que essa relativa simplificação das ferramentas estatísticas já está se tornando realidade.

Os anos 1960 trouxeram também, como já se prenunciava na década anterior, massas de informação experimental mostrando quão complexo é o comportamento real dos materiais terrosos. Aspectos comportamentais como anisotropia, histerese, fluência e relaxação, ruptura progressiva, rotação de tensões, plastificação localizada, expansibilidade, dilatância, metaestabilidade, colapsividade, dispersividade, efeitos térmicos etc. foram abordados e detalhados em centros de pesquisa e outras organizações.

A complexidade comportamental dos materiais naturais e as sutilezas das fundações estimularam, nos engenheiros praticantes, a já existente tendência à utilização da própria obra como posto de observação. Peck (1969, tradução nossa), em sua Aula Rankine, denomina essa postura de *método observacional* e lista as seguintes ações:

> a] Prospecção suficiente para estabelecer a natureza geral, o arranjo e as propriedades dos depósitos, mas não necessariamente em detalhe.
>
> b] Estabelecimento das condições mais prováveis e dos desvios mais desfavoráveis dessas condições. Neste exercício, a geologia tem frequentemente papel decisivo.
>
> c] Escolha do projeto com base nos comportamentos previsíveis a partir das condições mais prováveis.
>
> d] Seleção de quantidades a serem observadas durante a construção e cálculo prévio de seus valores com base nas hipóteses de trabalho.
>
> e] Cálculo dos valores das mesmas quantidades sob as condições mais desfavoráveis.
>
> f] Seleção prévia de uma postura de ação ou modificação de projeto para cada desvio entre os fatos observados e os esperados.
>
> g] Medição das quantidades e avaliação das condições reais.
>
> h] Modificação do projeto para atender às condições reais.

Um conjunto coerente de posturas realistas, considerando tanto precedentes como o método observacional e o raciocínio probabilístico, é encontrado na Aula Rankine do Prof. Victor de Mello (1977, tradução nossa), da qual foram extraídos os seguintes trechos:

O projeto e a construção de Engenharia têm como principal apoio a liberdade de se posicionar fora do universo menos favorável. Como primeiro passo, utilize todos os meios possíveis para evitar lidar com condições determinadas pelas estatísticas e probabilidades de valores extremos (Princípio de Projeto nº 1). Por exemplo, em barragens de terra o fenômeno de entubamento é tipicamente dominado por estatísticas de valor extremo, pois na saída da trajetória de percolação a partícula menos estável submetida ao gradiente pontual mais desfavorável será a primeira a ser removida.

Utilize um elemento condicionador dominante de forma a tornar o comportamento essencialmente independente das possíveis variabilidades estatísticas (Princípio de Projeto nº 2). Por exemplo, forte preferência é dada para um interceptor filtro-drenante tipo chaminé ao longo de toda a altura de um maciço de barragem.

O Princípio de Projeto nº 3 recomenda aproveitar a contribuição acumulativa do universo dominado, o que é um princípio de prudência, homogeneização e economia. No caso de barragens em fundações permeáveis, encomprimir a rota de percolação ao máximo. Preferir um único filtro de transição bem graduado em vez de uma sucessão de filtros uniformes. Finalmente, em certo sentido, a compactação deve ser reconhecida como uma medida de engenharia habilmente "inventada" para homogeneizar e pré-ensaiar dentro de certos limites de efetividade.

O Princípio de Projeto nº 4 incorpora os bem conhecidos conceitos de pré-carregamento e o método observacional (Peck, 1969) como princípios importantes de projeto. Assim, são favorecidos pré-carregamentos tão elevados quanto necessário, sob condições lentas e controladas.

O Princípio de Projeto nº 5, finalmente, lembra aos Engenheiros que, com frequência, a segurança e o comportamento satisfatório de uma barragem dependem criticamente da adequação das hipóteses feitas, e não do refinamento dos cálculos. Uma vez realizadas as hipóteses, presumidamente de rotina (médias), deve-se considerar como o comportamento desejado mudaria se os parâmetros variassem mesmo para condições de probabilidade muito baixa de ocorrência.

Embora esses conceitos pareçam intuitivos, julgou-se necessário enfatizá-los porque engenheiros "experientes" (aqueles que normalmente impõem o modelo físico e a escolha de universo) podem ser desfavoravelmente afetados por interpretações subjetivas de "precedentes", ao passo que os mais jovens podem ser tomados por entusiasmo descabido com refinamentos computacionais apoiados em modelos pobres de engenharia.

Em suma, a experiência e o bom senso (e, por consequência, as preferências pessoais) seguem sendo a principal ferramenta de definição dos projetos de barragens, fornecendo as alternativas iniciais e avalizando a alternativa final selecionada. Alguns aspectos dos projetos são justificados através de cálculos, procedidos com algoritmos poderosos e utilizando parâmetros obtidos com técnicas cada vez mais aprimoradas, que não conseguem, contudo, simular inteiramente o comportamento e as solicitações reais. O controle de qualidade durante a execução se coloca como um aspecto fundamental da prática de construção de barragens. O projeto prossegue durante a construção, quando muitas vezes tem seus momentos mais decisivos, e pela vida da obra (em particular no primeiro enchimento) através de acompanhamento qualificado, com instrumentação em alguns casos.

1 Acidentes em barragens

O termo *acidente* é utilizado para designar tanto os desastres ou rupturas como as anormalidades ou incidentes.

Chama-se *desastre* ou *ruptura* o colapso com reservatório cheio de barragem ou de estruturas (vertedouro, tomada d'água, casa de força, galeria de adução etc.) implicando a ocorrência de enchente a jusante com destruição de patrimônio externo ao complexo de barramento e paralisação prolongada ou definitiva do uso da obra.

Anormalidade ou *incidente* significa comportamento imprevisto ou inadequado, durante a construção ou durante a operação, implicando despesas com reforços ou reparos, atrasos de cronograma construtivo, redução dos benefícios previstos, sem destruição de patrimônio externo à obra. Por *comportamento inadequado* entende-se:

- fenômenos observados que se acredita possam degenerar produzindo desastres;
- eventos que tendem a impedir que a obra opere ou tenha a configuração inicialmente desejada;
- fenômenos observados que, embora não se constituam em ameaça para a segurança da barragem, possam gerar apreensão na comunidade afetada pela obra ou no público em geral;
- não atendimento a critérios desejados ou vigentes de segurança.

Os acidentes que interessam aqui não incluem atos de insanidade, de sabotagem, de terrorismo ou de guerra.

1.1 Incidência dos acidentes

Grillo (1964), utilizando estudo de Barnard de 1961, menciona 32 rupturas em um total de 1.764 barragens com mais do que 30 m de altura. Grillo considerava que essa incidência de rupturas, cerca de 1 em cada 50, "não tem qualquer significado em nossos dias" (ele escrevia em 1964) e avaliava que "os progressos da técnica reduziram, hoje, a possibilidade de acidentes catastróficos em barragens a valores estimados de 1 a 2 por 1.000".

Segundo a publicação *Lessons from Dam Incidents, USA* (ASCE; USCOLD, 1975), como se vê na Tab. 1.1, 11,2% (1 em cada 11) das 2.531 barragens construídas entre 1900 e 1960 ficaram expostas a acidentes, dos quais 2,3% (1 em cada 43) foram desastres. No Japão (Takase, 1967) a incidência de acidentes em barragens grandes no mesmo período foi de cerca de 10%, semelhante à americana.

A Tab. 1.1 mostra ainda que as incidências caem em cerca de quatro vezes de 1960 a 1973. Nesse período foram construídas 2.128 barragens nos Estados Unidos, das quais 2,8% (1 em cada 35) sofreram acidentes, incluindo 0,5% (1 em cada 193) de desastres.

Os dados tabelados, retirados diretamente do trabalho da American Society of Civil Engineers (ASCE) e do United States Committee on Large Dams (USCOLD), contêm um vício de origem: eles comparam barragens construídas em certo período com acidentes ocorridos no mesmo período. Dessa forma, não refletem corretamente o *status* técnico de segurança do período enfocado. Por exemplo, barragens acidentadas no período 1960-1973 podem ter sido construídas muito antes com tecnologia superada. Para contornar essa inconsistência, procedeu-se a um estudo caso a caso, no documento de ASCE e USCOLD (1975), dos acidentes ocorridos em obras construídas nos Estados Unidos em duas décadas específicas: o período 1920-1929 e o período 1960-1969. Nesse estudo excluíram-se os acidentes durante a construção, ou seja, consideraram-se apenas os acidentes ocorridos com água no reservatório. Os resultados, apresentados na Tab. 1.2, confirmam que houve um notável ganho de segurança nas barragens ao longo desse século. A incidência de acidentes passou de 6% (1 em cada 16) na década de 1920 para 2% (1 em cada 52) na década de 1960. A incidência de desastres, por sua vez, caiu 15 vezes, passando de 3% (1 em cada 35) na década de 1920 para 0,2% (1 em cada 470) na década de 1960.

Goubet (1979) fez uma comparação da incidência de desastres em barragens grandes nos Estados Unidos e na Europa que mostrou que o nível de segurança europeu parecia ser muito maior do que o americano. Segundo Goubet, no período de 1900 a 1974 teriam ocorrido desastres em 1,3% (1 em cada 78) das barragens americanas, enquanto nas europeias a incidência teria sido de apenas 0,3% (1 em cada 330). O autor, considerando a boa capacitação da técnica americana, sugere os seguintes motivos para essa diferença de nível de segurança:

- Existência, nos Estados Unidos, de zonas pouco populosas nas quais as rupturas não redundam em consequências graves.
- Construção, nos Estados Unidos, em zonas de clima semiárido nas quais as enchentes são particularmente difíceis de determinar. Além disso, o período relativamente curto de ocupação do território impede que, tal como na Europa, se conheça a hidrologia por tradição.
- Construção em muitos casos, nos Estados Unidos, de barragens com a audácia própria do espírito pioneiro, sem a participação do meio de Engenharia.

No Brasil, para um total aproximado de 2.000 barragens grandes (isto é, com mais do que 15 m de altura) construídas até 2017, podem ser mencionados os 19 desastres listados no Quadro 1.1. Ressalvando que nem o total de barragens grandes nem a quantidade de desastres mencionados são exatos, posto que as estatísticas existentes não são confiáveis, a incidência seria da ordem de 1% (1 em cada 100). Há ainda o catastrófico acidente por galgamento em Orós, durante a construção, e o acidente de ruptura de fundação no dique de Boa Esperança, do sistema

Tab. 1.1 Acidentes em barragens com altura maior do que 15 m nos Estados Unidos

Período	Construídas no período	Acidentes ocorridos no período	
		Anormalidades e desastres	Desastres
1900-1960	2.531	284 (11,2%)	59 (2,3%)
1960-1973	2.128	60 (2,8%)	11 (0,5%)

Nota: os dados desta tabela excluem barragens não convencionais (cerca de 250).
Fonte: ASCE e USCOLD (1975).

Tab. 1.2 Incidência de acidentes em barragens com reservatório cheio nos Estados Unidos

Período	Construídas no período	Acidentes em barragens construídas no período	
		Anormalidades e desastres	Desastres
1920-1929	382	23 (6%)	11 (3%)
1960-1969	1.880	36 (2%)	4 (0,2%)

Fonte: ASCE e USCOLD (1975).

da Hidrelétrica de Furnas, citado por Miguez de Mello (1981b).

Peck (1980) sugere que ocorre um desastre a cada 10.000 anos de exposição em barragens grandes projetadas e construídas por pessoal qualificado, bem conservadas e corretamente operadas. Esse nível de risco está comparado com outras atividades humanas na Tab. 1.3, supondo (grosseiramente) que cada desastre em barragem causa uma média de 50 óbitos. Portanto, pode-se dizer que estar a jusante de uma barragem bem construída e mantida é, hoje em dia, bastante mais seguro do que diversas atividades rotineiras do ser humano.

1.2 ÉPOCA DOS ACIDENTES

Na Tab. 1.4 estão indicados os períodos transcorridos e a respectiva quantidade de acidentes para as barragens construídas nos Estados Unidos na década de 1920 (ASCE; USCOLD, 1975). Como se vê, cerca de 83% dos acidentes ocorreram até os 20 anos de operação da barragem, sendo que 75% dos acidentes e todos os desastres aconteceram até os

Quadro 1.1 Desastres em barragens de terra grandes no Brasil

Barragem	Município	Data de início de operação	Tipo de acidente
Ema	Iracema (CE)	1932	Percolação pelo aterro
Duas Bocas	Cariacica (ES)	1940	Percolação pelo aterro
Pampulha	Belo Horizonte (MG)	1941	Percolação pelo aterro
Trairí	Tangará (RN)	1949	Galgamento por efeito cascata
Limoeiro	São José do Rio Pardo/Mococa (SP)	1958	Galgamento por efeito cascata
Santa Cruz	Santa Cruz (RN)	1959	Galgamento
Euclides da Cunha	São José do Rio Pardo (SP)	1960	Galgamento por falhas operacionais
Orós	Orós (CE)	1962	Galgamento na fase construtiva
Mulungu	Buíque (PE)	1981	Percolação aterro-galeria
Santa Helena	Camaçari (BA)	1981	Levantamento da laje do rápido do vertedouro
Açu	Açu (RN)	1983	Deslizamento do talude montante na construção
Cataguazes	Cataguazes (MG)	1990	Suspeita de erosão interna no aterro da barragem
Algodões I	Cocal (PI)	2001	Erosão na interface aterro/muro
Arneiroz	Arneiroz (CE)	2005	Galgamento na fase construtiva
Espora	Aporé (GO) e Itarumã (MS)	2006	Suspeita de galgamento (não houve testemunhas)
Apertadinho	Vilhena (RO)	2007	Erosão regressiva pela fundação (*piping*)
Bocaiúva	Brasnorte (MT)	2010	Erosão regressiva no dique da câmara de carga
Inxú	Campo Novo do Parecis (MT)	2015	Erosão regressiva no dique da câmara de carga
Cacimba Nova	Custódia (PE)	2017	Erosão regressiva pela fundação

Fonte: Guidicini e Sandroni (2021).

Tab. 1.3 Comparação dos níveis de risco

Atividade	Quantidade de óbitos a cada 10.000 anos de exposição
Estar a jusante de uma barragem de terra projetada, construída e mantida segundo padrões atuais	50
Viajar de automóvel (no Canadá)	150
Viajar de avião (em companhia aérea de primeira linha)	220
Viajar de motocicleta (no Canadá)	385
Voar com asa delta	430
Estar a jusante de uma barragem de terra projetada, construída e mantida segundo padrões do início do século XX	750

cinco anos. Dos quatro acidentes ocorridos após os 20 anos, dois foram por deslizamentos deflagrados por terremotos, um foi por galgamento e um foi por percolação pela fundação.

Tab. 1.4 Acidentes e desastres em barragens com reservatório cheio construídas entre 1920 e 1929 nos Estados Unidos

Tempo desde a construção (anos)	Acidentes	Desastres
0 a 1	11	5
1 a 2	4	4
2 a 5	2	2
5 a 20	2	-
Mais que 20	4	-
Total	23	11

Fonte: ASCE e USCOLD (1975).

Um aspecto notável dos dados mostrados na Tab. 1.4 é a concentração de cerca de metade dos acidentes (e dos desastres, também) no primeiro ano de operação, ou seja, durante ou logo após o enchimento do reservatório. O enchimento é um momento crítico da vida de uma barragem: grande parte da carga que ela terá que suportar é aplicada praticamente de uma vez e, em geral, rapidamente. São poucas as obras civis com essa característica e, certamente, as barragens são as mais caras e com maior potencial de dano. O período de enchimento e os primeiros anos de operação constituem uma fase de verificação das hipóteses e partidos de projeto. Por esse motivo, está hoje em dia plenamente estabelecida a noção de que o acompanhamento do enchimento do reservatório e dos primeiros anos de funcionamento é parte fundamental do projeto e dos requisitos de segurança de obras de barramento. A vigilância e a atenção técnica devem, evidentemente, continuar por toda a vida da obra.

1.3 Tipos de acidentes

Os acidentes em barragens muitas vezes resultam da atuação de diferentes agentes e podem ser explicados de mais do que uma maneira plausível. É frequente que não se disponha de todas as informações necessárias para explicar os fenômenos que provocaram o acidente. Nos desastres e nas anormalidades mais graves, justamente o trecho envolvido no acidente costuma ser totalmente removido ou fortemente distorcido, eliminando as evidências que permitiriam um diagnóstico preciso. Assim, em muitos casos é difícil determinar com segurança a natureza e a sequência de eventos que causaram o acidente.

Por esse motivo, os estudos de conjunto dos acidentes costumam apelar para categorias ou tipos de acidentes que não se reportam aos detalhes dos mecanismos que atuaram.

O estudo de ASCE e USCOLD (1975) preferiu categorizar os acidentes em barragens da maneira mostrada no Quadro 1.2. São levadas em conta a *fase* da obra em que se deu o acidente (com reservatório cheio ou durante a construção) e a *gravidade* do evento (desastre ou incidente). Em grupos à parte estão os acidentes ocorridos no reservatório (AR) e aqueles devidos à deterioração ou ao anacronismo das estruturas (MR).

Outros estudos (Justin, 1932; Middlebrooks, 1953; Sowers, 1977; Blind, 1983; Charles; Boden, 1985) optaram por agrupar os acidentes segundo a *forma* externa ou o *modo* de ocorrência. Sowers (1977), por exemplo, depois de definir ruptura (*failure*) como "qualquer entrave à função da barragem", estabeleceu as seguintes três formas de ruptura:

- *rupturas hidráulicas*: erosão superficial da estrutura, incluindo erosão por galgamento, erosão por ondas no talude de montante, erosão fluvial e erosão a jusante de descarga;
- *rupturas por percolação*: percolação excessiva ou incapacidade de resistir à percolação através da barragem ou de suas fundações;
- *rupturas estruturais*: deslizamento ou colapso estrutural da barragem ou de suas fundações.

No presente escrito foi adotado um agrupamento que utiliza tanto a *fase* da obra em que se deu o acidente como o *modo* de ocorrência (percolação, instabilidade, erosão e outros), o qual, por sua vez, é dividido em *tipos* de acidente. As categorias adotadas estão mostradas no Quadro 1.3.

Os tipos listados nesse quadro merecem algumas explicações:

- No modo *percolação*, os tipos definem a trajetória da água. Assim, são distinguidos os casos

Quadro 1.2 Tipos de acidentes em barragens utilizados por ASCE e USCOLD (1975)

Tipo de acidente	Descrição
F1 – Ruptura tipo 1	Ruptura em operação que implicou o abandono completo da obra
F2 – Ruptura tipo 2	Ruptura em operação que, na época, pode ter sido severa, mas que foi de natureza e extensão tais que foi possível recolocar a obra em operação
A1 – Acidente tipo 1	Incidente em operação que só não se tornou ruptura por obras de recuperação ou por ações estabilizantes (tais como esvaziar o lago)
A2 – Acidente tipo 2	Incidente durante o primeiro enchimento que exigiu atuação estabilizante imediata, tal como esvaziar o lago e executar obras de recuperação, antes de colocar a obra em operação
A3 – Acidente tipo 3	Incidente antes da operação e antes do primeiro enchimento. Recalques excessivos, deslizamento de maciço e ombreiras, com as estruturas essencialmente acabadas
DDC – Danos durante a construção	Danos em barragem parcialmente construída ou em estruturas temporárias necessárias à construção antes de a obra estar essencialmente completa. Rupturas de ensecadeiras e galgamentos não planejados da barragem parcialmente construída são exemplos
MR – Recuperações maiores	Obras de recuperação extensas ou importantes que se fizeram necessárias por deterioração ou porque certas feições da obra se tornaram superadas. Reconstituição de concreto deteriorado, reposição de enrocamentos, substituição de comportas etc. são exemplos
AR – Acidentes no reservatório	Incidentes ou problemas não usuais no reservatório que ocorreram durante a operação do projeto, mas que não causaram ruptura ou incidente maior nas estruturas de barramento

Quadro 1.3 Agrupamento de acidentes em barragens do presente escrito

Fase	Modo	Tipo
1 Com água no reservatório	1.1 Percolação	1.1.1 Em aterros 1.1.2 Em interfaces 1.1.3 Nas fundações 1.1.4 No reservatório (fugas)
	1.2 Instabilidade	1.2.1 Em aterros e suas fundações 1.2.2 Em estruturas e suas fundações 1.2.3 Em encostas e cortes
	1.3 Erosão	1.3.1 Na crista (galgamento) 1.3.2 Em taludes de aterros 1.3.3 Em estruturas e suas fundações
	1.4 Outros	1.4.1 Deterioração 1.4.2 Defeitos de operação 1.4.3 Siltagem do reservatório 1.4.4 Acidentes especiais
2 Durante a construção	2.1 Percolação	2.1.1 Em ensecadeiras
	2.2 Instabilidade	2.2.1 Em maciços terrosos 2.2.2 Em encostas e cortes
	2.3 Erosão	2.3.1 Na crista (galgamento) 2.3.2 Em estruturas de desvio
	2.4 Outros	2.4.1 Acidentes especiais

em que a água percola por dentro do aterro, em interfaces (aterro-fundação, aterro-estruturas) ou através das fundações. Ocorrem casos em que a trajetória da água passa pelo aterro e pela fundação e por uma interface etc. O quarto tipo, fugas, refere-se aos casos especiais em que acontecem perdas significativas de água do lago em pontos afastados do sistema de barramento, um fenômeno que pode ocorrer em áreas de rochas solúveis.

- O modo *instabilidade* engloba todos os tipos de acidentes nos quais as cargas solicitantes superam as cargas resistentes. No caso de aterros, o modo instabilidade enfeixa essencialmente os deslizamentos seja através do aterro, seja através do contínuo aterro-fundação. No caso de estruturas, incluem-se os deslizamentos, os tombamentos e os casos de subpressões excessivas, tanto os que afetam exclusivamente a estrutura como os que atingem o conjunto estrutura-fundação. O tipo em encostas e cortes corresponde aos deslizamentos e outros movimentos de massa que afetam as imediações do sistema de barramento e as margens do lago.
- O modo *erosão* engloba três tipos básicos. A erosão na crista, que ocorre quando as águas passam por cima da barragem (utiliza-se a

denominação *galgamento* para esse acidente, que é grave e quase sempre desastroso em barragens de terra). A erosão dos taludes, que pode ser causada por ondas, no caso do talude de montante, ou pelas águas de chuvas, no caso do talude de jusante. E, finalmente, a erosão de estruturas e de suas fundações, em geral causada pela velocidade ou pelo impacto das águas que se escoam para jusante.

Interessa discutir a incidência de cada um dos modos de acidentes, ou seja, a porcentagem que cada modo representa no conjunto de acidentes observados. Na Tab. 1.5 estão indicadas as incidências constatadas em quatro diferentes estudos (Justin, 1932; Middlebrooks, 1953; Blind, 1983; Charles; Boden, 1985).

Alguns aspectos interessantes podem ser notados nessa tabela:

- a percolação é responsável por 38% a 55% dos acidentes;
- os galgamentos ocupam o segundo lugar, respondendo por 24% a 42% dos acidentes;
- percolação e galgamento, juntos, são responsáveis por 70% a 80% dos acidentes. Vale notar que esses dois modos são responsáveis por uma proporção ainda maior dos desastres. Os dados de desastres brasileiros (ver Quadro 1.1) apontam para uma porcentagem ainda mais elevada (da ordem de 90%), posto que 17 dentre os 19 casos listados envolveram percolação ou galgamento.

Os estudos globalizantes, como os mostrados na Tab. 1.5, padecem de diversas formas de heterogeneidade de informação: enfeixam obras construídas em longo período, muitas obras têm ruptura complexa ou inexplicada (veja-se, por exemplo, a nota referente ao estudo de Blind), há acidentes difíceis de enquadrar (note-se o modo *outros*, colocado junto com erosão) e, talvez mais grave, não há distinção de fase, estando misturados nas estatísticas finais desde desastres até simples incidentes de fase construtiva.

Assim, resulta mais informativo um estudo detalhado e seletivo de um conjunto de acidentes definido no tempo e no espaço, tal como o que foi feito para as décadas de 1920 e 1960 a partir dos dados de ASCE e USCOLD, considerando apenas obras em fase de operação, isto é, com água no reservatório. A Tab. 1.6 resume os resultados desse estudo, podendo-se, com as restrições de praxe, fazer os seguintes comentários:

- a incidência de acidentes por instabilidade diminuiu bastante, apesar do aumento da altura das barragens, certamente como reflexo de uma melhor compreensão dos mecanismos envolvidos e do comportamento dos solos e das rochas, secundada pelo desenvolvimento de métodos de cálculo mais precisos e representativos;
- os acidentes por galgamento também diminuíram, o que pode ser creditado tanto ao desenvolvimento de posturas mais realistas e de métodos mais efetivos de análise hidrológica como a um maior cuidado com os procedimentos operacionais;
- a percolação parece ser hoje em dia o principal modo de acidente em barragens de terra e enrocamento. A incidência de problemas de percolação em maciços diminuiu sensivelmente. Já a incidência desses problemas na fundação praticamente não mudou.

Tab. 1.5 Incidência dos modos de acidentes em barragens de terra em diferentes estudos

Modo do acidente	Justin (1932) – 100 acidentes	Middlebrooks (1953) – 200 acidentes	Blind (1983) – 267 acidentes[(1)]	Charles e Boden (1985) – 100 acidentes[(2)]
Percolação	48%	38%	39%	55%
Instabilidade	5%	15%	10%	14%
Erosão e outros	47% (Galgamentos: 39%)	47% (Galgamentos: 30%)	51% (Galgamentos: 42%)	31% (Galgamentos: 24%)

[(1)] *Não considerando 42 acidentes com "causa desconhecida".*
[(2)] *Considerados apenas acidentes com reservatório cheio.*

Tab. 1.6 Acidentes geotécnicos em barragens construídas nas décadas de 1920 e de 1960 nos Estados Unidos, com reservatório cheio

Modo do acidente	Tipo do acidente	1920-1929 (23 acidentes em 382 barragens)	1960-1969 (45 acidentes em 1.890 barragens)
Percolação	Maciço	5 (1:80)	5 (1:400)
	Fundação	3 (1:120)	20 (1:100)
Instabilidade	Maciço	5 (1:80)	3 (1:600)
Erosão	Galgamento	4 (1:100)	1 (1:2.000)
	Taludes	1 (1:400)	8 (1:250)
	Estruturas de descarga	5 (1:80)	8 (1:200)

Nota: não foram considerados na elaboração desta tabela os acidentes do modo outros (basicamente, deterioração, defeitos nos equipamentos e superação de conceitos) nem os do modo acidentes no reservatório.

2 Percolação em aterros

2.1 Considerações preliminares

As barragens não são obras destinadas a impedir totalmente a passagem de água quer por suas fundações, quer pelos aterros. A percolação de uma certa quantidade de água é inevitável e, até certo ponto, desejável.

A vazão através e sob a barragem e as estruturas auxiliares não costuma condicionar o projeto, salvo no caso de reservatórios muito pequenos, porque a quantidade de água perdida por percolação costuma ser insignificante em comparação com os volumes utilizados na operação da obra e evaporados no reservatório. Há, por certo, situações excepcionais em que a vazão pelas fundações se torna proibitiva mesmo em barragens grandes, como foi o caso da barragem Hales Bar (EUA), construída em região de calcário cavernoso, que veio a ser abandonada.

A questão que se põe é estabelecer se a percolação coloca em risco a integridade do aterro ou da fundação. O que se teme é que o fluxo de água promova erosão interna, isto é, o arraste ou *carreamento* de partículas sólidas ou de material em solução. O carreamento pode se dar:

- de um ponto para outro no interior da barragem ou das fundações, causando *colmatação* ou entupimento de elementos drenantes fundamentais para a estabilidade da obra;
- da barragem para a fundação, da barragem para fora ou da fundação para fora, gerando o aparecimento de zonas de afofamento, de espaços vazios ou de "tubos", que causam trincas ou deformações excessivas em componentes da obra. Neste caso, o fenômeno é denominado *entubamento* (em inglês, *piping*). Nos casos mais graves, ocorre o colapso de partes vitais seguido do fluxo descontrolado no trecho afetado e da consequente destruição da obra no todo ou em parte.

O carreamento ocorre quase sempre ao longo de rotas preferenciais de fluxo, que podem se combinar, tais como:

- falhas, diaclases e outras descontinuidades no material de fundação;
- cavidades no material de fundação;
- fronteiras hidrogeológicas, como contatos entre formações ou estratos com permeabilidades diferentes;
- veios e camadas com permeabilidade contrastante com o resto da massa, como é o caso dos veios de quartzo em rochas granito-gnáissicas de fundação;
- camadas mais permeáveis em maciços de terra ou enrocamento, resultantes seja de compactação inadequada, seja da utilização de material diferente do das

demais camadas ou, ainda, de segregação de partículas;

- juntas de construção;
- interfaces entre maciços terrosos e suas fundações;
- interfaces entre maciços terrosos e estruturas adjacentes;
- trincas e fissuras em maciços terrosos e estruturas;
- vazios de formas variadas, de origem animal (tocas e furos, como os formigueiros e os "canalículos" de cupim) ou vegetal (raízes);
- descontinuidade em elementos de vedação ou de drenagem.

Qualquer uma dessas feições pode passar despercebida ou ser inadequadamente tratada nas fases de concepção e de execução da obra e só manifestar seus efeitos adversos após o enchimento do reservatório.

A percolação é o modo responsável por algo como dois terços de todos os acidentes de natureza geotécnica em barragens com reservatório cheio. Assim, a segurança das obras de barramento e de suas fundações quanto à ocorrência de carreamento coloca-se, por força da experiência, como o principal objeto de atenção da geotecnia de barragens. Esse assunto é enfocado neste capítulo, assim como nos Caps. 3 e 4.

Existem casos mistos nos quais a percolação interessa a mais do que um dos tópicos. Por exemplo, uma rota de percolação pela fundação pode estar ligada a outra em uma interface ou no aterro. Essas situações mistas serão abordadas no texto onde julgado conveniente.

2.2 Qualidade da compactação

Um aterro de barragem deve possuir densidade e umidade que variem aceitavelmente em torno de médias preestabelecidas. Em paralelo, e com igual importância, a superfície do aterro deve permitir trânsito cômodo para o equipamento em qualquer momento da construção. Nesses termos, os aspectos básicos que norteiam a qualidade dos aterros de barragem são: as *características de compactação* (*densidade* e *umidade*), a *homogeneidade* e a *trafegabilidade*. Nesta seção são enfocados esses três aspectos.

Até o começo do século XX as barragens de aterro eram construídas praticamente sem nenhum cuidado com a compactação e a homogeneidade, como no caso da barragem de Horse Creek, brevemente descrito no Boxe 2.1.

Por volta dos anos 1920, já havia alguma preocupação com a necessidade de compactar utilizando camadas pouco espessas. A função da umidade, porém, era ainda mal compreendida. O caso de Apishapa, relatado no Boxe 2.2, ilustra essa situação.

Boxe 2.1 Caso da barragem de Horse Creek (EUA)

A barragem de Horse Creek (Justin, 1932), construída em 1911 em Denver (EUA), rompeu por entubamento através do aterro três anos após a entrada em operação. O maciço de terra, com altura máxima de 17 m e comprimento pela crista de 1.400 m, tinha um volume de cerca de 550.000 m³. O aterro foi lançado em camadas com até 1,20 m de espessura, "compactadas" apenas pela passagem de máquinas leves (*scrapers* pequenos com capacidade de cerca de 1 m³). Houve umedecimento deliberado apenas na base do aterro (nos 60 cm inferiores da primeira camada). Todo o restante do aterro foi colocado muito seco, sem que se pensasse em umedecer para ajudar na compactação. A face de montante, com inclinação de 1:1,5 (V:H), era capeada por uma membrana de argamassa de cimento e areia. Não havia nenhum dispositivo de drenagem no aterro. A sequência de eventos do desastre foi a seguinte:

a] recalques do aterro sob a carga de água do lago atuante na membrana;
b] fissuramento da membrana;
c] percolação intensa com água entrando pelas fissuras da membrana e fluindo através do aterro;
d] carreamento de material do aterro, colapso e destruição. Houve provavelmente intenso trincamento do aterro mal compactado por ação da água. No trecho rompido a fundação apresentava-se impermeável e se observou linha freática alta.

Boxe 2.2 Caso da barragem de Apishapa (EUA)

A barragem de Apishapa (ver seção na Fig. 2.1) (Justin, 1932; Sherard, 1953), construída em 1921 em Fowler (EUA), rompeu por entubamento através do aterro em 1923, quando o reservatório exibia o nível mais alto desde a entrada em operação. O maciço de terra tinha 34 m de altura e um comprimento pela crista de 170 m. Foram utilizados dois tipos de solo na construção do aterro: o solo tipo 1, utilizado na porção inferior do maciço, era uma argila siltosa aluvionar com pouca areia e cascalho (com LL = 35%, LP = 18% e w_{ot} = 22%); o solo tipo 2, utilizado na porção superior do maciço, era uma argila arenosa marrom-clara que capeava o arenito existente na pradaria a leste da barragem (com LL = 27%, LP = 16% e w_{ot} = 16%). Os solos foram compactados em camadas com 30 cm de espessura utilizando um rolo liso de concreto com peso de cerca de 1 t/m. O solo 1 foi umedecido até certo ponto, não se dispondo de detalhes sobre esse aspecto. O solo 2 foi compactado essencialmente seco e se observou que os 5 cm a 6 cm superiores das camadas mostraram-se "duros", ao passo que a porção inferior podia ser escavada manualmente com facilidade. Desde o enchimento do lago observou-se vazão considerável no pé de jusante, bem como trincamentos e recalques no maciço. No dia do desastre, 23 de agosto de 1923, formou-se um "túnel" em forma de S ligando montante a jusante. A sequência de eventos foi a seguinte:

a] umedecimento do corpo barrante, causando deformações excessivas e forte fissuramento;
b] fluxo de água através das trincas e vazios, carreando cada vez mais material até o brechamento total do maciço.

Deve ser destacado que não havia sistema de drenagem no interior da barragem nem transição filtrante entre o aterro e o dreno existente no pé de jusante.

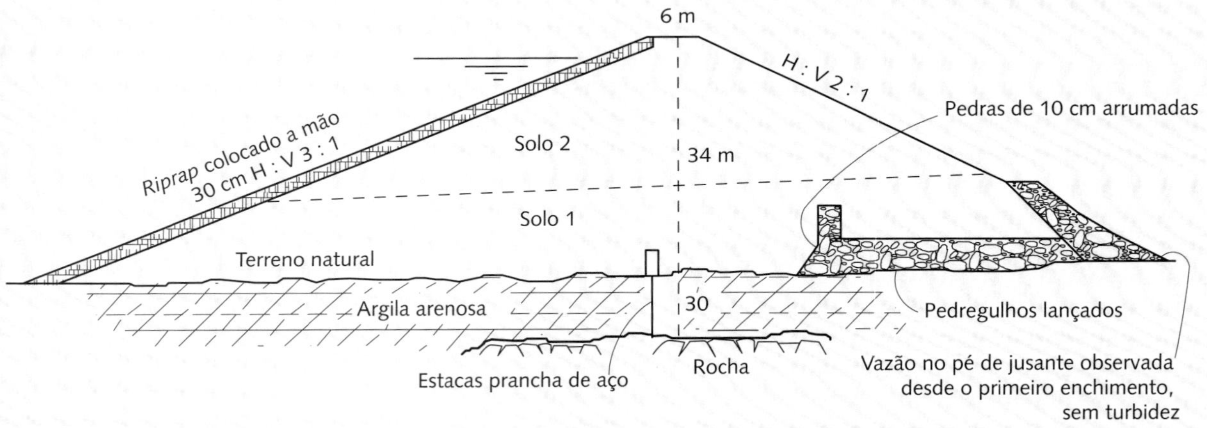

Fig. 2.1 *Seção transversal da barragem de Apishapa*
Fonte: adaptado de Justin (1932).

Esse estado de conhecimento – alguma consciência sobre densificação e nenhuma sobre umidade – se espelha nos textos sobre barragens da época. No livro *The Design and Construction of Dams*, de E. Wegmann, que foi sucessivamente editado entre o final do século XIX e a década de 20 do século XX, lê-se (em sua versão mais recente) que "é preferível utilizar camadas com apenas 15 cm", as quais "devem ser rigorosamente compactadas com rolos pesando cerca de 2,7 t/m a 5,4 t/m passando pelo menos seis vezes sobre cada porção de cada camada" (Wegmann, 1927, tradução nossa).

Já quanto à umidade, Wegmann emite preceitos vagos: "durante a compactação, a terra deve ser suficientemente umedecida por aspersão de forma que ela se adense bem, mas pouca água deve ser utilizada, pois há perigo em utilizar muita". E prossegue: "a molhagem não deve ser nunca mais do que uma aspersão (*sprinkling*) e, se o material for úmido, não será necessário utilizar água".

Justin (1932, tradução nossa), em seu livro, que foi dos primeiros dedicados exclusivamente às barragens de terra, prescreve que "a melhor prática é exigir camadas de 15 cm a 20 cm em materiais comuns, ao passo que, em materiais compressíveis, as camadas devem ser de 10 cm a 15 cm" (não se encontra no texto uma explicação do que seriam esses materiais "comuns" e "compressíveis"). Justin refere-se a cuidados quanto ao equipamento de compactação, que "deve exercer uma pressão não menor do que 2 kg/cm²". Quanto à umidade, Justin era mais detalhado do que Wegmann: "antes de cobrir qualquer porção de aterro com uma nova camada, sua superfície deve ser molhada com uma mangueira ou um carro-pipa" e "a água deve molhar a camada antiga apenas o suficiente para que, quando o rolo passar sobre a nova camada, ela seja forçada para o interior da antiga e a umidade seja forçada para cima, deixando umedecida a superfície da junção entre camadas". Não há referência à quantificação nem à homogeneização da umidade. A única menção à quantidade de água reflete preocupação com a trafegabilidade: "A quantidade de água, porém, não deve fazer com que o rolo compactador derrape ou tenha qualquer problema para trafegar".

A garantia de circulação, sem atolamento ou redução de produção, das máquinas de transporte, espalhamento e compactação se constituiu em forte condicionante no desenvolvimento dos equipamentos de compactação e das técnicas utilizadas na construção de aterros. Por volta dos anos 1920, os rolos mais comuns eram o rolo liso e um rolo com tiras de metal rebitadas na superfície do tambor. Os rolos do tipo pé de carneiro não eram muito difundidos nesse período, embora modelos leves desse tipo tivessem sido desenvolvidos e utilizados a partir do começo do século na Califórnia (EUA) (Bassel, 1907). Foi essencialmente para viabilizar a trafegabilidade dos caminhões mais pesados, cujo advento se deu a partir da década de 1930, que se aumentou o peso dos rolos compactadores e se consagrou o uso de rolos pé de carneiro.

No final dos anos 1920 e início dos anos 1930 aparecem os primeiros trabalhos sobre as características de compactação dos solos argilosos. Passava-se então a compreender que existe uma umidade (ótima) na qual se obtém a máxima densidade que se pode atingir em um solo, para um dado procedimento de compactação (peso e geometria do rolo, número de passadas etc.). Um solo argiloso seco, por melhor que seja compactado, sofre recalques adicionais (colapso) quando ocorre a molhagem do aterro pelo enchimento do lago. À medida que se aumenta a umidade com que se compacta o solo, esse recalque perante molhagem vai diminuindo. Para certa umidade (que depende do solo, da carga etc.) o recalque devido à submersão é mínimo. Se continuar a ser aumentada a umidade de construção do aterro, o solo começa a perder resistência e a aumentar a compressibilidade.

A utilização dos rolos pé de carneiro em camadas de pequena espessura já estava consolidada em meados da década de 1930. O efeito de punção das patas ajuda a criar camadas razoavelmente homogêneas e bem embricadas entre si. O resultado, porém, fica ainda longe de um aterro ideal homogêneo, como escreveu Casagrande (1937, tradução nossa):

> Os rolos pé de carneiro são eficientes na compactação de aterros, sem criar estratificação nítida. Porém, apesar disso, uma certa qualidade de estratificação permanece. Além disso, é praticamente impossível eliminar variações consideráveis nas características do material da jazida, em especial variações de permeabilidade, que resultam em variações substanciais de camada para camada na barragem.

No livro *Low Dams* (NRC, 1938), que veio a dar origem ao conhecido *Design of Small Dams*, já se encontram recomendações semelhantes às atualmente exigidas para a execução de aterros compactados quanto à umidade, à densidade e à homogeneidade:

- As camadas não devem ter espessura superior a 15 cm.
- Os rolos devem ser do tipo pé de carneiro e a pressão obtida pelo peso total do rolo dividido pela área de uma linha de pés deve ser superior a 17,5 kg/cm².
- A umidade do material em cada camada durante a compactação deve ser a ótima,

dentro dos limites práticos possíveis. A aplicação da água no material deve ser feita na jazida sempre que possível e será complementada por aspersão na praça, se necessário.
- A umidade deve ser uniformemente distribuída em toda a camada. Caso não seja possível promover a uniformização da umidade na jazida ou se a distância e as condições de transporte forem desfavoráveis, poderá ser necessário corrigir a umidade, revolvendo o solo na praça com trator de grades para uniformizá-la.

No início dos anos 1940 foram desenvolvidos os rolos compactadores de pneus com grande peso (40 t a 60 t). A superfície lisa deixada pelo rolo de pneus leva a que se escarifique a superfície da camada anterior antes de lançar a próxima, para promover um melhor embricamento entre camadas.

Os critérios citados do livro *Low Dams*, de 1938, são um tanto rígidos. Hoje em dia utilizam-se tanto rolos pé de carneiro como rolos lisos pesados. A espessura da camada não é restringida aos 15 cm: atualmente, com a evolução dos rolos compactadores, aceitam-se espessuras maiores do que essa, dependendo do tipo de material e de sua função na barragem.

A escolha do equipamento e da técnica de compactação – espessura de camadas, número de passadas etc. – costuma ficar em aberto até o momento da execução, quando então são considerados os equipamentos propostos pelo construtor. Através da verificação da qualidade efetivamente conseguida no campo se confirma o atendimento às características (médias e desvios) de densidade e umidade visualizadas em projeto.

Os equipamentos de compactação de solos utilizados em nosso país nas últimas décadas são os rolos de aço pé de carneiro estáticos (peso total da ordem de 15 t a 18 t) e vibratórios (peso estático na faixa de 9 t a 11 t) e os rolos lisos pesados de pneus (peso entre 20 t e 35 t).

A homogeneidade deve ser preservada, dentro dos limites possíveis, nas zonas do aterro construídas com um mesmo material. O que se almeja é evitar contrastes comportamentais acentuados que possam induzir campos de condutividade hidráulica, de deformação ou de tensão diferentes daqueles imaginados em projeto. As passagens regulares dos rolos compactadores promovem uma homogeneização em primeira instância.

Além da compactação, foram sendo acumuladas com base na experiência e no bom senso diversas recomendações construtivas que visam a produção de uma massa com comportamento homogêneo, como, por exemplo:
- evitar juntas de construção alinhadas no sentido montante-jusante que possam se constituir em rotas preferenciais de percolação, como entre praças de compactação adjacentes;
- tratar ou remover camadas cuja superfície tenha sido ressecada ou encharcada enquanto expostas ao tempo antes do lançamento da próxima camada;
- evitar a segregação de grãos durante as operações de transporte e espalhamento.

Em suma, o que se deseja ao construir um aterro de barragem é que, preservada a trafegabilidade, se obtenha, em cada zona de igual material, um maciço razoavelmente homogêneo, o qual, em qualquer ponto, tenha sido compactado com características físicas (umidade e densidade, basicamente) dentro de intervalos preestabelecidos (especificados). Nesse sentido, foi desenvolvido um amplo conjunto de conhecimentos, de procedimentos e de equipamentos construtivos. A aplicação correta desse conjunto de conhecimentos requer a presença, no canteiro de construção, de equipes de construção e de fiscalização compostas por pessoal qualificado e plenamente informado sobre os princípios e os detalhes do projeto e cuja atenção esteja permanentemente voltada para esse fim.

A qualidade do aterro durante a construção é verificada e garantida, principalmente, pela atuação de pessoal experiente que realiza contínua inspeção visual e táctil do material (granulometria, consistência, cor etc.) e impõe procedimentos executivos padronizados (tipo de equipamento, número de passadas, espessura das camadas etc.). A qualidade dos aterros de uma barragem é, ademais, documentada quantitativamente através da execução de ensaios de caracterização, de densidade, de umidade e de compactação, entre outros. Os detalhes dos procedimentos de controle quantitativo da qualidade dos aterros de barragens não são abordados aqui.

2.3 Drenagem interna

Os modernos cuidados com a compactação e a homogeneização dos aterros, embora tornando-os menos expostos a carreamentos e a fissuramentos resultantes de colapsos perante saturação, não eliminam os riscos associados à percolação. Essa garantia só é obtida através de drenagem interna adequada, que é o tema da presente seção.

Imagine-se um maciço de barragem homogênea sem drenagem interna. O fluxo de água percolante, ao atingir a face de jusante, concentra-se no ponto de saída, aumentando o gradiente hidráulico. Ao mesmo tempo, a água, atuando no aterro não confinado, tende a "amolecer" o material, tornando-o mais facilmente erodível.

Por outro lado, a homogeneidade que se consegue obter em qualquer aterro compactado em camadas não é suficiente para que inexistam contrastes de permeabilidade entre as diferentes camadas. Por consequência, o fluxo da água através do maciço compactado nunca se processa de maneira homogênea.

Mesmo os maciços terrosos bem compactados e satisfatoriamente homogêneos podem desenvolver trincas ou fissuras, que se constituem em caminhos preferenciais de percolação através dos quais a água pode fluir mais livremente e, logo, com maior capacidade de carreamento. O material das paredes das trincas fica sem apoio e, nessas condições, mesmo um solo bem compactado e coesivo pode "amolecer" e tornar-se vulnerável ao carreamento.

A técnica atual de concepção e construção de maciços de barragens enfrenta essas questões de gradientes de saída e de fluxos concentrados utilizando elementos drenantes condicionadores de fluxo colocados em posições convenientes no maciço.

Os elementos de drenagem devem possuir características adequadas de condutividade, de filtragem e de cicatrização. Esses três conceitos precisam ser bem compreendidos e estão explicados no que se segue.

A *condutividade* refere-se à facilidade com que a água incidente no elemento drenante flui em seu interior. O que se almeja é que não se desenvolvam gradientes apreciáveis no interior do elemento drenante. Não existem regras quantitativas fixas para projeto desse aspecto. Os preceitos comuns são a utilização de materiais drenantes com permeabilidade muito maior (cem ou mais vezes) do que a do maciço que está sendo drenado. O que se exige, em geral, no projeto é que os gradientes máximos no interior do elemento de drenagem sejam muito pequenos.

Os elementos drenantes de barragens são, normalmente, constituídos por materiais granulares (areias, britas) limpos (sem finos), cuja permeabilidade é uma função da granulometria (e, também, da densidade). Em cada caso, devem ser coletadas amostras representativas e realizados ensaios de permeabilidade.

Em estimativas preliminares, podem ser utilizadas as seguintes permeabilidades (k) para solos granulares sem finos:

- *Pedregulhos e britas* (diâmetro maior do que 5 mm): k maior do que 10 cm/s. O fluxo em britas pode não ser laminar, deixando de valer a equação de Darcy.
- *Areias grossas* (diâmetro entre 2 mm e 5 mm): k de 1 cm/s a 10 cm/s.
- *Areias finas e médias* (diâmetro entre 0,1 mm e 2 mm): k em função do diâmetro efetivo, D_{10} (em que 10% dos grãos do solo, em peso, possuem diâmetro menor do que D_{10}), como indicado a seguir.

D_{10} = 0,1 mm; $k = 2 \times 10^{-2}$ cm/s
D_{10} = 0,2 mm; $k = 6 \times 10^{-2}$ cm/s
D_{10} = 0,3 mm; $k = 1 \times 10^{-1}$ cm/s
D_{10} = 0,5 mm; $k = 2 \times 10^{-1}$ cm/s
D_{10} = 0,7 mm; $k = 3 \times 10^{-1}$ cm/s
D_{10} = 1,0 mm; $k = 5 \times 10^{-1}$ cm/s
D_{10} = 2,0 mm; k = 1,0 cm/s

O gradiente que se desenvolve em um elemento drenante é uma função da vazão, da permeabilidade e da área, como expresso pela equação de Darcy:

$$q = k \cdot i \cdot a \tag{2.1}$$

em que:
q = vazão;
k = permeabilidade;
i = gradiente hidráulico = dh/L, sendo dh = diferença de carga total (carga de posição + carga de pressão) e L = distância (na direção do fluxo);
a = área da seção normal ao fluxo.

A vazão que incide no elemento drenante é uma função da carga hidráulica, da geometria e das permeabilidades dos materiais a montante dele. Ela pode ser estimada através de fórmulas (em casos mais simples), de estudos com redes de fluxo e de programas de análise de percolação.

A área e a permeabilidade que o elemento drenante deve ter são ditadas pela vazão que nele incide e flui. A título de exemplo, imagine-se um tapete de jusante com comprimento (L) de 100 m e espessura de 1 m (a = 1,0 m²/m), constituído por areia com permeabilidade $k = 2 \times 10^{-3}$ m/s, no qual passe uma vazão de 0,3 l/min/m (5×10^{-6} m³/s/m). A diferença de altura de água ao longo do tapete (dada por $dh = [q \cdot L]/[k \cdot a]$) seria de 25 cm, correspondendo a um gradiente médio de 0,25/100 = 0,0025 (0,25%). Essa altura de água (que ficaria contida dentro do tapete) e o gradiente baixo seriam provavelmente considerados satisfatórios para projeto desde que a vazão tivesse sido estimada com prudência (isto é, multiplicada por um coeficiente de segurança da ordem de 4). Bastaria, no entanto, que a areia contivesse uma pequena porcentagem de finos para que sua permeabilidade fosse, digamos, 50 vezes menor e, por consequência, a altura de água na entrada do tapete fosse 50 vezes maior, ou seja, 12,5 m (uma altura de água obviamente inaceitável que poderia afetar a estabilidade do talude de jusante), e o gradiente fosse 0,125 (12,5%).

A *filtragem* é a característica do material de drenagem que impede que os grãos de maciço sejam transportados junto com a água drenada. Um filtro deve ter um arranjo (tamanho) de vazios tal que os grãos do maciço protegido não consigam circular através dele. Existem critérios de filtragem consagrados que resultam de pesquisas de laboratório e da bem-sucedida utilização em obras. Esses critérios se baseiam na granulometria e estão tabelados no Quadro 2.1, sendo discutidos em maior detalhe a seguir.

O primeiro critério do quadro, comumente denominado de Terzaghi-Bertram, se aplicado à filtragem de materiais de granulometria muito fina, resulta em filtros excessivamente finos que acabam por não atender às características de permeabilidade ou de cicatrização, deles também desejadas. Trabalhos

Quadro 2.1 Critérios de filtragem

Material a proteger	Critérios
Materiais granulares grossos, areias, siltes arenosos e argilas arenosas com $D_{85} > 0,1$ mm	$\frac{D_{15}\text{ Filtro}}{D_{85}\text{ Solo}} \leq 5$
Solos argilosos plásticos com D_{85} entre 0,03 mm e 0,1 mm, dispersivos ou não	$\frac{D_{15}\text{ Filtro}}{D_{85}\text{ Solo}} \leq 10$ ou D_{15} Filtro $\leq 0,4$ mm
Siltes finos (sem quantidade apreciável de areia) com D_{85} entre 0,03 mm e 0,1 mm, baixa plasticidade (LL < 30, abaixo da linha A)	D_{15} Filtro $\leq 0,3$ mm
Solos muito finos, $D_{85} < 0,03$ mm	D_{15} Filtro $\leq 0,2$ mm
Areia envolvendo tubulação drenante	$\frac{D_{85}\text{ Areia}}{\text{Largura da ranhura no tubo}} > 1,2$ $\frac{D_{85}\text{ Areia}}{\text{Diâmetro do furo no tubo}} > 1,0$

Notas:

1 – Os filtros devem ser bem graduados, porém com $\frac{D_{60}}{D_{10}} < 20$.

2 – Filtros arenosos não devem conter grãos com diâmetro maior do que 2".

experimentais posteriores e a experiência em muitas obras ao longo dos anos mostraram que praticamente qualquer material é adequadamente filtrado por um filtro com *D*15 da ordem de 0,40 mm. Uma exceção seriam os materiais excepcionalmente finos (cuja utilização é infrequente em barragens). Porém, mesmo esses solos mais finos são filtrados satisfatoriamente se o filtro tem *D*15 da ordem de 0,20 mm. Os critérios de filtragem apresentados no quadro baseiam-se em muitos estudos e informações de obras e podem ser considerados representativos da boa prática corrente. No entanto, em qualquer caso, deve ser feito estudo através de testes em laboratório para garantir que a filtragem será efetiva (em particular nos casos com filtrados muito finos).

Os critérios de filtragem, como os do Quadro 2.1, são desenvolvidos por meio de ensaios nos quais só são contempladas duas situações: *filtro bem-sucedido*, quando não ocorre nenhuma perda de grão do filtrado, e *filtro malsucedido*, quando passa qualquer quantidade de grãos do filtrado para o interior do filtro. Silveira (1964, 1965) e Humes (1995, 1998) enfocaram a situação, mais real, na qual ocorre a passagem de uma quantidade finita de grãos do filtrado para o filtro, seguida pela estabilização da interface, tendo-se criado um trecho autofiltrante no filtrado e um trecho contaminado no filtro. As prescrições teóricas desenvolvidas por esses autores baseiam-se nas curvas granulométricas do filtrado e do filtro, assim como nos critérios de filtragem do Quadro 2.1, porém levam em consideração não apenas um ponto, mas toda a distribuição de tamanho de grãos (no caso de Silveira) ou de área lateral dos grãos (no caso de Humes). Utilizando esses procedimentos é possível fixar, para um dado nível de garantia, a espessura mínima que um filtro deve ter em função da contaminação que ele pode sofrer. Segundo Humes (1998), a espessura mínima de um filtro é função da filtragem (proteção contra carreamento), da drenagem (ou seja, condutividade, capacidade de escoar a vazão sem desenvolver subpressões elevadas) e da exequibilidade construtiva (espessura mínima para lançamento e compactação no caso do tapete drenante, largura da caçamba da retroescavadeira no caso do dreno chaminé etc.).

Há ainda a considerar o risco de segregação dos grãos do filtro. Um material filtrante com espectro granulométrico excessivamente amplo pode sofrer segregação durante o transporte e a colocação no aterro. Evidentemente, se ocorrer segregação, as aglomerações de grãos mais grossos já não mais atenderão aos critérios de filtragem e poderá haver risco de carreamento através delas. Por esse motivo, salvo se houver outras garantias especificadas nos procedimentos da obra (reuniformização na praça, por exemplo), costuma-se exigir que filtros arenosos não contenham grãos com diâmetro superior a cerca de 5 cm e tenham coeficiente de não uniformidade (D_{60}/D_{10}) menor do que cerca de 20. Independentemente das regras ou dos critérios de projeto do filtro, a ocorrência de segregação deve ser evitada através de controle persistente realizado por pessoal qualificado durante a execução.

Os critérios de filtragem podem, em princípio, ser enfocados teoricamente. Pode-se demonstrar que o diâmetro da maior esfera que passa através do vazio formado por três esferas iguais em contato é 6,5 vezes menor do que o diâmetro dessas esferas. Bertram (1940) investigou experimentalmente essa questão e verificou que o diâmetro das partículas de um filtro uniforme pode ser até dez vezes maior do que o diâmetro das partículas de um material, também uniforme, a ser protegido, antes que se registre carreamento significativo. A concordância entre teoria e experimento é, portanto, razoável para filtros de granulometria uniforme. O critério dado na primeira linha do Quadro 2.1 é a expressão convencionada para esse fato.

Acontece que os materiais usuais não possuem granulometria uniforme. Essa não uniformidade de filtros e filtrados torna o estudo teórico bastante complexo e, embora conceitualmente ilustrativo, não aplicável rotineiramente em projetos. Assim sendo, os critérios de filtragem são abordados empiricamente na prática.

A *cicatrização* é um conceito que abrange duas qualidades:

- A primeira qualidade, que se pode chamar de *autofiltragem*, requer que o material que compõe o elemento drenante seja filtro de si mesmo.

Seguindo indicação não publicada do Prof. Victor de Mello (ver exemplo na Fig. 2.2), a autofiltragem pode ser verificada dividindo a curva granulométrica do solo em duas frações granulométricas, uma fina e uma grossa, escolhendo qualquer diâmetro como ponto de divisão: a fração grossa deve ser filtro da fração fina (isto é, deve atender aos critérios do Quadro 2.1).

- A segunda qualidade, que pode ser denominada *autocicatrização* ou *autosselagem*, requer que, em presença abundante de água, o material não consiga manter uma fissura aberta. Assim, mesmo que uma trinca atravesse um elemento drenante, suas paredes "desmoronarão" rapidamente em presença da água percolante, fechando-a. Isso implica exigir que o material seja não coesivo e justifica o preceito corrente de requerer que os materiais drenantes não possuam mais do que uma pequena porcentagem de finos (tipicamente, menos do que 2% de grãos passando na peneira 200).

As exigências de condutividade, filtragem e cicatrização, que devem ser rigidamente atendidas, requerem em muitos casos granulometrias não disponíveis na região da obra. Muitas vezes os materiais dreno-filtrantes têm que ser buscados em locais distantes ou britados. Há casos em que os solos granulares podem ser obtidos por separação hidráulica de solos existentes no local da obra, como mostram os dois exemplos relatados nos Boxes 2.3 e 2.4.

As barragens de terra homogêneas do começo do século simplesmente não dispunham de sistema de drenagem interna do maciço ou eram dotadas de elementos que eram drenantes, mas não eram filtrantes.

O acidente de Schofield é um exemplo de barragem cujo maciço, embora razoavelmente bem compactado, sofreu um sério acidente por carreamento devido à inexistência de filtragem adequada em sua drenagem interna (Boxe 2.5).

O desconhecimento dos princípios de filtragem aparece de maneira contundente nos textos do primeiro terço do século XX. Em nenhuma parte do livro de Wegmann (1927) se encontra qualquer preocupação com drenagem interna, com filtragem ou com os riscos de entubamento em aterros.

No livro de Justin (1932, tradução nossa) se encontra apenas um trecho de cinco parágrafos sobre drenagem de barragens de terra. Ali se lê: "em muitas barragens de terra, a parte de jusante é drenada artificialmente de forma a abaixar a linha de saturação e, assim, evitar a saturação do pé de jusante". Em seguida, depois de sugerir a utilização das então muito disseminadas paredes-núcleo de concreto, Justin afirma que "mesmo assim a drenagem artificial pode ser necessária". Ele cita então um único tipo de drenagem, situado na fundação sob a zona de jusante da barragem, composto por "valas escavadas perpendicularmente ao eixo da barragem e preenchidas com pedras, as maiores colocadas no fundo e as menores em cima, até o topo, onde pedra britada ou cascalho fino é utilizado". E prossegue Justin: "essas valas geralmente consistem de manilhas cerâmicas de esgoto com 6″ a 8″ de diâmetro assentadas com as juntas abertas e amplamente protegidas com cascalho ou pedra britada". Ou seja, o material mais fino

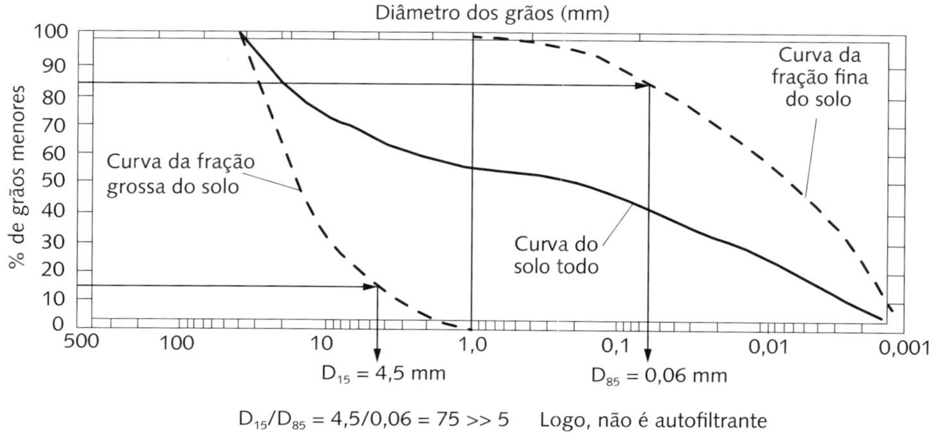

Fig. 2.2 *Exemplo de verificação da autofiltragem de um solo qualquer*
Fonte: com base em comunicação pessoal do Prof. Victor de Mello.

Boxe 2.3 Caso da barragem de Itaúba (RS)

Na construção da barragem da UHE Itaúba (RS), foi obtida areia limpa para filtro a partir de uma areia argilosa local da seguinte maneira (comunicação pessoal do Prof. Paulo Cruz – ver Figs. 2.3 e 2.4): o solo era emulsionado com jato de água em uma plataforma superior, de onde descia por um plano inclinado com chicanas (que faziam a água descer em zigue-zague, aumentando a separação dos grãos). No pé do plano inclinado ficava a areia, enquanto a água carregava os grãos finos para pontos mais distantes. Mais do que um ciclo desses, seguido de um esquema de lavagem em peneira, foi necessário para obter a areia limpa desejada. A areia ficou mais barata do que a da distante jazida disponível.

Fig. 2.3 *Emulsão da areia argilosa na barragem de Itaúba*
Fonte: foto de comunicação pessoal do Prof. Paulo Cruz.

Fig. 2.4 *Chicanas no plano inclinado para separação da areia na barragem de Itaúba*
Fonte: foto de comunicação pessoal do Prof. Paulo Cruz.

Boxe 2.4 Caso da barragem de Salinas (PI)

Na construção da barragem de Salinas (PI), a alternativa de projeto para obtenção do material grosso a ser utilizado como transição na saída do sistema de filtro-drenagem, no pé de jusante da barragem, era usar brita trazida de trem desde uma pedreira situada a 200 km. Durante a execução percebeu-se a existência de um cascalho arenoso no local da obra que, lavado em peneira, forneceu uma excelente transição de grãos arredondados que atendia à granulometria desejada (ver Fig. 2.5). Esse cascalho serviu, ainda, como agregado para concreto.

Fig. 2.5 *Obtenção de transição filtrante (e agregado para concreto) na barragem de Salinas: (A) material natural, (B) separação e (C) cascalho obtido*

Boxe 2.5 Caso da barragem de Schofield (EUA)

A barragem de Schofield (Sherard, 1953), construída em 1925-1926 em Utah (EUA), sofreu perda substancial de material da porção de montante por carreamento. O acidente se deu em 1928, quando o reservatório exibia o nível mais alto desde a entrada em operação. O maciço de terra, com 19 m de altura, foi construído com a seção mostrada na Fig. 2.6. A zona de montante foi construída com uma argila siltosa, de coloração amarelo-clara, derivada de coluvionamento dos arenitos e folhelhos das encostas vizinhas. A zona de jusante foi formada por rocha de pedreira em blocos com peso de até 6 t. Entre as duas zonas foi colocada uma faixa de blocos arrumados assentados com grua. O maciço argiloso foi construído em camadas de 15 cm previamente umedecidas e compactadas com rolo liso de 10 t. A superfície era escarificada antes do lançamento da próxima camada. O acidente se deveu ao carreamento do material argiloso para o interior da zona de enrocamento a jusante. Só não ocorreu um desastre porque o enrocamento resistiu tempo suficiente para que se lançassem sacos de areia e solo a montante.

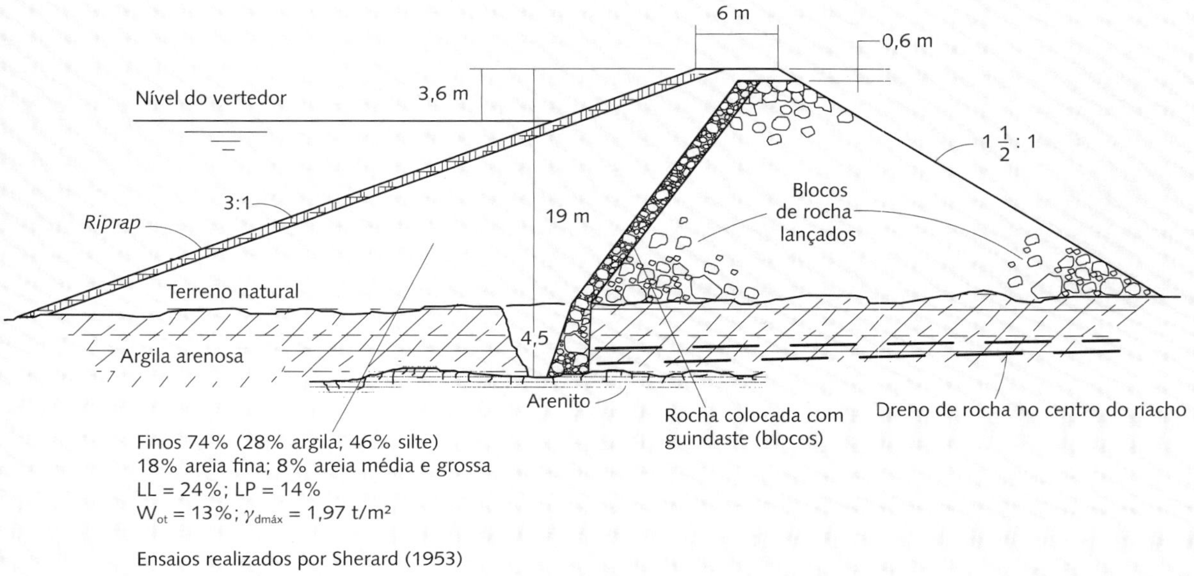

Fig. 2.6 *Seção transversal da barragem de Schofield*

recomendado para contato com o maciço argiloso é pedra britada, um preceito que seria hoje em dia considerado totalmente inaceitável por não atender, nem de longe, aos critérios de filtragem. Na época, porém, não se possuía clareza quanto aos riscos de carreamento de materiais argilosos, provavelmente devido a uma associação mental (incorreta) de que a natureza coesiva da argila garantiria a resistência ao carreamento de seus grãos.

As barragens de terra com paredes-núcleo de concreto armado foram amplamente utilizadas no Brasil e no exterior no primeiro terço do século passado. As barragens de Lima Campos (CE), Jaibara (CE), Engenheiro Ávidos (PB), Quebra Unhas (PE) e Curema (PB), bem como a de João Penido, em Juiz de Fora (MG), são exemplos brasileiros. A partir da década de 1940 esse tipo de barragem deixou de ser utilizado, sem que acidentes graves motivassem o abandono. Na verdade, o projeto com núcleo central de concreto em barragem de terra permanece como alternativa atraente, pois, além de ser perfeitamente possível criar um projeto seguro, oferece uma grande flexibilidade executiva e econômica quanto ao tipo de solo que pode ser usado no corpo da barragem, a montante e a jusante do núcleo.

Um exemplo notável de barragem de terra com núcleo de concreto que, realizada com princípios que seriam atualmente considerados errados, sofreu severas deformações, mas resistiu, é o de Crane Valley, na Califórnia (EUA), descrito no Boxe 2.6.

Boxe 2.6 Caso da barragem de Crane Valley (EUA)

Construída em 1910, com 38 m de altura, a barragem de Crane Valley (Sherard et al., 1963) possuía núcleo de concreto (largura de 30 cm na crista e 180 cm na base), tendo a montante um aterro hidráulico com talude 2:1 (H:V) e a jusante enrocamento (blocos grandes de rocha dura com grande quantidade de finos) lançado em camadas espessas com talude 1,5:1 (H:V). O aterro hidráulico foi lançado de forma que o material mais fino se agrupasse junto à face de montante do núcleo de concreto. Desde o início da operação aconteceram deslocamentos no topo da parede de concreto (a qual protuberava na crista da barragem). Foi medido 1,50 m de deslocamento horizontal para jusante entre 1914 e 1952. Para o período de 1910 a 1914 foi estimado um deslocamento máximo de 2,70 m. Ou seja, nos primeiros 40 anos de operação a crista da parede central de concreto se deslocou mais do que 4 m para jusante. Foi lançado enrocamento adicional a partir da crista sobre o talude de jusante, de maneira que a inclinação foi suavizada para cerca de 3:1 (H:V). Um poço realizado em 1928 junto à face de jusante da parede de concreto indicou que a sua parte inferior, até cerca de 2 m acima da rocha de fundação, não havia se movido. Verificou-se que a maior parte dos deslocamentos da crista resultaram de rotação da parede acima da trinca observada nessa profundidade. Os engenheiros que fizeram a vistoria de 1928 concluíram que a parede de concreto estava fortemente trincada tanto horizontal como verticalmente, mas que o solo fino a montante selara as trincas, evitando a percolação excessiva. Tentou-se, ainda, fazer um poço a montante, mas só foi possível aprofundá-lo até os 24 m porque o material se apresentava praticamente líquido.

O desconhecimento da necessidade de filtragem foi responsável direto por um sem-número de acidentes, dos quais o caso de Schofield (Boxe 2.5) e o desastre de Pampulha, em Belo Horizonte (MG), são exemplos. É interessante notar que a barragem de Pampulha, cujo desastre está descrito no Boxe 2.7, foi construída poucos anos após a publicação do livro de Justin e possuía sistema de drenagem que seguia os preceitos nele contidos.

No final da década de 1930 os perigos do entubamento já eram de conhecimento geral (Harza, 1936). No entanto, os princípios quantitativos de filtragem e a utilidade da drenagem colocada no interior do aterro permaneciam ainda mal compreendidos.

O capítulo sobre drenos em barragens de terra do livro *Low Dams* (NRC, 1938) ilustra bem o estado da prática da época. O livro afirma que "drenos internos dentro do aterro serão raramente necessários" e que, "quando necessários, devem ser especificados com grande cuidado e colocados apenas no terço de jusante do aterro". E continua:

> Se o aterro é feito com solo adequado que foi corretamente compactado na construção, a presença de água nele é esperada e não causará problemas [...] porém, sob as seguintes condições, drenos serão de benefício: (1) quando a percolação através e sob a barragem levanta o nível d'água embaixo da barragem a ponto de causar áreas encharcadas. Se a percolação é coletada por drenos internos imediatamente dentro dos limites da barragem e conduzida para o leito antigo do rio o problema será eliminado: (2) se o aterro é apoiado em rocha ou outra base impermeável pode haver uma tendência da água que percola pelo núcleo de concentrar seu fluxo ao longo do plano de contato. Uns poucos drenos laterais ligados a um coletor que transporte a água para uma saída segura aliviarão essa condição. (NRC, 1938, tradução nossa).

O esquema imaginado está mostrado na Fig. 2.9 e demonstra que a drenagem interna seguia se restringindo a elementos drenantes situados ao nível da fundação e próximos ao pé de jusante da barragem (também citado no livro de Justin, 1932). O livro *Low Dams* (NRC, 1938, tradução nossa) dá, em seguida, uma clara demonstração de conhecer a necessidade de filtrar ao mesmo tempo que desconhece totalmente qualquer critério de filtragem:

> Os detalhes de projeto dos drenos coletores requerem atenção especial. O dreno deve ser construído para atuar como um filtro invertido de forma que a

Boxe 2.7 Caso da barragem de Pampulha (MG)

A barragem de Pampulha (Vargas et al., 1955), construída em Belo Horizonte em 1936-1940, foi destruída por entubamento em 20 de abril de 1954, 13 anos após a entrada em operação. O maciço de terra, com 16,5 m de altura e 330 m de comprimento pela crista, tinha a geometria mostrada na Fig. 2.7. A barragem foi inicialmente projetada para ter 11,5 m de altura. Ainda durante a construção decidiu-se alterá-la para os 16,5 m finais. O sistema de drenagem da fundação do aterro de 11,5 m, já implantado quando da decisão de altear a barragem, era composto por tubos perfurados transversais com diâmetro de 30 cm cuja extremidade de montante situava-se a apenas 7 m da face de montante do aterro. Esses tubos eram envolvidos por "pedras limpas, bem arrumadas, passadas na peneira 2,5 cm" e desembocavam em um coletor com 60 cm de diâmetro, o qual era "envolvido por empedramento de rocha sã bem arrumada". Com o alteamento do aterro, esse sistema de drenagem foi estendido para jusante através de um único coletor transversal com diâmetro de 60 cm. Os detalhes desse sistema de drenagem interna do aterro podem ser apreciados na figura. O aterro era homogêneo, constituído por uma argila muito arenosa resultante da alteração de rocha gnáissica ("saibro", segundo as especificações de projeto) compactada em camadas com 20 cm de espessura. Quanto à umidade e ao grau de compactação, embora não se possuam dados da época da construção, dispõe-se de ensaios executados no aterro remanescente após o desastre. Esses resultados sugerem que a barragem original foi compactada mais úmida e menos densa do que o trecho de alteamento, ambos, porém, situando-se dentro de faixa aceitável por padrões atuais. Na face de montante foi implantada uma laje de concreto armado solidária a um plinto vertical que penetrava 3 m a 5 m na fundação. A sequência do acidente foi a seguinte:

a] percolação com carreamento do material do maciço para o interior do sistema de drenagem, descalçando a membrana de concreto de montante;
b] afundamento e fissuramento da membrana de concreto;
c] aumento do fluxo, aumento do carreamento e, finalmente, formação de um "tubo" em forma de S e destruição do maciço.

Fotos aéreas da barragem de Pampulha durante a ruptura estão na Fig. 2.8.

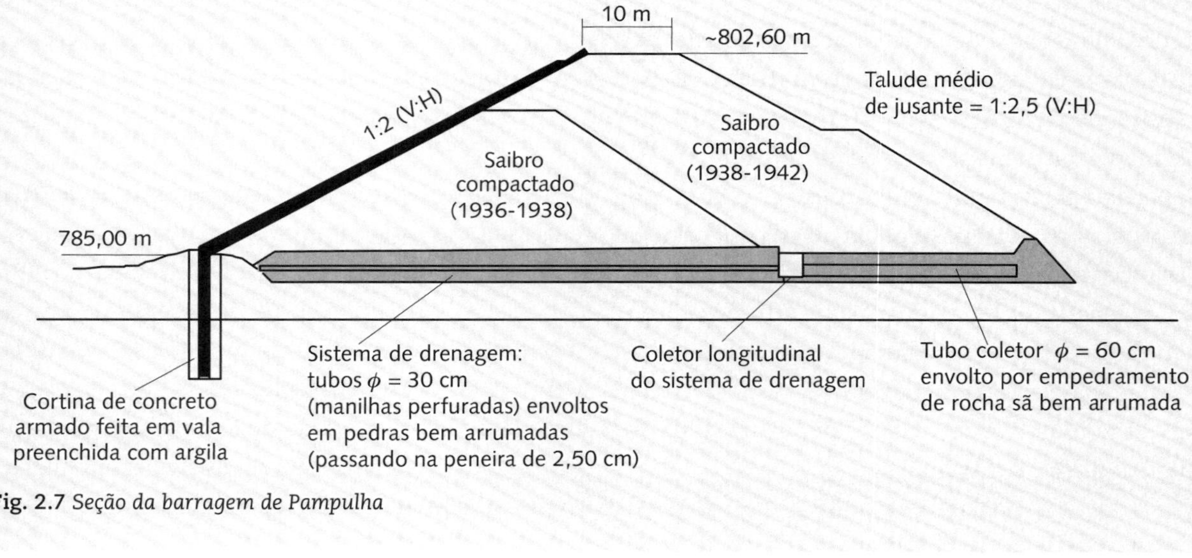

Fig. 2.7 *Seção da barragem de Pampulha*

Fig. 2.8 *Fotos aéreas da barragem de Pampulha durante a ruptura*

> água de percolação possa escapar sem ação erosiva ou entubamento do solo do aterro. Para conseguir isso, as camadas externas do dreno são compostas por cascalho fino, graduando para tamanhos maiores em direção ao meio do dreno.

Ou seja, embora o problema a evitar (entubamento) fosse conhecido e o conceito necessário para resolvê-lo (filtragem) também, a quantificação do projeto carecia de critérios, recomendando-se cascalho, cuja granulometria é muito grossa, como filtro universal.

Desde as décadas de 1920 e 1930, um grupo de engenheiros de barragens, inspirados por Terzaghi e Casagrande, tinha consciência da importância da filtragem. Do trabalho de Casagrande (1937, tradução nossa) foi extraído o seguinte texto:

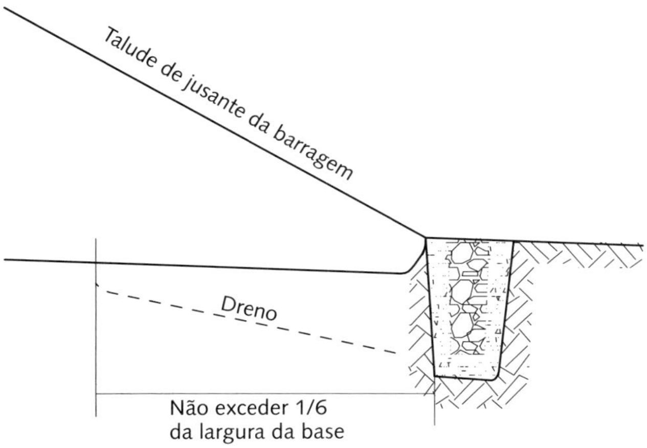

Fig. 2.9 *Drenagem interna*
Fonte: adaptado de NRC (1938, p. 151).

> Convém pensar sobre como construir a porção de jusante de uma barragem de terra compactada de forma que a linha de percolação se mantenha a uma distância segura da face de jusante da estrutura. Uma solução simples é a utilização de um tapete permeável sob a porção de jusante da barragem para controlar a posição da linha de percolação em qualquer extensão desejada. Tal tapete deve ser construído como um filtro graduado, cuidadosamente projetado, para evitar carreamento de solo do maciço da barragem.

A menção de Casagrande a um "filtro graduado cuidadosamente projetado", além de demonstrar a consciência da necessidade de filtrar (e não apenas drenar), indica a existência de critérios de filtragem para uso em projeto. O trabalho de Casagrande, porém, não oferece tais critérios.

No início dos anos 1940 desenvolveram-se investigações em laboratório visando estabelecer experimentalmente critérios de filtragem para filtros e filtrados de granulometria não uniforme. São dessa época os pioneiros estudos realizados na Waterways Experimental Station que confirmaram a validez de um critério que já vinha sendo utilizado por Terzaghi havia alguns anos. Esse critério, em vigor até o presente para filtrar areias, siltes arenosos e outros materiais granulares grossos, especificava que a relação entre D_{15} do filtro e D_{85} do filtrado fosse menor do que 4 a 5 (ver primeira linha do Quadro 2.1). D_{15} e D_{85} são diâmetros abaixo dos quais estão, respectivamente, 15% e 85% dos grãos do solo.

A partir de meados da década de 1940 os critérios de filtragem passam a ter utilização ampla, iniciando a fase atual (ou "moderna") da concepção de barragens de terra e enrocamento. Middlebrooks (1953, tradução nossa), em seu clássico trabalho *Earth Dam Practice in the United States*, escreveu:

> O controle da percolação através do aterro e da fundação é um requisito essencial do projeto de barragens de terra. Percolação sem controle, independente da quantidade, não deve ser tolerada. A percolação através do aterro é controlada por uma zona permeável tendo a graduação necessária para formar um filtro estável. Essa zona pode ser um trecho permeável a jusante, um tapete permeável horizontal ou inclinado ou um dreno de pé. Características adequadas de filtragem de todos os materiais envolvidos na fundação e no aterro são essenciais para evitar o entubamento e, portanto, garantir a segurança da estrutura.

Sherard et al. (1963) mencionam a barragem de Nantahala, na Carolina do Norte (EUA), como um marco no uso dos critérios de filtragem para a viabilização de barragens mistas de enrocamento e solo. Essa barragem, construída em 1942, tem 80 m de altura e possui um núcleo delgado inclinado para montante com largura de 4,5 m no topo e 8,5 m na base. Essas larguras, tendo em conta a altura da barragem, seriam consideradas ousadas (pequenas) mesmo hoje em dia.

O núcleo de Nantahala é cercado por uma sequência de camadas filtrantes que obedecem rigorosamente ao critério de filtragem de Terzaghi-Bertram. A barragem apresentou bom desempenho quanto à percolação, com vazões moderadas que não cresceram ao longo do tempo. Desde então, as seções mistas com núcleo inclinado para montante e espaldares de enrocamento têm sido amplamente utilizadas. As zonas de transição fitro-drenantes que cercam o núcleo devem ser rigidamente fixadas e controladas com muito rigor durante e execução.

Não existem regras rígidas para a largura mínima do núcleo de solo de barragens, mas, por prudência, relações muito altas entre a carga hidráulica e a largura do núcleo devem ser evitadas. Cruz (1996) menciona que se deve, em princípio, utilizar largura do núcleo argiloso, em qualquer ponto, igual a 30% a 50% da altura de água acima do ponto.

No final da década de 1940 Terzaghi idealiza o filtro chaminé, que foi utilizado pela primeira vez na barragem do Vigário, em Barra do Piraí (RJ) (posteriormente denominada barragem de Terzaghi), com cerca de 50 m de altura máxima, cuja seção típica está mostrada na Fig. 2.10. Esse sistema de drenagem interna consiste de um dreno vertical central ligado a um tapete drenante a jusante que mantém a percolação contida na porção de montante da barragem. Curiosamente, como se lê nos seus relatórios para a obra (Terzaghi, 1949), Terzaghi recomendou o uso de pedra britada no dreno chaminé (um material que não atende aos critérios de filtragem). Conforme relato não publicado do Engenheiro Serge Hsu, foi decidido na obra que seria utilizada areia no dreno chaminé da barragem. Ficou assim consignado o pioneirismo da barragem do Vigário/Terzaghi no uso do denominado *dreno chaminé*.

O partido de projeto utilizando dreno chaminé se consolidou a partir da década de 1950 e, hoje

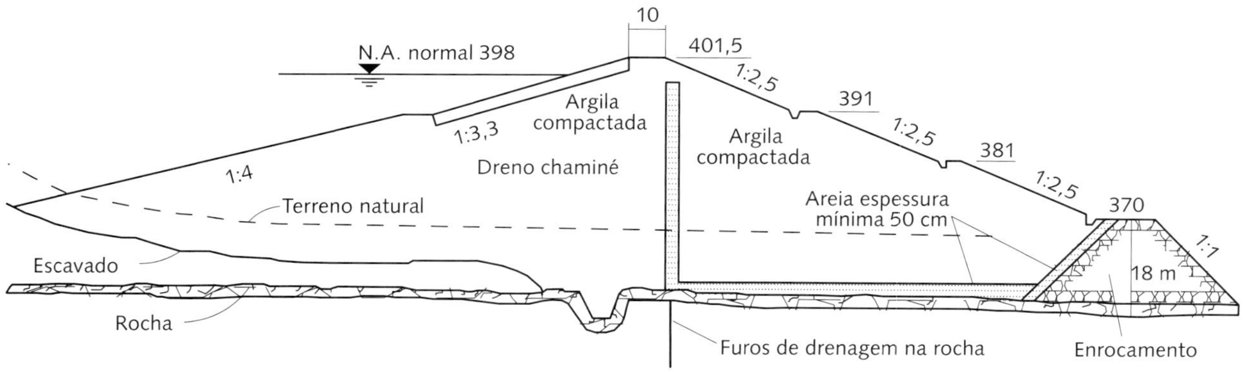

Fig. 2.10 *Seção típica da barragem do Vigário/Terzaghi*

em dia, não se concebe, no Brasil, uma barragem homogênea sem drenagem interna desse tipo. Ao longo do tempo, diversas otimizações do conceito básico foram sendo introduzidas, tais como inclinar o filtro chaminé e criar um "falso tapete" sob o tapete drenante de jusante, como explicado por Mello (1977).

As vantagens do dreno chaminé não se limitam ao controle da percolação. A ausência de poropressões de percolação na porção de jusante aumenta a segurança quanto ao risco de deslizamento da barragem. Adicionalmente, como se enfoca na seção a seguir, a presença de material autocicatrizante no filtro chaminé melhora significadamente a segurança na eventualidade de ocorrer fissuramento do maciço. O filtro chaminé é outra componente que requer especificação rigorosa (granulometria da areia) e execução muito bem controlada.

Quando há abundância de areia, o filtro chaminé pode ser largo. Esse foi o caso da reconstrução da barragem do Açu (RN), como mostrado na Fig. 2.11.

Quando há escassez de areia ou a areia exigida sai muito cara (o que é o caso na maioria das obras), o dreno chaminé pode ser construído cavando valas com retroescavadeira no aterro compactado, como apresentado na Fig. 2.12.

É boa prática, ainda, levar a crista do dreno chaminé até um nível um pouco superior ao do nível de água máximo de montante, cortando qualquer tendência a fluxo horizontal direto propiciado por estratificação horizontal da permeabilidade do aterro (um evento bem menos raro do que se costuma supor).

O tapete drenante de areia que conduz as águas coletadas pelo filtro chaminé para o pé de jusante da barragem precisa ter uma saída com transições adequadas de maneira a evitar carreamento da areia. Os critérios de filtragem e as dimensões mínimas para uma execução viável e confortável devem ser rigorosamente obedecidos em todas as possíveis direções de fluxo. Ao mesmo tempo, deve-se proteger da erosão os materiais granulares expostos no pé

Fig. 2.11 *Dreno chaminé largo – reconstrução da barragem do Açu*

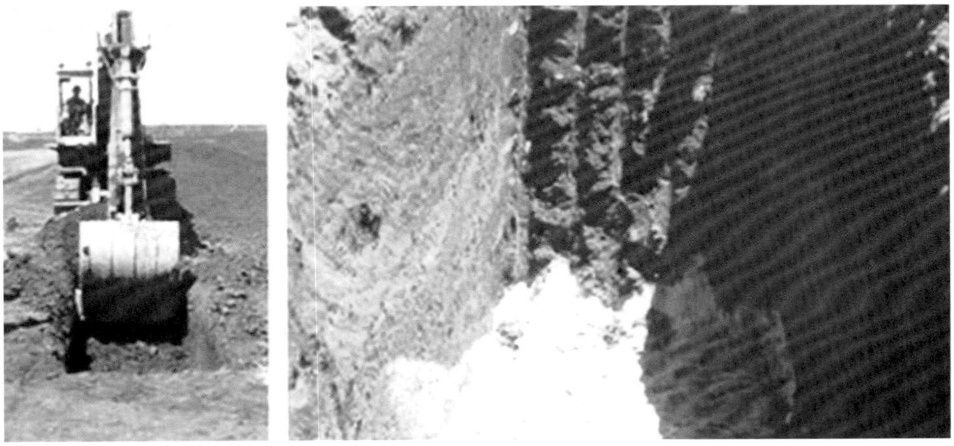

Fig. 2.12 *Dreno chaminé estreito, construído em vala*

de jusante. Geometrias sugeridas para essa situação estão mostradas na Fig. 2.13, para o caso de tapete drenante constituído só por areia e para o caso de tapete drenante tipo "sanduíche" (com brita na parte central).

Para concluir o assunto drenagem interna, dois aspectos particulares relacionados com as questões de condutividade e de filtragem precisam ser mencionados: o concrecionamento ou colmatação por óxidos e os solos argilosos dispersivos.

Em relação ao *concrecionamento* ou *colmatação* de elementos drenantes, em algumas obras foi observada a acumulação de óxidos de ferro nos elementos drenantes, concrecionando-os. Em outras se verificou a acumulação de material pastoso de coloração ocre. Ambos esses fenômenos podem prejudicar o funcionamento do sistema de drenagem interna da barragem.

O concrecionamento ocorre no trecho de saída dos drenos, quando, em contato com a atmosfera, os óxidos de ferro podem se precipitar. O Boxe 2.8 discorre sobre esse fenômeno na barragem de João Penido.

O fenômeno de concrecionamento foi constatado em outras barragens e em drenos sub-horizontais implantados em encostas (na estrada São Paulo-Curitiba, por exemplo, conforme comunicação pessoal do Prof. Costa Nunes).

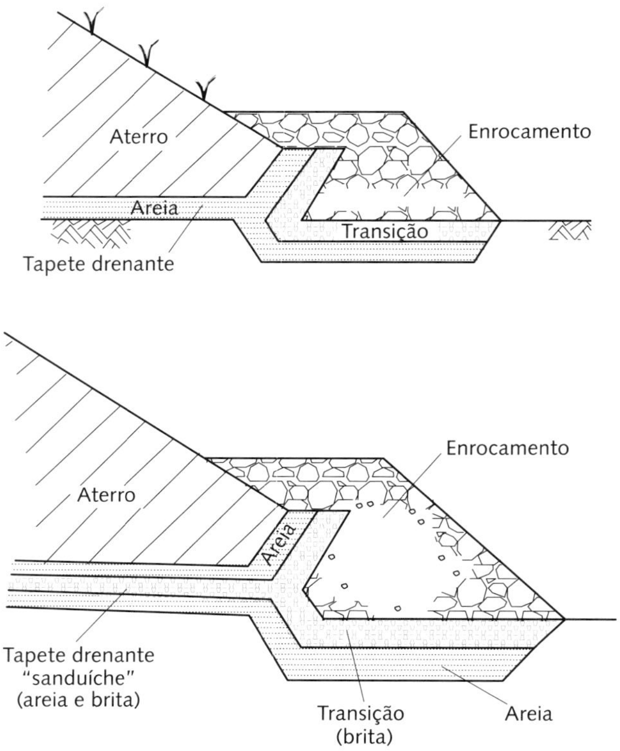

Fig. 2.13 *Proteção da saída da drenagem no pé de jusante*

Por outro lado, na esmagadora maioria das obras (barragens e drenos) não se observa o concrecionamento dos sistemas filtrantes.

Boxe 2.8 Caso da barragem de João Penido (MG)

Um evento desse tipo foi observado na barragem de João Penido, em Juiz de Fora (MG), construída em 1934. Seguindo os melhores procedimentos da época, a barragem possuía uma parede central de concreto. Imediatamente a jusante da parede central havia uma galeria coletora de drenagem. Como não havia dreno de pé, a água coletada pela galeria era conduzida para jusante por outra galeria. Desde o início da operação (segundo informes verbais) notaram-se surgências no pé de jusante. Em 1956, sob o impacto da ruptura da barragem de Pampulha, foi implantado um filtro no pé de jusante da barragem. Passados mais 20 anos, em 1976 apareceram novas surgências no pé de jusante com a água emergindo acima do filtro de pé. Decidiu-se então escavar o filtro de pé em alguns pontos. O que foi constatado surpreendeu aos engenheiros: o que antes era areia amarela havia se transformado em blocos decimétricos azulados duros. O filtro de pé e suas transições foram substituídos. Por volta de 1980, ou seja, passados quatro anos desde a substituição do filtro de pé, voltaram a ser observadas surgências a jusante. Em 1981, decidiu-se realizar reparos de maior porte: foi implantada uma parede diafragma de concreto, posicionada um pouco a montante da crista, atravessando verticalmente a barragem até a fundação. Adicionalmente: (a) o filtro de pé da barragem foi escavado em nichos (não se encontrando sinais de concrecionamento) nos quais a saída do sistema de drenagem foi substituída por um filtro invertido; (b) foram implantados drenos verticais de alívio no pé de jusante da barragem.

A pesquisa de bases técnicas para estabelecer a propensão de um certo local ao concrecionamento de filtros por óxidos de ferro é ainda uma questão em aberto, embora se disponha de trabalhos que procuram lançar luz sobre o assunto (Infanti; Kanji, 1974; Guerra, 1980; Maciel Filho, 1982). Na tese de Mendonça (2000), o assunto foi exaustivamente examinado. Esse autor destaca que a colmatação é químico-microbiológica e resulta da ação de ferrobactérias. Mendonça utiliza a denominação geral "ocre" para as substâncias envolvidas, ressaltando que "são misturas de vários produtos, normalmente ricas em ferro, manganês e alumínio e com proporção apreciável de matéria orgânica" e que "a substância é amorfa, de consistência lodosa e, por ser pegajosa, adere-se facilmente a substâncias sólidas, possibilitando fixar componentes minerais insolúveis". O trabalho de Mendonça aborda diversos casos de aparecimento de "ocre" em barragens. Um caso, tido como o mais antigo relatado na literatura, é o da barragem de Vermillion (Sherard et al., 1963), construída na década de 1950 na Califórnia (EUA). Nas palavras de Mendonça:

> A campanha de investigações verificou a obstrução de um trecho do dreno de pé, que teria sido provocada provavelmente pela acumulação de *óxido de ferro*, aparentemente lixiviado dos solos naturais. Descreveu-se como responsável pela colmatação um material de coloração ferruginosa e de consistência pegajosa (ocre).

Um caso brasileiro é o da barragem de Rio Grande (SP), descrito a seguir (Mendonça, 2000):

> O caso da barragem do Rio Grande constituiu-se no primeiro reconhecimento do problema no país. Situada no município de São Paulo, essa barragem foi construída entre 1926 e 1937 por aterro hidráulico utilizando solos aluvionares e residuais, em região de gnaisses e xistos pré-cambrianos. A barragem tem seção homogênea, um septo central de concreto e um subdreno ao longo do pé do talude de jusante. Esse subdreno consiste de um tubo coletor de 30 cm de diâmetro, enterrado e circunvolto por camadas granulares de filtro: brita, pedrisco e areia grossa. Infanti e Kanji (1974) sintetizaram as primeiras observações e análises acerca do problema, consistindo na primeira publicação sobre o assunto. Mais tarde, os estudos foram aprofundados e Guerra (1980) descreveu todo o histórico do problema, exposto a seguir. Em 1940, três anos após a conclusão da obra, detectou-se afundamentos superficiais à jusante, descritos como recalques, de aproximadamente 30 cm numa área de 3.600 m². A partir de inspeções realizadas, verificou-se que o material siltoso e a areia de textura média a fina estavam sendo carreados através do dreno. Em 1960, poucos dias após se detectar que o subdreno apresentava-se parcialmente entupido, localizou-se uma cavidade no talude de jusante próxima ao subdreno com cerca de 1,0 m de diâmetro e 1,5 m de profundidade. Em 1963, foi observado que a canaleta de drenagem que acompanha o pé do talude de jusante apresentava-se outra vez parcialmente obstruída, como já se havia observado em 1952 e 1962. Verificou-se também na água do subdreno a presença de material de aspecto ferruginoso junto com o material siltoso e arenoso como já se havia observado anteriormente. Nesse mesmo ano, ocorreu um deslizamento no talude de jusante ao longo de um comprimento de 60 m. Foram também observadas trincas em outros locais, na mesma elevação do deslizamento, salientando uma condição precária de estabilidade ao longo do corpo da barragem. Suspeitou-se inicialmente que a rotura tivesse origem num processo de *piping*. Investigações evidenciaram problemas localizados no subdreno. O tubo coletor estava quebrado e as camadas de areia, pedrisco e brita não apresentavam bom aspecto. Concluiu-se finalmente como causa do acidente a má construção do dreno, o carreamento de partículas e a sua colmatação. O problema se mostrava contínuo e progressivo. Em 1967, novas investigações mostraram que o tubo coletor apresentava-se parcialmente entupido, não havendo quebras. Constatou-se a presença de material de "coloração alaranjada, aspecto ferruginoso, lodoso e adesivo" impregnado nas camadas filtrantes do dreno. Esse material havia contaminado mais intensamente a areia grossa, que constituía a camada mais fina e externa do sis-

tema drenante, levando a "certa cimentação entre os grãos e, quando seca, formava torrões fortemente concrecionados e resistentes" (Guerra, 1980). Os estudos foram aprofundados. Ensaios indicaram que o material era constituído de 78,7% de óxido de ferro sob a forma hidratada (especificamente, a goetita), 4,91% de sílica, além de pequenas parcelas de outros minerais (Ca, Mg, Na e K). Até 1978 não foi verificado nenhum incidente correlato ao problema, apesar de se evidenciar um aumento de carreamento de materiais granulares e siltosos, além do material coloidal. Em 1978 a Light, proprietária da barragem, providenciou um novo estudo sobre o problema. Esse estudo constatou a participação de microrganismos no processo de colmatação do filtro. No item V.2.1 [do trabalho de Mendonça, não transcrito aqui] são apresentadas as condições de campo, a partir das quais pode se inferir o processo geoquímico envolvido no fenômeno. Segundo Kanji et al. (1981), os estudos revelaram a necessidade contínua de desobstrução das canaletas assoreadas por material avermelhado e a completa reestruturação do sistema de drenagem.

Em algumas obras nas quais se temia o fenômeno do concrecionamento, foi aventada a postura de obrigar que a saída do sistema de drenagem trabalhasse afogada, visando evitar o concrecionamento. Infanti (1985) menciona que o fenômeno foi observado em poços profundos e que, em certos casos, há indicação de atividade microbiológica anaeróbica relacionada com a colmatação de filtros.

Em relação aos *solos dispersivos*, a experiência tem mostrado que, em certos casos, os grãos coloidais de argila podem se desprender e então, dada sua pequena dimensão, ser carreados com relativa facilidade ao longo de fissuras ou vazios maiores. A ocorrência desse desprendimento ou "dispersão" se associa a condições físico-químicas especiais que fazem com que os campos de força de repulsão entre partículas suplantem os campos de atração. Existem modelos físico-químicos que permitem explicar, de maneira satisfatória, esses campos atrativos e repulsivos de forças e quais os fatores que os afetam. Entre tais fatores citam-se: natureza e concentração de cátions na água original do solo e na água percolante, tipo de mineral argílico, pH, quantidade de água disponível no solo etc. Os modelos físico-químicos e as próprias técnicas de ensaio não estão, contudo, desenvolvidos a ponto de fornecer ao engenheiro uma tecnologia simples e econômica de caracterização e diagnóstico preciso. Assim sendo, lança-se mão hoje em dia de técnicas de ensaio que objetivam caracterizar tecnologicamente as argilas como dispersivas ou não. Incluem-se nesse grupo o ensaio rápido de dispersão (*crumb test*), o ensaio sedimentométrico comparativo (*SCS test*) e o ensaio de furo de agulha (*pin-hole test*). Há também técnicas de ensaio baseadas em análises químicas da água extraída dos vazios do solo que procuram determinar a concentração dos diferentes cátions. Do ponto de vista de projeto de aterros de barragem, a questão que se coloca é saber que providências tomar quando se suspeita que o maciço argiloso pode se comportar como dispersivo. Estudos experimentais foram conduzidos com vistas a esclarecer esse aspecto:

- Ensaios de percolação nos quais amostras compactadas de argilas tidas como dispersivas foram perfuradas (diâmetro do furo: 2,5 mm a 12 mm) e, a jusante do furo, protegidas com filtros arenosos finos mostraram resultados positivos. Isto é, não se observou carreamento generalizado e a água efluente do filtro tornou-se limpa após alguns minutos de ensaio. Na desmontagem dos ensaios, constatou-se que a região do filtro de areia em contato com o furo fora selada por uma película de finos, não se tendo observado contaminação da areia em pontos mais afastados.
- Ensaios de percolação com argilas tidas como dispersivas e com proteção filtrante arenosa fina a jusante, porém sem induzir a rota de carreamento (isto é, sem fazer furo na argila), mostraram ausência de carreamento mesmo sob gradientes muito elevados.

Em suma, as evidências laboratoriais sugerem que filtros arenosos são eficientes na contenção de carreamento em argilas dispersivas. Os critérios dados no Quadro 2.1 permanecem, em princípio, válidos também para argilas dispersivas. No entanto, em qualquer caso, devem ser realizados detalhados estudos em laboratório com vistas a garantir a estabilidade hidráulica do sistema filtrado-filtrante em presença de filtrados dispersivos.

2.4 FISSURAMENTO

Fissuras são trincas (descontinuidades) no interior do maciço de terra que podem ou não se manifestar externamente. O fissuramento ocorre mesmo nos maciços de terra bem compactados. Esse fato só parece ter sido plenamente percebido no fértil período que se seguiu à Segunda Guerra e nos anos 1950. Talvez o primeiro trabalho publicado levantando diretamente esse aspecto tenha sido o de Casagrande (1950). O trabalho de Sherard (1973) oferece um amplo panorama sobre o assunto.

A ocorrência de fissuras em maciços de terra, mesmo nos bem compactados, é um evento frequente. Nos projetos de barragens de terra, sempre se deve considerar como provável a sua presença. O fissuramento resulta da ocorrência de tensões de tração no interior do maciço, as quais podem advir de:

- recalques diferenciais devidos a:
  - diferenças de deformabilidade do material de fundação;
  - existência de variações bruscas na topografia do terreno de apoio do aterro;
  - diminuição de volume da zona de montante do maciço quando do enchimento do lago (o assim chamado colapso por submersão);
- contração devida ao ressecamento;
- redistribuição de tensões devida a:
  - diferenças de rigidez entre os materiais que compõem um maciço zoneado;
  - diferenças de rigidez entre o material do maciço e estruturas em contato com ele (galerias, muros, cortinas etc.);
  - desenvolvimento de tensões cisalhantes em interfaces aterro-muro ou aterro-ombreira.

A seguir, essas diversas formas de ocorrência de tensões de tração em maciços de terra compactados são brevemente enfocadas.

- *Recalques diferenciais*. Os aterros compactados costumam ser bastante tolerantes a recalques diferenciais, sendo comum que não se observem problemas de fissuramento para distorções menores do que cerca de 1:200. Distorção é definida como a relação entre a diferença de recalque entre dois pontos quaisquer e a distância horizontal entre os mesmos dois pontos.
- *Diferença de deformabilidade do material de fundação*. Um exemplo em que o fissuramento obrigou a modificar a seção da barragem durante a construção é o da barragem de Duncan (Canadá) (Sherard et al., 1963). Os recalques diferenciais nessa barragem se deveram à presença de lentes siltoargilosas compressíveis no pacote aluvionar de fundação.
- *Irregularidades topográficas*. As irregularidades topográficas bruscas na base de apoio da barragem de terra e enrocamento devem se constituir em preocupação na fase de projeto. Não há como definir de maneira simples o que é uma irregularidade "brusca" da topografia de fundação. Um cálculo simples de deformação unidimensional vertical do aterro, considerando a fundação como incompressível, seguido de estimativas de valores de distorções máximas, pode fornecer uma primeira indicação. Em nível um pouco mais elaborado, pode-se executar análises numéricas em computador com vistas a detectar zonas de tração no maciço.

Se existir temor de fissuramento excessivo, o projeto pode ser orientado no sentido de suavizar a irregularidade topográfica (por escavação ou enchimento) ou até construir o maciço em etapas, com juntas posicionadas de tal forma que as deformações temidas não ocorram simultaneamente. Há casos, porém, em que tais recursos não são viáveis, como na barragem de Chicoasén (México). Essa barragem de núcleo central com espaldares de enrocamento é muito alta (261 m) e se situa num vale encaixado com paredes íngremes em cuja ombreira esquerda existe uma mudança de inclinação brusca. No caso, optou-se por criar uma zona mais úmida ao longo do trecho em que se temia viessem a ocorrer as fissuras. Dessa maneira, os deslocamentos se concentraram na zona mais úmida, que absorveu uma parcela considerável das distorções. As tensões verticais medidas no centro do núcleo indicaram um penduramento, isto é, alívio das tensões por transferência para os espaldares.

- *Colapso perante submersão.* As trincas devidas ao colapso perante submersão às vezes são impressionantes, como no caso da barragem de Emborcação (MG/GO), mostrado na Fig. 2.14 (Parra, 1985; Viotti, 1989; Viotti; Carim, 1997). O mecanismo envolvido foi o seguinte:
  - a inundação pela água do reservatório induz, em alguns materiais granulares grossos, uma brusca diminuição de volume (ou seja, um colapso);
  - ocorre então uma diferença de deformação entre o material colapsado e os materiais que lhe são vizinhos, que tende a se concentrar e a formar trincas.
  - Às vezes, como em Emborcação, o trincamento é longitudinal (com rejeito vertical) no coroamento do aterro, coincidindo mais ou menos com o traço da interface.

Em outros casos, as trincas resultantes de colapso perante saturação se apresentam transversais ou em ambas as direções, como nas barragens de El Infiernillo (México) e de Cougar (EUA); nesta última, os trincamentos durante o primeiro enchimento foram atribuídos ao colapso perante submersão.

Não está ainda inteiramente claro que critérios devem ser utilizados para definir se um determinado enrocamento ou material granular grosso é susceptível ao fenômeno de colapso. Nos casos em que é economicamente viável, realizam-se ensaios de compressão com grandes dimensões nos quais a amostra é submersa após o carregamento e se observa a eventual ocorrência do colapso. Outro recurso é ensaiar grãos secos e submersos à compressão entre placas: se houver uma significativa queda de resistência com a submersão (digamos, 25% ou mais), pode-se supor que haverá risco de colapso.

Uma vez estabelecido o temor de que ocorra

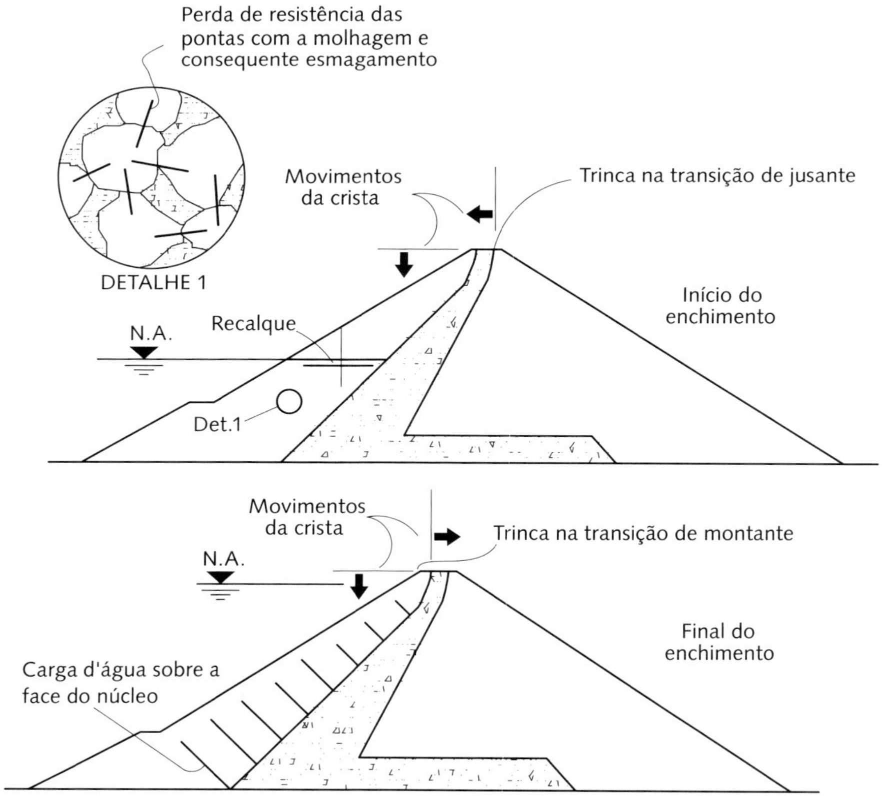

Fig. 2.14 *Barragem de Emborcação*

o colapso por submersão, há muito pouco a fazer além de não utilizar o material ou conviver com o problema, procurando posicionar as interfaces e os materiais de transição com inclinações mais suaves, larguras maiores e densidades baixas, de forma que eles absorvam e distribuam as distorções, como enfocado no trabalho de Viotti e Carim (1997). A molhagem do enrocamento durante a construção é propugnada como útil para a minimização do fenômeno, embora não existam evidências suficientes para confirmar a eficácia dessa postura.

- *Ressecamento*. As trincas por ressecamento são muito comuns em regiões áridas, mas ocorrem também em regiões chuvosas com período seco bem definido e ensolarado. Sua ocorrência não costuma ameaçar seriamente a integridade do corpo barrante, posto não atingir profundidades grandes (em geral, não mais do que 1 m ou 2 m). Elas podem ser prontamente reparadas através de trincheiras superficiais. De qualquer forma, com vistas a garantir a segurança quanto a esse ponto, é recomendável levar a proteção filtro-drenante interna até um pouco acima (digamos, entre 20 cm e 50 cm) do nível d'água máximo esperado.

▶ *Diferença de rigidez*. As trincas associadas às diferenças de rigidez entre materiais que compõem um maciço zoneado se constituem numa questão ampla com vários aspectos. Por exemplo, um núcleo de barragem mista pode se "pendurar" nos espaldares (como se constatou através dos resultados de instrumentação no núcleo da barragem de Chicoasén, mencionada antes) e abrir fissuras horizontais. Temores de que algo assim viesse a ocorrer já existiam no início dos anos 1950: na Suécia observou-se, durante a construção de uma barragem mista, que os recalques do núcleo haviam sido muito menores do que o esperado. Suspeitando da ocorrência de penduramento e consequentes fissuras, implantou-se uma cortina de pranchas metálicas através do núcleo antes do enchimento. Nos anos 1960 foram registrados casos de comportamento insatisfatório (com perdas d'água muito superiores às esperáveis) em barragens com núcleo central delgado de terra e espaldares de enrocamento, como ocorreu na barragem de Hyttejuvet (Noruega) e na barragem de Balderhead (Inglaterra), descrita no Boxe 2.9. Dos estudos de campo e laboratório que se seguiram, concluiu-se que a diminuição das tensões totais no núcleo por redistribuição do campo de tensões totais (causada pelas diferenças de rigidez) pode se associar à pressão da água percolante e produzir *fraturamento hidráulico*, isto é, abertura de trincas pela pressão da água.

Eventos como esse devem ser evitados na fase de projeto. A principal postura é dotar o maciço de um sistema de filtragem granulometricamente correto a jusante do núcleo. Além disso, é preciso pensar na geometria do próprio núcleo, que não deve ter interfaces verticais, exigindo-se lados inclinados. A inclinação que se deve dar aos taludes de um núcleo central não tem regras fixas. Para evitar excessiva concentração de tensões, basta uma pequena inclinação, digamos da ordem de 4:1 (V:H). Alguns projetistas exigem ainda que o núcleo, quando central (isto é, não inclinado para montante), tenha uma largura mínima entre 30% e 50% da altura de água acima do ponto e que não tenha largura inferior a 10 m.

▶ *Interfaces aterro-estrutura*. O aparecimento de fissuras em aterros próximos a interfaces com muros e ombreiras íngremes se deve, basicamente, à ocorrência de tensões cisalhantes nas interfaces. Esse risco costuma ser minimizado criando-se uma zona de umidade mais alta (tipicamente, 2% acima da ótima) junto à interface. Há casos ousados de obra em que se optou por essa postura (algumas vezes não há alternativa possível), como o apoio do aterro nas ombreiras de Chicoasén, mostrada antes.

Uma boa filtragem a jusante da interface é, mais uma vez, a linha principal de defesa contra o aparecimento de trincas. A questão de percolação por interfaces é abordada adiante, em capítulo específico.

Boxe 2.9 Caso da barragem de Balderhead (Inglaterra)

A barragem de Balderhead (Vaughan et al., 1970), construída na Inglaterra entre 1961 e 1965, sofreu perda substancial de material do núcleo, com afundamentos localizados na crista. O corpo barrante foi submetido a dispendiosos reparos, que incluíram uma parede diafragma e injeções. A barragem tem um comprimento de crista de 920 m e a altura máxima é de 48 m, e sua seção transversal está mostrada na Fig. 2.15.

O núcleo foi construído com uma argila com cascalho cuja granulometria está apresentada na parte inferior da mesma figura. Pelas especificações, as pedras maiores do que 15 cm deveriam ter sido removidas, mas, na escavação do núcleo durante as obras de reparos, foram encontrados blocos com até 60 cm que constituíam um volume de cerca de 0,4% do total. Os espaldares de montante e de jusante da barragem são de enrocamento de folhelho compactado que foi obtido por escarificação e explorado com o auxílio de *scrapers*. Um valor de permeabilidade da ordem de 1×10^{-3} cm/s para o material resultante no espaldar foi determinado através de ensaios em furos de sondagem. O folhelho mais alterado foi colocado imediatamente a montante do núcleo, como mostrado na Fig. 2.15. O núcleo foi compactado em camadas com 15 cm de espessura e em umidade próxima da ótima (pelo padrão AASHO), com o auxílio de um rolo pé de carneiro com patas tipo *tamping*. A granulometria do filtro a jusante do núcleo está mostrada na parte inferior da figura. O material de filtro foi concebido em projeto de forma a ter D_{15} não maior do que três vezes o D_{85} do núcleo, considerando apenas a parcela do material do núcleo mais fina do que 1". Na barragem, devido à segregação e às variações do material, essa relação pode ter sido localmente de até 6, segundo as observações de Vaughan et al. (1970) feitas quando das prospecções para os reparos.

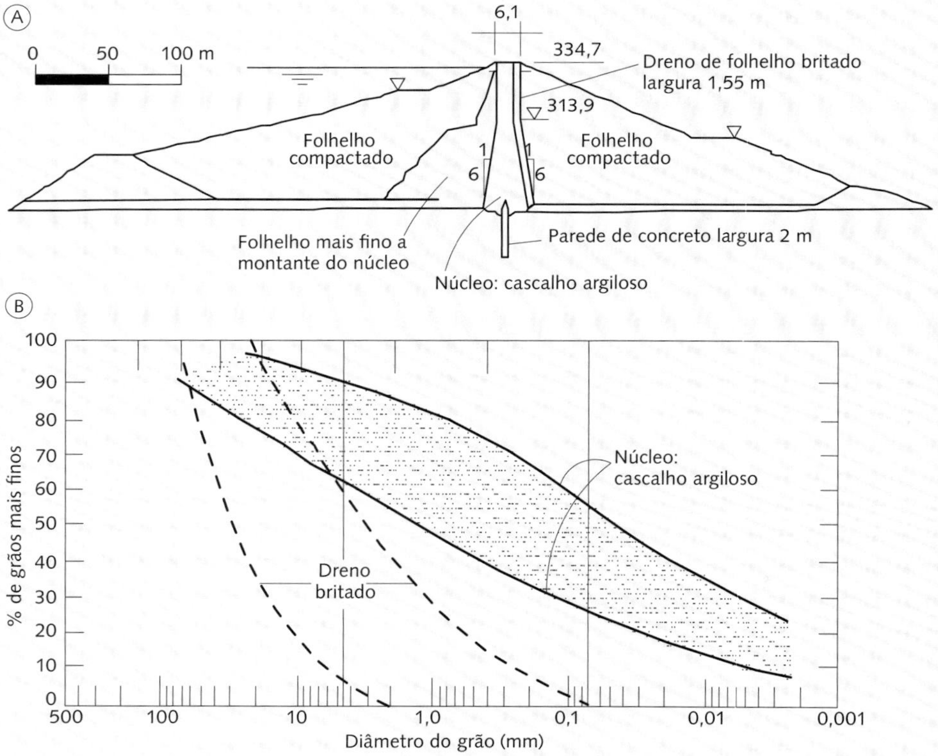

Fig. 2.15 *(A) Seção transversal e (B) granulometrias da barragem de Balderhead*

O enchimento do reservatório começou em outubro de 1964, com o nível do lago subindo lentamente até atingir o máximo, cota 332,30 m, em fevereiro de 1966. Esse nível se manteve até

Boxe 2.9 (Continuação)

o início de abril de 1967, quando uma subsidência em forma de cratera com cerca de 3 m de diâmetro e cerca de 2,5 m de profundidade foi observada na crista (estaca 317), como indicado na Fig. 2.16. O reservatório foi então rebaixado em cerca de 9 m e uma extensa campanha de prospecções foi executada, envolvendo poços e furos especiais de amostragem. Diversas zonas de erosão interna foram detectadas, como indicado na mesma figura. Nessas zonas, as amostras obtidas consistiam principalmente das partículas mais grossas do material do núcleo, mostrando que os finos haviam sido carreados. Foram realizadas medições piezométricas e de vazões. Em suma, parece ter ocorrido o seguinte:

a] aparecimento de trincas horizontais no núcleo, as quais teriam resultado da superposição de dois agentes: transferência de tensão vertical do núcleo para os espaldares (penduramento) e, já com a tensão vertical baixa, abertura de fissuras pela pressão de água do reservatório (fraturamento hidráulico);

b] carreamento de fração fina do material do núcleo que o filtro situado a jusante não conseguia reter;

c] aparecimento de subsidência na superfície pela propagação do fenômeno.

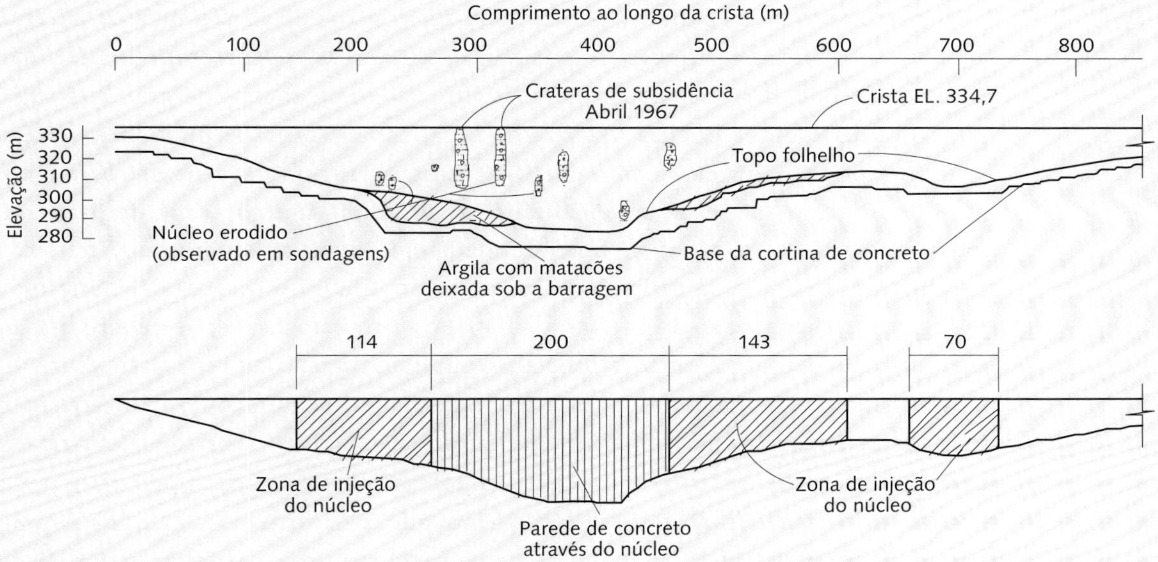

Fig. 2.16 *Seção longitudinal e danos da barragem de Balderhead*

Existem diversos casos divulgados de trincamentos em barragens brasileiras, não se tendo, contudo, registrado nenhum desastre diretamente associado: Vigário (RJ) e Graminha (SP), assim como Barreiros (PE), Boqueirão das Cabaceiras (PB) e Caxitoré (CE) (Pessoa, 1964). Não são raros os trincamentos durante a construção, como, por exemplo, na barragem de Santa Helena (BA) (devidos a recalques na fundação, constituída por argila mole) e na UHE Corumbá (GO) (Caproni Jr.; D'Armada; Dalessandro, 1997).

Em resumo, o aparecimento de trincas ou fissuras, internas e externas, é um evento comum em barragens de terra. A utilização de elementos drenantes autocicatrizantes é a primeira e principal linha de defesa. A utilização de zonas plásticas no interior dos maciços e em interfaces se constitui numa segunda linha de combate desejável.

3 Percolação pelas fundações

3.1 Gradiente médio e gradiente de saída

Nos terrenos naturais que compõem as fundações e as ombreiras, os efeitos da percolação dependem de detalhes geológicos cuja posição, configuração e características hidráulicas são difíceis de definir com precisão. O apoio de geólogos com experiência em barragens é, nesse contexto, fundamental. No Cap. 8 essa questão é enfocada.

A percolação pelas fundações não pode ser controlada com a mesma garantia que se obtém nos aterros. Grandes e catastróficos desastres já ocorreram por entubamento pelas fundações. Um dos desastres mais antigos em barragens de grande porte é o da barragem de Puentes (ICOLD, 1974), em Lorca, Espanha, construída entre 1785 e 1791 e que rompeu catastroficamente em 1802. Essa barragem de peso em alvenaria, com 50 m de altura e 282 m de comprimento longitudinal, uma obra muito grande para a época, apoiava-se em rocha de boa qualidade em ambas as ombreiras. Na porção central do vale, ao longo de cerca de 17 m, ocorriam aluviões profundos, como mostrado na Fig. 3.1. Nesse trecho a barragem se apoiava em estacas, o que sugere que as pessoas que conceberam a obra se preocuparam com o apoio da barragem sobre aluvião. O estaqueamento foi estendido para além do pé de jusante, como ilustrado na figura, podendo-se supor que assim fazendo procurou-se estabilizar o terreno sem, no entanto, haver preocupação em combater o entubamento. Pelos padrões atuais, esse partido de projeto seria considerado totalmente inadequado. Nos primeiros 11 anos de operação o lago não atingiu mais do que a metade do nível máximo de operação. Em 30 de abril de 1802, com o nível d'água na altura de 47 m, às 14h30, observou-se uma grande quantidade de água avermelhada aflorando no pé de jusante na região do estaqueamento. Por volta das 15h00 foram ouvidos ruídos como de explosões e a água jorrou por baixo da barragem carregando solo e estacas. Em cerca de 1 h o volume total do reservatório escoou, causando uma enchente catastrófica a jusante. Restou na barragem uma grande abertura com cerca de 17 m de largura e 33 m de altura.

A repetição de um acidente como o de Puentes hoje em dia é impensável, porque a engenharia está amplamente alertada para o problema de carreamento e para os fatos físicos relevantes em sua análise.

O conceito básico envolvido é o de *gradiente hidráulico* (i), que se define como a relação entre a diferença de carga hidráulica total (δH) e a distância (δL). Ou seja:

$$i = \delta H / \delta L \tag{3.1}$$

em que:

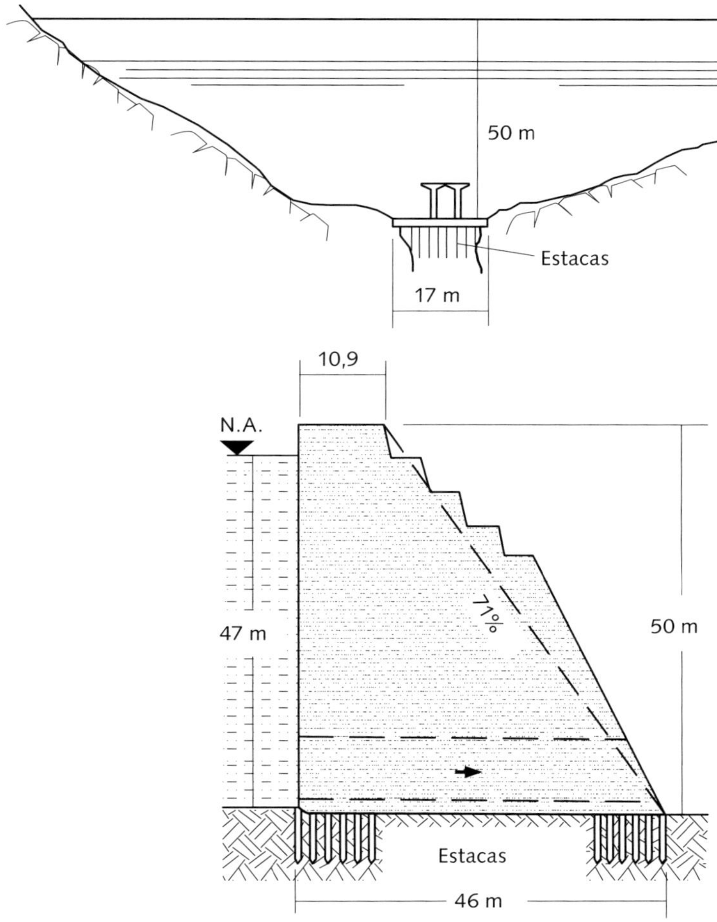

Fig. 3.1 *Barragem de Puentes*

δH = diferença de carga hidráulica total entre os pontos A e B quaisquer situados em uma linha de fluxo;

δL = distância entre os pontos A e B ao longo da linha de fluxo.

A carga hidráulica total é dada pela soma da carga de posição (altura em relação a um referencial arbitrário qualquer) com a carga de pressão (altura igual à pressão no ponto dividida pelo peso específico da água) e, dimensionalmente, é uma quantidade linear. Como δH e δL têm dimensão linear, o gradiente é adimensional.

Em um solo não coesivo, para que ocorra carreamento é necessário que o peso do solo seja anulado pela força de arraste exercida pela água que flui através dele. Considere-se o esquema mostrado na Fig. 3.2, simulando o fluxo vertical ascendente de água em uma areia.

A areia colocada dentro do cilindro (de área A e paredes sem atrito) está submetida a uma força

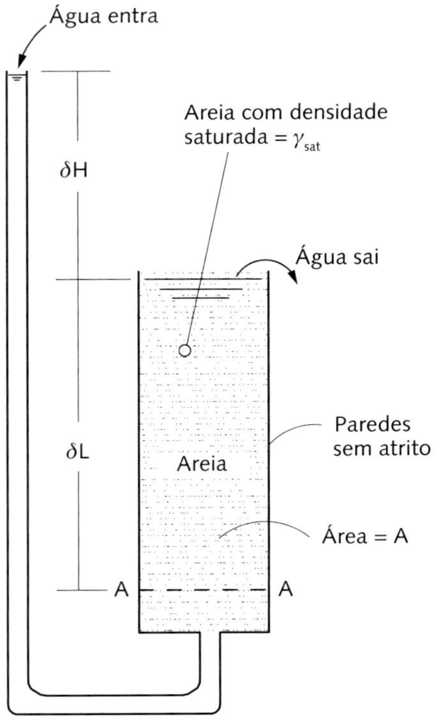

Fig. 3.2 *Gradiente crítico (areia movediça)*

ascendente (em AA na figura) devida à subpressão da água igual a:

$$F_a = (\delta H + \delta L) \cdot \gamma_w \cdot A \qquad (3.2)$$

em que:
γw = peso específico da água.

O peso da areia (em AA) é igual a:

$$P_s = \delta L \cdot A \cdot \gamma_{sat} \qquad (3.3)$$

em que:
γsat = peso específico da areia saturada.

Quando essas duas forças, *Fa* e *Ps*, igualam-se, o peso da areia é anulado, ocorrendo a condição chamada de *areia movediça*. Ou seja,

$$(\delta H + \delta L) \cdot \gamma_w \cdot A = \delta L \cdot A \cdot \gamma_{sat} \qquad (3.4)$$

donde

$$\delta H / \delta L = \left(\gamma_{sat} - \gamma_w\right) / \gamma_w = \text{gradiente} \qquad (3.5)$$

Como se vê, a partir de um determinado valor do gradiente passa a haver risco de carreamento. As expressões teóricas apresentadas permitem que se quantifique esse valor. O peso específico dos solos saturados varia entre, digamos, 18 kN/m³ e 22 kN/m³. Logo, o *gradiente crítico* (aquele que resulta na condição de areia movediça) se situa entre 0,8 e 1,2. Mais adiante será visto que os valores de gradiente crítico observados em casos reais são menores do que esses.

Desde o começo do século passado (Bligh, 1910) foram desenvolvidos estudos que reconhecem a importância do gradiente e do tipo de material. Lane (1934) apresentou um estudo de mais do que uma centena de barragens incluindo tanto situações nas quais não se constatou qualquer problema como situações em que foram observados sérios problemas de carreamento e alguns desastres. Lane propôs valores mínimos para uma relação denominada *weighted creep ratio* (*Cw*). Esse valor relaciona um comprimento ponderado de percolação com a carga hidráulica atuante, como mostrado na Fig. 3.3. Note-se que *Cw* reflete, de certa maneira, o valor do gradiente hidráulico médio ao longo da fundação da obra. O fato de a definição adotada por Lane para *Cw* usar um terço do valor de *L* é um reconhecimento da maior permeabilidade horizontal que caracteriza os sedimentos. Na Fig. 3.3 estão apresentados os valores mínimos de *Cw* propostos por esse autor para diferentes materiais de fundação. Ou seja, sua recomendação é que a geometria da barragem (comprimento da base, profundidade da cortina) seja tal que o valor de *Cw* seja maior do que o mínimo recomendado.

Os preceitos de Lane são passíveis de várias críticas, a saber:

- Os valores de *Cw* correspondem à envoltória de todos os casos nos quais se registraram problemas e são, por conseguinte, conservadores.

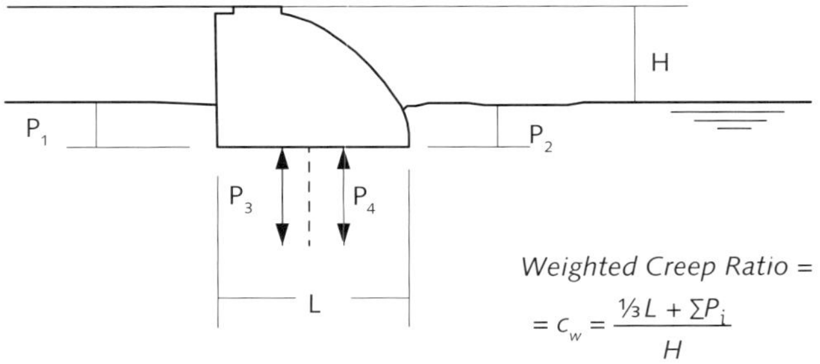

Weighted Creep Ratio =

$$= C_w = \frac{\frac{1}{3}L + \sum P_i}{H}$$

Material de fundação	Valor mínimo de C_w
Areia muito fina ou silte	8,5
Areia fina	7,0
Areia média	6,0
Areia grossa	5,0
Cascalho fino	4,0
Cascalho grosso com seixos	3,0
Pedregulho com alguns seixos e cascalho	2,5

No cálculo do *Creep Ratio*, inclinações > 45° são considerados verticais e inclinações < 45°, horizontais.

Fig. 3.3 *Critérios de Lane (1934) para percolação em fundações aluvionares*

- Com frequência o material de fundação contém estratificações ou zonas de solos com diferentes granulometrias, de forma que sua inserção nas categorias granulométricas de Lane apresenta-se duvidosa. Em casos assim, se o projetista insistir na utilização dos critérios de Lane, só resta adotar a interpretação conservadora mencionada por Terzaghi e Peck (1967) e considerar a fundação como constituída pelo pior dos materiais.
- O fator principal que baliza o risco de carreamento e entubamento é o *gradiente de saída* (no ponto em que a água sai), e não o gradiente médio (do qual *Cw* de Lane é uma expressão indireta).

  Casagrande (1934) mostrou, em discussão ao artigo de Lane, que o gradiente de saída varia dependendo de fatores que não modificam o *Cw*. Na Fig. 3.4 está mostrado um exemplo, obtido por Casagrande através de redes de fluxo, no qual, dependendo da posição da cortina e da relação entre as permeabilidades horizontal e vertical do sedimento, o gradiente de saída varia entre 0,22 e 0,44 para o mesmo valor de *Cw*.

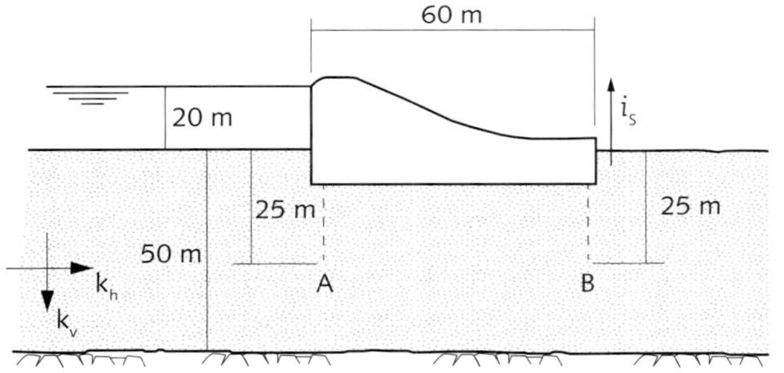

Caso	Posição da cortina	Permeabilidade	i_s, gradiente de saída
1	A	$k_h = k_v$	0,44
2	B	$k_h = k_v$	0,22
3	B	$k_h = 9k_v$	0,30

Nota: a vazão para os casos 1 e 2 é igual.

Fig. 3.4 *Crítica de Casagrande (1934) aos critérios de Lane*

- Em muitos casos ocorre uma camada superficial de permeabilidade mais baixa. O gradiente de saída (i_S, ver indicação na Fig. 3.5) se concentra nessa camada e pode atingir valores elevados para contrastes pequenos de permeabilidade entre a camada superficial (*kb*) e a camada abaixo dela (*kf*). Esse aspecto foi enfocado teoricamente por Polubarinova-Kochina (ver Harr, 1962).

O gradiente crítico de saída a jusante, no caso de existir uma camada menos permeável, em teoria, é da ordem de 0,8 a 1,2. Na prática, devido à complexidade inerente aos materiais de fundação, os valores de gradiente de saída que redundam em funcionamento inadequado da obra são diferentes dos teóricos e muito variáveis. Existe um interessante estudo prático sobre o assunto feito com base em medições piezométricas nas fundações de diques no rio Mississippi (Turnbull; Mansur, 1959). Os resultados desse estudo estão resumidos na Fig. 3.6 e mostram que a percolação excessiva se manifesta a partir de gradientes de saída da ordem de 0,4. Indicam ainda que, para gradientes a partir de 0,5, podem ocorrer *sand boils* ("borbulhamento" na superfície causado por carreamento de areia situada abaixo da camada superficial de menor permeabilidade, formando cones de material arenoso na superfície).

Seria ingênuo imaginar que se pode fixar um critério universal de projeto para os gradientes aceitáveis de saída. As decisões de projeto referentes a esse ponto devem ser sempre antecedidas de

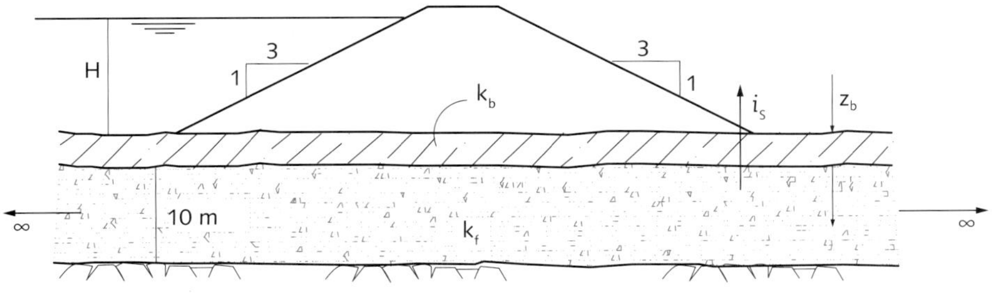

Fig. 3.5 *Gradiente de saída com camada superficial de menor permeabilidade*

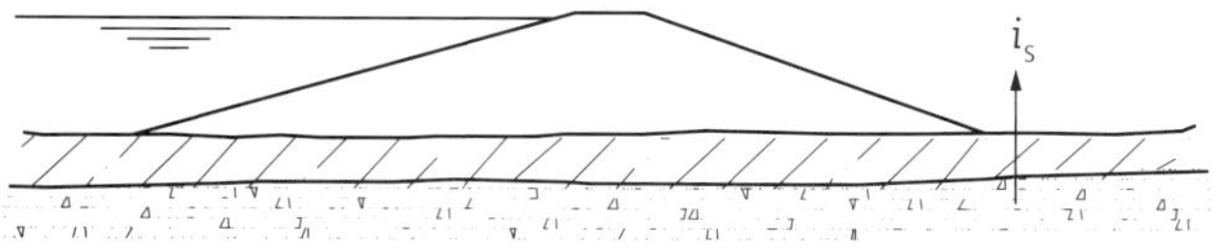

Situação constatada (vazão específica)	Gradiente de saída (i_s)
Percolação pequena a nula (menor que 5 l/min/m)	0 a 0,5
Percolação média (5 a 15 l/min/m)	0,2 a 0,6
Percolação intensa (maior que 15 l/min/m)	0,4 a 0,7
Evidências superficiais de entubamento (borbulhamentos ou *boils*)	0,5 a 0,8

Fig. 3.6 *Gradientes de saída e situação da percolação a jusante*
Fonte: Turnbull e Mansur (1959).

uma cuidadosa e experiente ponderação de todas as informações geotécnicas disponíveis, de estudos analíticos e de considerações de risco. O projeto deve ser francamente conservador quanto a esse aspecto.

Os gradientes de saída devem ser mitigados (muito reduzidos ou, se possível, anulados) com obras de redução da vazão sob a barragem (tais como tapetes impermeáveis a montante, trincheiras de vedação e paredes diafragma) ou com obras de controle de percolação a jusante (tais como trincheiras drenantes e poços de alívio). Essa postura deve ser aplicada com particular rigor se a fundação e/ou as ombreiras da barragem apresentarem camadas, lentes ou passagens de solos muito susceptíveis ao carreamento. Se o ponto de saída da água ficar submerso ou não visível (coberto por contraforte de enrocamento, por exemplo), um eventual processo de entubamento poderá passar despercebido.

Em obras de menor risco, pendente de avaliação criteriosa, pode-se aceitar gradiente de saída da ordem de 0,10 a 0,20 como critério de projeto, para fluxo através de camada superficial de menor permeabilidade. Em paralelo, deve-se exigir gradiente médio menor do que 0,10. Valores bem mais elevados do que esses (gradiente de saída de 0,67 para áreas de agricultura e 0,50 para áreas industriais) foram advogados por Mansur e Kaufman (1956) para os diques do rio Mississippi, os quais são obras de menor risco e com menor permanência das águas altas (só há água durante as cheias do rio). Valores assim tão altos seriam inaceitáveis em outras situações.

3.2 Controle da percolação

3.2.1 Fundação em solo

A melhor e, evidentemente, mais efetiva maneira de controlar a percolação pela fundação é a interceptação total do material permeável com trincheira de vedação (*cut-off*) ou com cortina. A trincheira é basicamente uma escavação da qual se remove o material permeável, substituindo-o por solo compactado de baixa permeabilidade. A cortina pode ser feita, por exemplo, com parede diafragma (de concreto ou plástica) ou com estacas justapostas moldadas no local. Quando esse recurso pode ser utilizado e é corretamente executado, tanto a vazão pela fundação como os gradientes de saída se tornam irrisórios. A partir de uma experiência na UHE Porto Primavera (MS/SP) realizada há décadas (que não foi bem-sucedida) vem sendo cogitada e, ocasionalmente, utilizada a interceptação de fluxo com cortinas constituídas por colunas tipo *jet grout* justapostas.

Mas nem sempre é possível ou economicamente viável interceptar totalmente os estratos mais permeáveis da fundação. Às vezes há alternância de materiais duros e moles. Outras vezes a profundidade é muito grande, levando a custos muito elevados. A utilização de trincheira ou cortina parcialmente penetrante é pouco eficiente tanto no que tange à vazão como no que se refere aos gradientes de saída. A diminuição de vazão só se torna significativa para penetrações superiores a 90% da espessura total da camada permeável. O gradiente de saída só cai acentualmente para penetrações praticamente integrais.

Não sendo possível a interceptação total, utilizam-se ou combinam-se outros recursos para controle das vazões e dos gradientes de saída, tais como cortina de injeção (química ou de cimento tipo *jet grout*), tapete impermeável a montante, tapete drenante a jusante, e trincheira drenante a jusante e poços de alívio (ver Fig. 3.7). Esses partidos de projeto são discutidos a seguir.

Cortina de injeção

Cortinas de injeção (ver Fig. 3.7A) em solo são utilizadas com sucesso pela engenharia europeia, mas não são usuais no Brasil. Dependendo dos sedimentos que constituem a fundação, são empregados produtos químicos especiais.

Em solos arenosos ou siltosos, a cortina não deve ser construída por injeção de calda de cimento sob pressão (do tipo utilizado para preencher descontinuidades em rochas) porque não haverá penetração nos vazios e, por conseguinte, não será formada uma cortina de vedação contínua.

Na barragem de Balbina (AM), foram usadas injeções de nata de cimento para tratamento de fundação em solo com canalículos (tubos com diâmetro centimétrico a decimétrico feitos por cupim no solo). No caso de Balbina causou-se o fissuramento deliberado pela pressão de injeção (denominado *clacagem*) de forma a facilitar a interconexão e o enchimento dos canalículos.

Tapete impermeável a montante

O tapete impermeável a montante é, em geral, um aterro constituído por solo de baixa permeabilidade, com pequena espessura (uns poucos metros) e grande comprimento (várias dezenas de metros ou mais), posicionado a montante da barragem (ver Fig. 3.7B).

Os elementos teóricos que interessam aos tapetes impermeáveis a montante estão apresentados na Fig. 3.8. Existe um comprimento efetivo (*Le*, distância contada a partir do pé de montante da barragem) no qual a carga hidráulica na fundação sob o tapete é igual à carga no reservatório. Essa distância corresponde ao ponto em que a vazão vertical através do tapete se iguala à vazão horizontal através da fundação e depende das permeabilidades e das espessuras da fundação e do tapete, tal como refletido no parâmetro *a*, indicado na mesma figura.

O cálculo do comprimento efetivo vale também para jusante, o que permite que se estime, por simples geometria de semelhança de triângulos, o gradiente de saída sob uma camada impermeável situada a jusante, desde que se conheçam as espessuras e as permeabilidades da camada superficial e da fundação. A Fig. 3.8 ilustra essa condição.

O tapete a montante deve ser protegido para que não trinque por ressecamento antes do enchimento do reservatório e não deve conter descontinuidades (sob pena de perder sua eficiência). A consideração de camadas naturais superficiais como tapete deve ser sempre olhada com suspeição. A Fig. 3.9 ilustra os efeitos de falhas no tapete a montante sobre a carga hidráulica no pé e sobre a vazão. Como se vê, uma falha de apenas 10% já praticamente anula os efeitos benéficos do tapete.

Tapete drenante a jusante

O tapete drenante a jusante é, em geral, um filtro invertido (constituído por materiais progressiva-

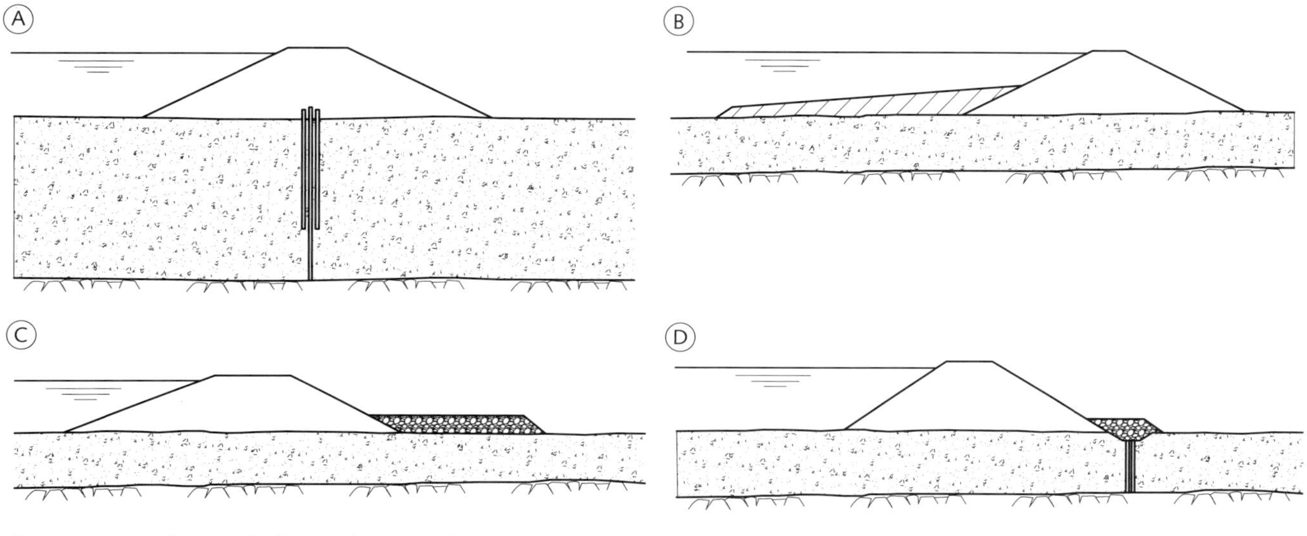

Fig. 3.7 *Formas de controle da percolação em fundação aluvionar: (A) cortina de injeção, (B) tapete impermeável a montante, (C) tapete drenante a jusante e (D) trincheira drenante e poços de alívio*

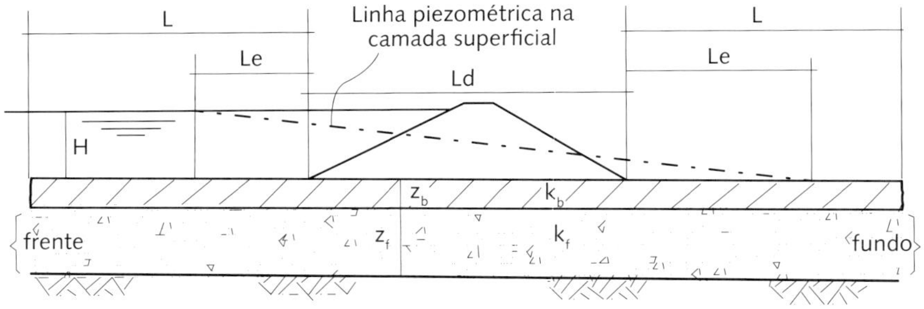

$$a = \sqrt{\frac{k_b}{k_f \cdot z_b \cdot z_f}}$$

Barron, 1946.
Notar que "a" não depende de H nem de Ld.

Caso 1: L "infinito" (muito grande) Le = 1/a

Caso 2: L finito até o fundo ou frente impermeável Le = 1/a · tanh (a L)

Caso 3: L finito até o fundo ou frente drenante Le = tanh (a L)/a

Fig. 3.8 *Tapete impermeável – aspectos teóricos*

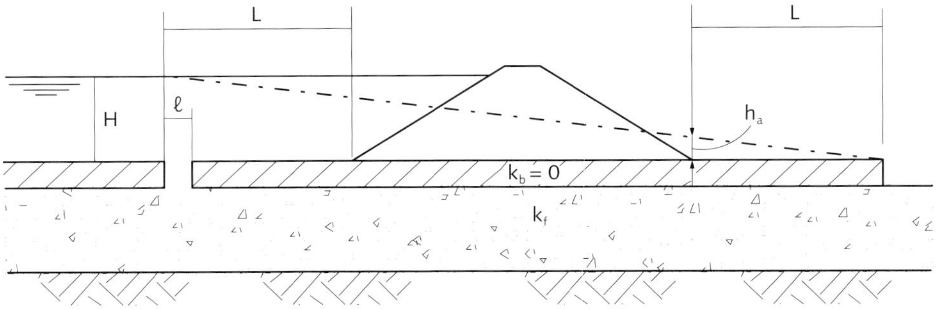

ℓ/L	h_a/H	Q/Q_{100}
0	0,38	0,40
10	0,52	0,75
50	0,58	0,85
80	0,60	0,95
100	0,62	1

Fig. 3.9 *Falha no tapete impermeável a montante*

mente mais grossos de baixo para cima) construído no pé de jusante da barragem (ver Fig. 3.7C).

A Fig. 3.10 mostra os gradientes de saída para o caso de não existir camada superficial de menor permeabilidade (conforme Polubarinova-Kochina – ver Harr, 1962). Essa é uma situação que só costuma acontecer no trecho do leito principal dos rios. Nesse caso, os gradientes imediatamente a jusante do pé da barragem são muito elevados (quando *m* tende a zero, i_S tende para infinito). Por esse motivo, não se termina bruscamente um aterro argiloso sobre a fundação: sempre se coloca, pelo menos, um dreno de pé de forma que o trecho de gradientes elevados fique protegido por um sistema filtrante. Para as relações comprimento/carga (L/H), que em barragens homogêneas de terra se situam tipicamente entre 5 e 7, o comprimento do tapete deve ser da ordem de 15% a 25% da carga. Cabe acrescentar que o tapete drenante a jusante deve, em geral, ser combinado com uma interceptação vertical (como poços de alívio, por exemplo).

Poços de alívio e trincheira drenante

Os poços de alívio e a trincheira drenante (ver Fig. 3.7D) são, basicamente, drenos verticais que permitem que a água alcance a superfície praticamente

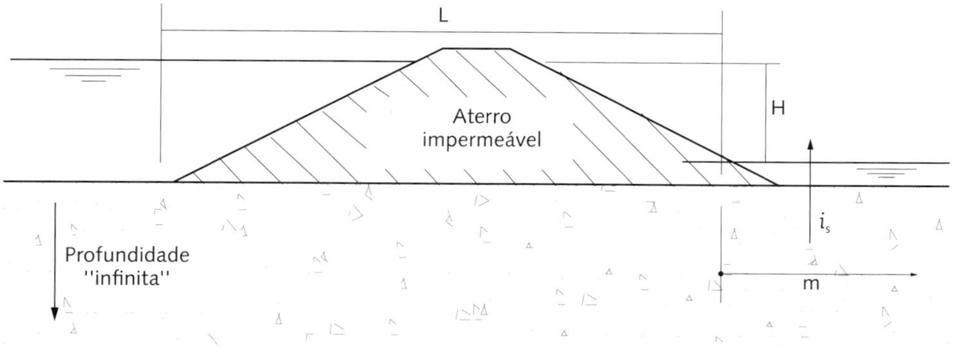

$$i_s = \frac{2\,H/L}{\pi\sqrt{\left(1+\frac{2\,m}{L}\right)^2-1}}$$

Fig. 3.10 *Gradiente de saída em fundação homogênea*

sem perda de carga. Procedimentos para calcular poços de alívio e trincheira drenante são encontrados em diversos manuais e livros-texto.

3.2.2 Fundação em rocha

Quando se apoia um aterro de solo sobre fundação rochosa, a principal preocupação costuma ser referente a uma eventual penetração do solo nas fraturas da rocha, em particular no caso de núcleos de barragens mistas. Em presença desse tipo de receio, o que se costuma fazer é tratar a superfície da fundação rochosa de forma a vedar as fraturas. Esse tratamento vai desde uma simples obturação das principais juntas abertas com nata de cimento até, nos casos em que a rocha é intensamente fraturada, a colocação de uma laje contínua de concreto.

O recurso mais comum de controle da percolação em fundações rochosas são as cortinas de injeção de cimento. Elas são utilizadas na rocha de fundação de praticamente todas as obras de barramento de concreto. Sua função primordial é diminuir a vazão pela fundação de forma a reduzir a solicitação do sistema de drenagem. As cortinas de injeção de cimento não são eficientes na redução da carga hidráulica. Sob barragens de terra e enrocamento, o tratamento de fundações rochosas com injeções profundas de cimento é, quase sempre, desnecessário. Esse é um assunto sempre muito debatido em projeto e, pelo menos nas obras grandes, termina-se por executar pelo menos uma linha de furos com o objetivo (muitas vezes conceitualmente insustentável) de aumentar a quantidade de informações geotécnicas sobre a rocha de fundação. O uso de injeções em rocha sob aterros deve ser norteado, tal como para as estruturas de concreto, pelo eventual benefício em diminuir a vazão incidente no sistema de drenagem interna da barragem.

Não existe um critério consagrado para definir se uma fundação rochosa deve ou não ser injetada (nem seria de se esperar que existisse, pois depende de um número grande de circunstâncias específicas do local, como altura e tipo da barragem, tipo de rocha e arranjo de seu fraturamento, importância das perdas d'água etc.). Apesar disso, diversos critérios, baseados em resultados de ensaios de perda d'água, têm sido propugnados por diferentes autoridades geotécnicas. Redlich e Terzaghi, por exemplo, sugerem que se deve injetar se a perda d'água absoluta for maior do que 0,5 l/min/m/atm. Hvorslev e algumas publicações do Laboratório Nacional de Engenharia Civil (LNEC, Portugal) falam em 0,2 l/min/m/atm. Havendo recursos e tempo, é desejável que se examine essa questão em maior profundidade na fase de projeto através de ensaios de campo adequados e análises de percolação. Um conjunto de limites práticos para uma primeira caracterização está apresentado na Tab. 3.1.

Tab. 3.1 Limites práticos para uma primeira avaliação da rocha

Necessidade de injeção	Perda de água (l/min/m/atm)	Absorção de cimento (kg/m)
Baixa a nula	Menor que 1	Menor que 10
Média	1 a 8	10 a 50
Alta	8 a 20	50 a 100
Muito alta	Maior que 20	Maior quer 100

A profundidade que uma cortina de injeção deve atingir também costuma ser motivo de dúvida na fase de projeto das barragens. Evidentemente, deve ser norteada pelos aspectos geológicos da rocha de fundação (por exemplo, um plano de contato entre derrames em rocha basáltica). Existem indicações gerais, como a da American Society of Civil Engineers (ASCE), apresentada na Tab. 3.2. Indicações como essas jamais devem substituir uma análise criteriosa de cada caso.

Tab. 3.2 Profundidade de cortina de injeção – critérios preliminares da ASCE

Altura da barragem (m)	Profundidade da cortina (m)
8 a 25	12
30 a 66	25
60 a 120	45
Mais que 150	60

3.3 Vazão pela fundação

A quantidade de água que passa pelas fundações e pelas ombreiras de uma barragem pode ser estimada com precisão razoável desde que se conheça a geometria da fundação e a permeabilidade dos materiais. Acontece que tanto a geometria como a permeabilidade costumam ser muito complexas. Assim, as estimativas de vazão são feitas (exceto em projetos de grande porte que justifiquem estudos e prospecções detalhados) utilizando modelos simples (fundação com espessura constante e permeabilidade única e isotrópica, por exemplo). A Fig. 3.11 permite a estimativa de vazão pela fundação de uma barragem de fundação com espessura constante constituída por material homogêneo. Havendo camada superficial menos permeável, a vazão pode ser estimada utilizando o comprimento efetivo de percolação ($Ld + 2Le$) como comprimento Lo (ver Fig. 3.8).

Não existem critérios fixos que estabeleçam qual a vazão aceitável pelas fundações de uma barragem. É possível, contudo, examinar essa questão considerando a vazão específica (vazão por metro longitudinal) observada em obras em funcionamento, separando aquelas cujo desempenho foi considerado satisfatório daquelas cujas vazões pelas fundações foram consideradas excessivas. Um estudo realizado levando em conta vazões observadas em barragens em operação indicou que os valores da coluna da esquerda da Fig. 3.6 podem servir como limites entre as vazões específicas consideradas normais e altas. Assim, uma vazão específica de 5 l/min/m ou menos seria, em princípio, aceitável. Já uma vazão específica maior do que 15 l/min/m seria julgada excessiva. Esses limites são consistentes com o levantamento realizado por Silveira (1983) com dados de 15 barragens brasileiras. Valores-limite como esses, evidentemente, só se aplicam (assim mesmo com ressalvas) a casos em que o fluxo é razoavelmente uniforme e não devem ser utilizados quando a vazão se concentra em um ou uns poucos pontos de saída.

3.4 Casos e acidentes

3.4.1 Um caso de percolação excessiva pela ombreira

As Figs. 3.12 a 3.15 mostram um caso de percolação pela ombreira com início de formação de entubamento. Trata-se de uma pequena barragem, com cerca de 13 m de altura e 100 m de comprimento pela crista, construída em Camaçari (BA) em 1974 como parte do sistema de combate a incêndios de um complexo industrial. A Fig. 3.12 apresenta uma planta e a Fig. 3.13 mostra uma foto da parte de jusante, tomada desde o alto da ombreira direita. Desde 1975 a obra apresentou surgências a jusante. Na ombreira direita, a jusante, ocorreu um desli-

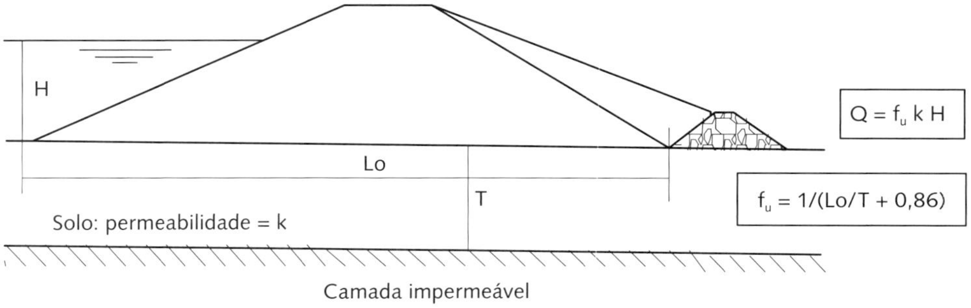

Fig. 3.11 *Vazão em fundação homogênea*

zamento associado à percolação (não mostrado na Fig. 3.12) que foi reparado construindo-se uma berma drenante com dreno de brita envolto em bidim. Na ombreira esquerda, que na época não apresentava problemas de desmoronamento, foi implantada uma trincheira drenante que se inicia a cerca de 10 m a jusante do pé da barragem (indicada por "drenagem existente" na Fig. 3.12). Em 1985 foi constatada uma nova surgência na ombreira esquerda, com vazão de cerca de 600 l/h, entre a drenagem existente e o pé da barragem, na posição indicada por uma seta na Fig. 3.13. Em 1986 essa surgência já tinha causado pequenos desmoronamentos em suas adjacências, como mostrado na Fig. 3.14.

O terreno na região compõe-se de estratos sedimentares da formação São Sebastião, nos quais existem camadas siltosas e arenosas centimétricas e decimétricas dentro de pacotes métricos nos quais predomina o silte ou a areia.

Uma seção passando perto do trecho com a surgência e das sondagens A (executada antes da construção) e B (executada com a barragem pronta) está mostrada na Fig. 3.15. Como se pode ver, na região da surgência ocorre uma areia siltosa.

O gradiente médio, na ombreira, através da camada de areia siltosa, era da ordem de 0,10.

A surgência foi tratada cobrindo todo o trecho abaixo da cota 48 (que vai do pé da barragem à drenagem existente) com um tapete filtrante. Adotou-se, assim, a postura de projeto mais indicada em casos em que se registram surgências a jusante de barragens em operação: deixar que a água siga passando pelas rotas que já escolheu, ao mesmo tempo que se garante que a erosão interna não progredirá.

3.4.2 Um caso de percolação excessiva por fundação aluvionar

A barragem do Carão se situa em Tamboril (CE) e está mostrada, em planta e em seção, nas Figs. 3.16 e 3.17. Trata-se de barragem de terra homogênea cujo sistema de drenagem interna se restringe a um tapete filtrante horizontal, o qual se apoia em aluviões com

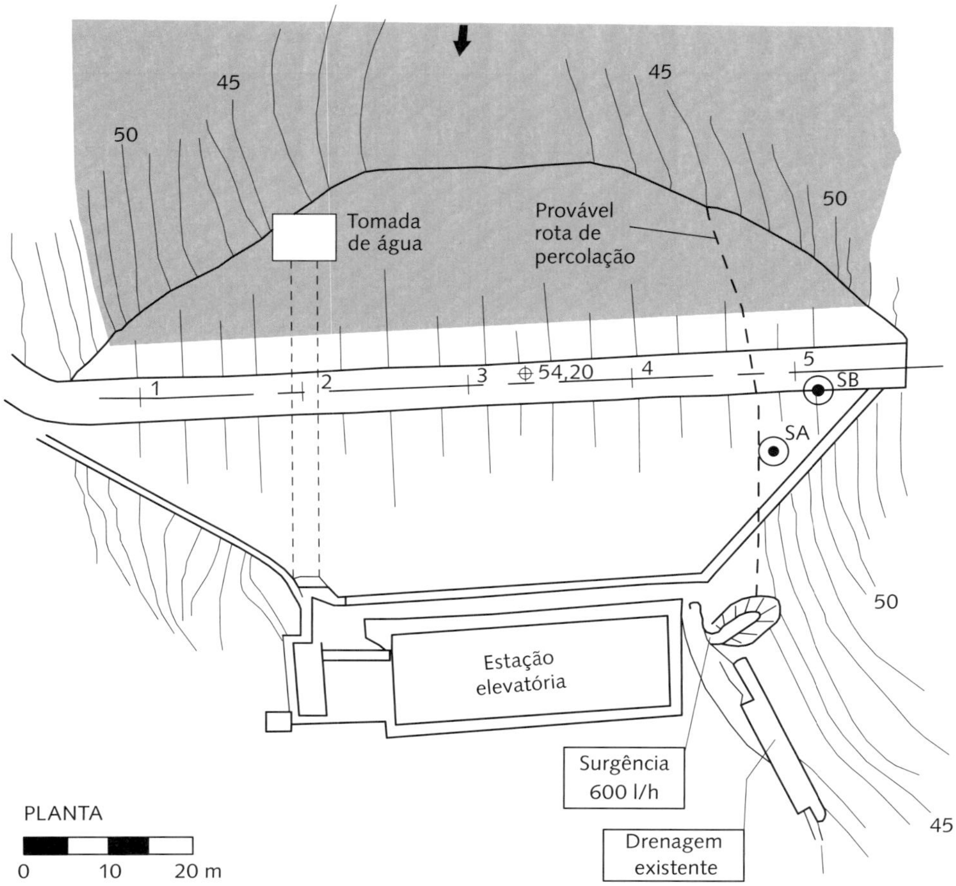

Fig. 3.12 *Barragem de segurança em Camaçari – planta*

Fig. 3.13 *Barragem de segurança em Camaçari – foto da parte de jusante*

Fig. 3.14 *Barragem de segurança em Camaçari – foto da área de surgência na parte esquerda de jusante*

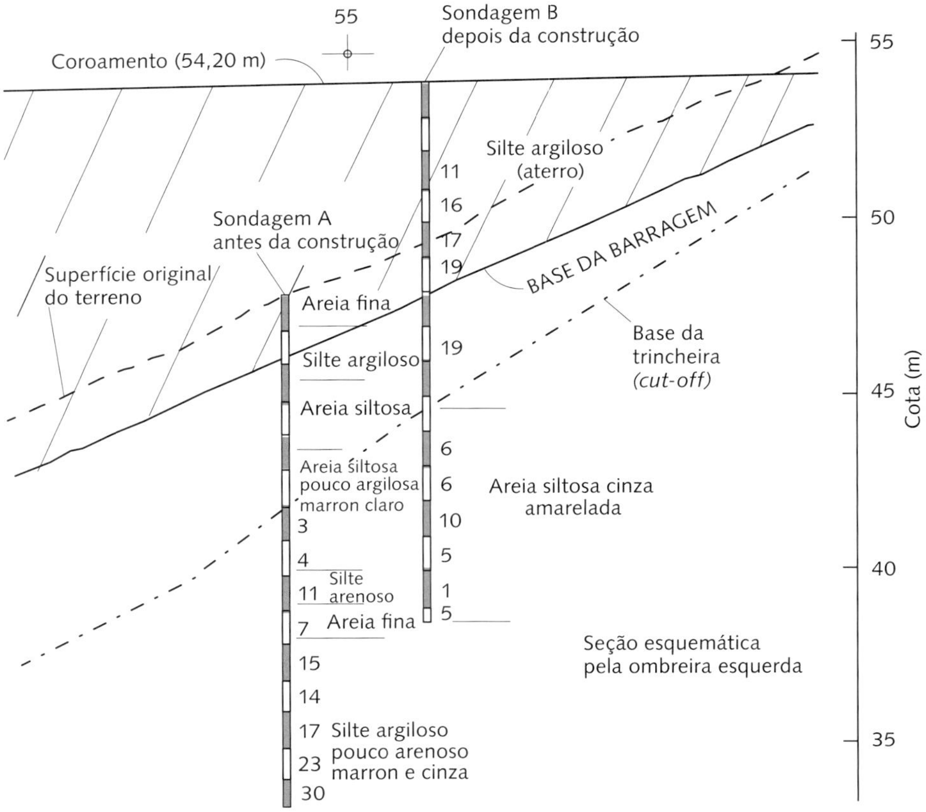

Fig. 3.15 *Barragem de segurança em Camaçari – seção pela ombreira esquerda*

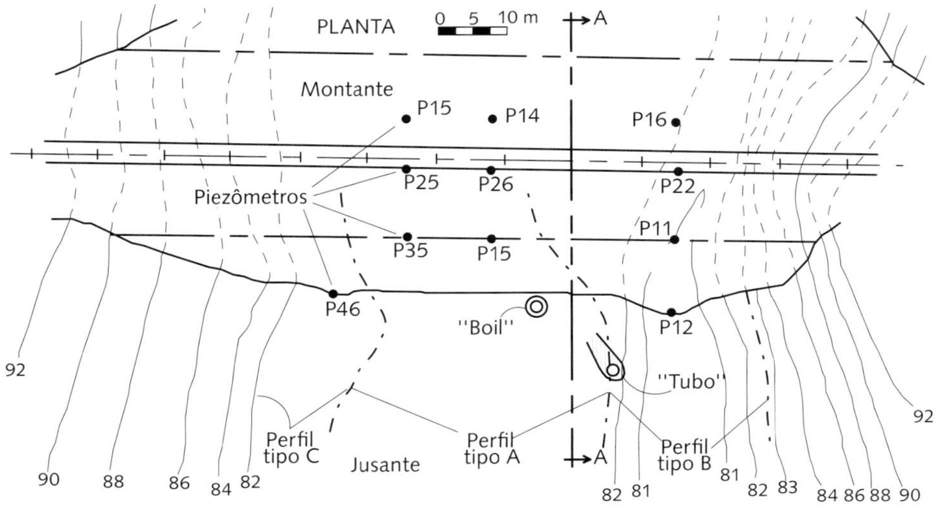

Perfil tipo A – 2,0 m de silte arenoso (ou areia siltosa) sobre areia média e grossa
Perfil tipo B – areia média e grossa desde a superfície
Perfil tipo C – 1,0 a 3,0 m de areia argilosa (ou argila arenosa) sobre 2,0 a 3,5 m de silte arenoso (ou areia siltosa), sobre areia média e grossa

Fig. 3.16 *Barragem do Carão – planta*

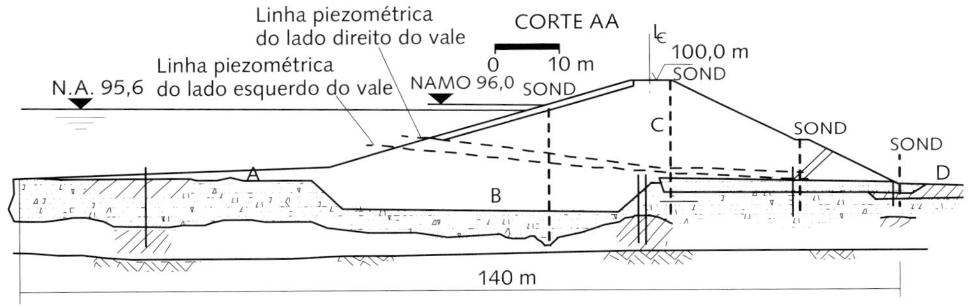

SEÇÃO TÍPICA:
A – Tapete a montante, curto e delgado.
B – Trincheira de fundação parcialmente penetrante, em fundação arenosa.
C – Aterro sem filtro vertical.
D – Camada de solo superficial fino a jusante.

Fig. 3.17 *Barragem do Carão – seção típica*

predomínio de areias médias e grossas. Como medidas de controle de percolação, foram construídos um tapete a montante (com comprimento e espessura pequenos) e uma trincheira parcialmente penetrante (cerca de 5 m para uma profundidade total média de aluvião de 10 m). Quando do enchimento do reservatório, observou-se uma vazão de cerca de 2.400 l/min, sob carga hidráulica da ordem de 9 m. Isso corresponde a cerca de 20 l/min/m a 30 l/min/m ao longo da calha aluvionar sob a carga plena de operação do lago (15 m). Essa vazão é elevada tanto por comparação com outras obras como considerando as perdas do reservatório (que atingiriam algo como 2 milhões de metros cúbicos por ano). Ocorreram ainda entubamentos e olhos-d'água (*boils*) a jusante, como indicado na Fig. 3.16. O perfil de terreno na calha aluvionar a jusante da barragem caracteriza-se por dois trechos distintos, denominados perfis tipo A e B, também ilustrados na figura. O trecho ocupado originalmente pelo leito principal do rio, com perfil do tipo B, tem areia à superfície e dava livre saída à água. À esquerda o perfil é do tipo A, com uma camada menos permeável sobrejacente à areia, sob a qual ocorreram subpressões. No trecho tipo A observaram-se olhos-d'água. Na zona de contato entre os trechos A e B, ocorreram tubos resultantes do escoamento da água sob a camada superficial do trecho A em direção ao trecho B. No trecho C não foram observadas evidências superficiais de danos causados por percolação.

Foram consideradas diversas soluções para o problema, tais como implantação de parede diafragma e injeções químicas através do aluvião (atravessando verticalmente a barragem próximo à crista). Levando em conta a escassez de recursos, o proprietário optou por implantar um filtro invertido a jusante. Essa solução aumenta a estabilidade hidráulica no pé de jusante, mas não resolve o problema de vazões excessivas. As vazões que passam pela fundação, no entanto, são menores do que aquelas necessárias para manter a vazão mínima exigida para jusante.

3.4.3 Desastre de Teton (EUA)

O desastre da barragem de Teton por entubamento no primeiro enchimento, em 5 de junho de 1976, foi um dos mais traumáticos da engenharia de barragens. O projeto e a construção tiveram a supervisão do United States Bureau of Reclamation (USBR), um dos órgãos com maior experiência em barragens. O número de vidas humanas perdidas, 11 em vez de milhares, foi reduzido devido tanto ao alarme providencial dado pelo proprietário como pelo fato, feliz nas circunstâncias, de os sinais claros da iminência do desastre terem se manifestado à luz do dia.

A barragem de Teton (USBR, 1977; Sowers, 1977), construída em um vale do tipo cânion do rio de mesmo nome, em Idaho (EUA), tinha 92 m de altura e um comprimento pela crista de 810 m. Os elementos necessários à compreensão da obra e do desastre estão apresentados nas Figs. 3.18 a 3.20.

A rocha dominante no local é um riolito, descrito como cinza vulcânica cimentada contendo camadas irregulares de escória vulcânica. Esse material aflora nas paredes do vale. Um derrame basáltico ocorre no fundo do vale, no lado esquerdo, sobreposto a aluvião antigo relativamente delgado. A camada superior em todo o fundo do vale é aluvião recente, cuja espessura chega aos 30 m, o qual contém areia e cascalho, exceto na base, onde aparecem siltes e argilas. Em profundidade, abaixo do riolito, encontram-se depósitos fluviais e lacustres do Plioceno. No alto do *plateau* ocorre um capeamento de silte eólico.

O riolito é leve, porém cimentado, apresentando a dureza e a textura de um arenito. A porosidade é irregular por causa de diferentes feições vulcânicas localizadas, como veios de escória, nódulos de lava etc., mas, no conjunto, é alta. Cavernas subterrâneas foram observadas. Em um furo, a noroeste da ombreira direita, uma peça de sondagem (um baldinho) foi perdida em uma cavidade e o furo teve que ser abandonado e repetido ao lado. O segundo furo também atingiu a caverna e a peça perdida no primeiro foi recuperada. O fraturamento é intenso, com sistemas subverticais e sub-horizontais, tanto a montante-jusante como perpendicularmente ao rio. Observaram-se algumas fraturas abertas com grandes dimensões. Em um caso, durante a escavação de trincheira à direita do vertedouro, duas dessas fraturas abertas foram observadas distantes de 25 m. Em uma delas um homem podia penetrar 30 m para montante, para jusante e abaixo da base da trincheira. A outra, embora igualmente extensa, não era larga o suficiente para que um homem entrasse.

O sítio apresenta um nível d'água regional profundo, por volta da cota 1500, cerca de 54 m abaixo do nível do rio. Isso quer dizer que o rio cede água para a camada de aluvião. Existem níveis d'água empoleirados no riolito que não parecem ter relação com o nível d'água profundo.

O maciço de terra foi concebido com cinco materiais diferentes, como se vê nas seções mostradas na Fig. 3.20. O material 1 é um núcleo de solo siltoso oriundo dos depósitos de capeamento do *plateau*. Esse material foi compactado, em camadas com 15 cm de espessura, até 98% de grau de compactação (segundo o padrão do USBR, que é semelhante ao Proctor Normal) e com umidade 0,5% a 1,5% abaixo da ótima, utilizando 12 passadas de rolo pé de carneiro pesando 6 t/m. O material 2 é um cascalho arenoso obtido do depósito aluvionar do rio a jusante da barragem e, embora não processado ou submetido a outros cuidados especiais, destinava-se a atuar como transição filtrante. O material 3 é uma transição contendo silte e cascalho do rio. O material 4 corresponde à ensecadeira incorporada de montante. O material 5 é um capeamento de pedra utilizado nos taludes de montante e jusante.

Na fundação sob a barragem, atravessando tanto aluvião como material vulcânico, foi implantada uma trincheira de vedação com cerca de 20 m de profun-

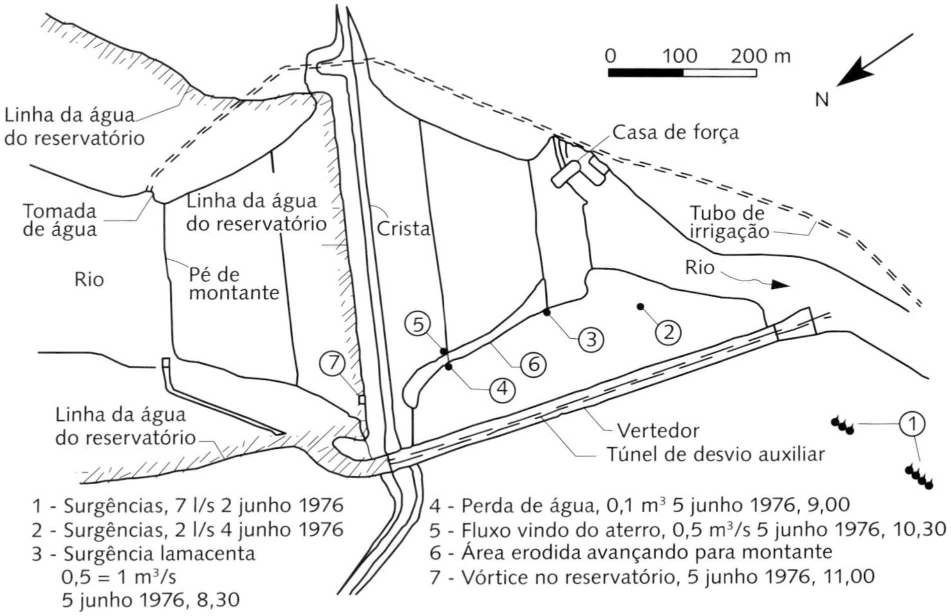

Fig. 3.18 *Barragem de Teton – planta e sequência de eventos*

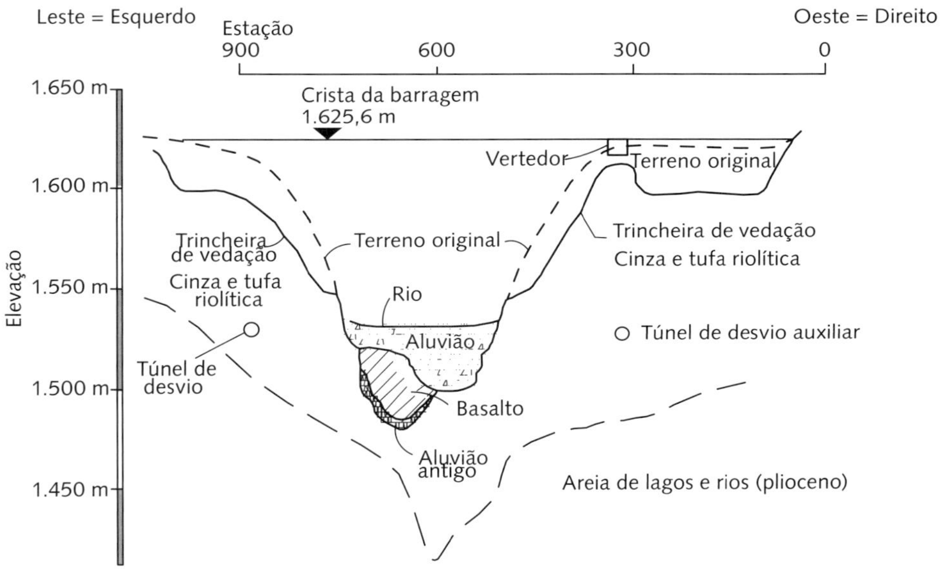

Fig. 3.19 *Barragem de Teton – seção longitudinal*

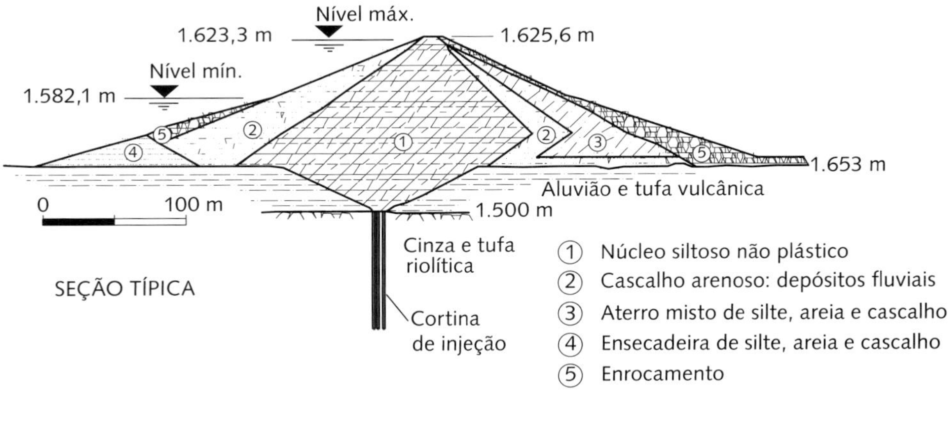

Fig. 3.20 *Barragem de Teton – seções transversais*

didade, a qual, atravessando as fraturas mais abertas e as zonas mais permeáveis expostas nas ombreiras, se apoiava na rocha sã. A rocha sob a trincheira, por sua vez, foi injetada com três linhas de furos distantes 3 m uma da outra, até profundidades da ordem de 70 m a 90 m. Um capeamento contínuo de concreto foi implantado em uma cava, com 1 m de largura e 1 m de profundidade, unindo os furos de injeção da linha central, a qual tinha sido injetada com mais intensidade do que as duas linhas laterais. Ao todo foram 35.500 m de furos, nos quais se injetaram 214.000 m^3 de calda de cimento, areia e bentonita. As fraturas abertas foram preenchidas com concreto.

A obra ficou pronta em novembro de 1975. O projeto previa o enchimento com uma velocidade de 0,3 m por dia e essa foi a taxa que ocorreu até março de 1976. Entre março e maio de 1976, devido a um afluxo de água superior ao previsto, o nível do lago subiu com velocidade entre 0,3 m e 0,6 m por dia. Uma extrapolação das taxas de enchimento observadas indicou que o reservatório poderia ser preenchido até junho de 1976 e, portanto, já irrigar no verão daquele ano, antecipando o prazo previsto. Os projetistas permitiram o aumento na velocidade de subida do nível do lago. Entre maio e 5 de junho o reservatório cresceu até 1 m por dia. Em 5 de junho (o dia do desastre) o reservatório atingiu a cota 1616, um pouco abaixo do nível normal de operação.

A sequência de eventos observados que culminou no desastre teve início no dia 2 de junho e está resumida na Fig. 3.18. Nesse dia duas pequenas surgências, situadas a 200 m e a 300 m a jusante do aterro, foram observadas na ombreira direita (ponto 1 na figura). A vazão era de 180 l/min e 270 l/min. Em 4 de junho uma terceira surgência, com vazão de 120 l/min, apareceu a 45 m a jusante (ponto 2). As três surgências apresentavam água limpa que parecia sair de pequenas fraturas na rocha. No dia 5 de junho (dia do desastre), às 8h00 da manhã, foi constatada uma grande surgência de água barrenta com vazão de 42.000 l/min (0,7 m^3/s) logo acima do pé de jusante da barragem (ponto 3). Às 9h30 a face da barragem se apresentou encharcada próximo à ombreira direita e água fluía de um pequeno furo na barragem situado a 5 m da ombreira e a 40 m abaixo da crista (pontos 4 e 5). A vazão surgente passou então a crescer a olhos vistos e começou-se a observar erosão de porções da face do talude junto à ombreira (local 6). Às 11h00 apareceu um vórtice no lago a 5 m da face de montante e a 40 m da ombreira direita (ponto 7). Tentativas de encher a cavidade empurrando material resultaram na perda de duas máquinas, cujos operadores conseguiram escapar. Às 11h57 a erosão progredira talude acima até que o maciço foi brechado. A água fluiu por um buraco com diâmetro de 10 m a 15 m, mantendo-se a crista em posição por algum tempo. Poucos minutos depois a crista desabou para dentro da cavidade e a brecha se ampliou rapidamente. Oito horas depois do brechamento o reservatório estava vazio, tendo descarregado 300 milhões de metros cúbicos de água e destruído 3 milhões de metros cúbicos de aterro.

Um alarme inicial foi dado pelas autoridades às 10h45. A evacuação de pessoas da planície até 15 km a jusante começou às 11h30. Às 13h30 a evacuação tinha terminado. A enchente se moveu com uma velocidade inicial de 30 km/h, com o nível d'água a jusante da barragem subindo 30 m. Quando a onda de cheia atingiu a beira da planície, 10 km a jusante, sua velocidade era de 10 km/h e sua profundidade, de 2 m a 3 m. Onze pessoas morreram e 2.500 ficaram feridas. Foram destruídas 761 casas, 3.550 edificações de fazendas e 40.000 acres de terra cultivada. Foram perdidos 13.700 animais, na maioria gado vacum. O prejuízo material ultrapassou US$ 1 bilhão.

Em suma, o desastre se deveu a entubamento do material do aterro. Duas rotas de percolação foram consideradas prováveis: (a) fluxo por juntas abertas preexistentes na fundação e (b) trincamento do núcleo ou da trincheira na ombreira direita. A falta de controle granulométrico do cascalho arenoso utilizado a jusante do núcleo pode ter permitido o carreamento do silte. O Prof. Arthur Penman apontou a possibilidade de ter ocorrido fratura hidráulica.

3.4.4 *Barragem de Laguna (México)*

A barragem de Laguna (Marsal; Resendiz Nuñez, 1975) pertence ao complexo hidrelétrico de Necaxa, no México. Desde a sua entrada em operação, em 1908, observaram-se surgências em vários pontos a jusante. Não há registro quantitativo das vazões até 1927, quando o fluxo a jusante aumentou e elas passaram a ser observadas. A barragem rompeu por entubamento em 31 de outubro de 1969, 61 anos depois da entrada em operação e com 44 anos de observações de vazão a jusante.

Nas Figs. 3.21 e 3.22 estão apresentadas planta, seção transversal e seção longitudinal. A planta mostra o trecho da ombreira esquerda onde ocorreu o brechamento e a posição dos medidores de vazão a jusante (1 e 2, dos lados direito e esquerdo, respectivamente). A seção geológica longitudinal indica que o trecho rompido se apoiava em basalto alterado. A seção transversal da barragem mostra que havia uma parede central impermeável.

Marsal e Resendiz Nuñez (1975) apresentam as observações de vazão, chuvas e nível do reservatório entre 1927 e 1969.

As vazões totais (ou seja, a soma das vazões nos medidores 1 e 2) se mantiveram semelhantes às registradas em anos anteriores até agosto de 1969. Em setembro de 1969 a vazão total cresceu para 37 l/s. Esse valor não causou alarme, provavelmente porque, em 1942, fora registrada uma vazão de 78 l/s sem problemas.

Porém, analisando separadamente os medidores, verifica-se que o medidor 2, que mensurava as vazões do lado esquerdo (onde veio a acontecer a ruptura), teve um aumento considerável no mês de outubro, muito acima de seus maiores valores históricos.

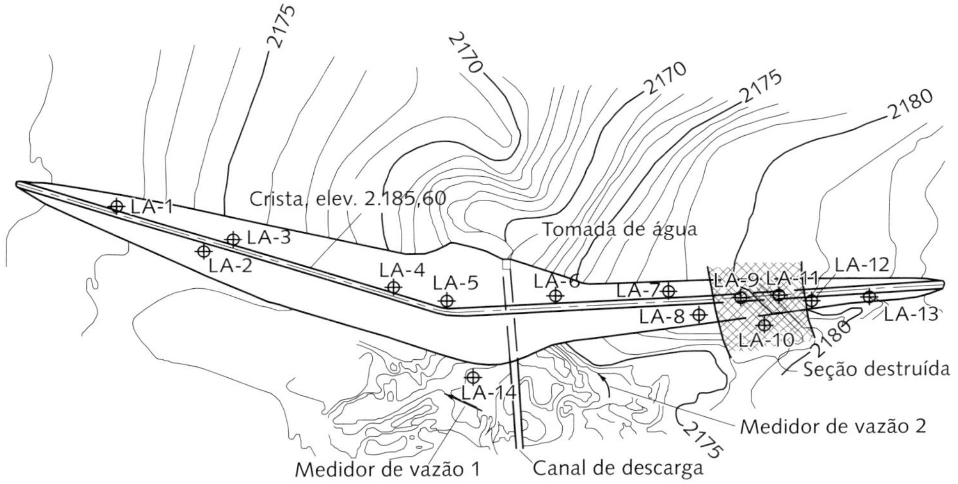

Fig. 3.21 *Barragem de Laguna – planta*

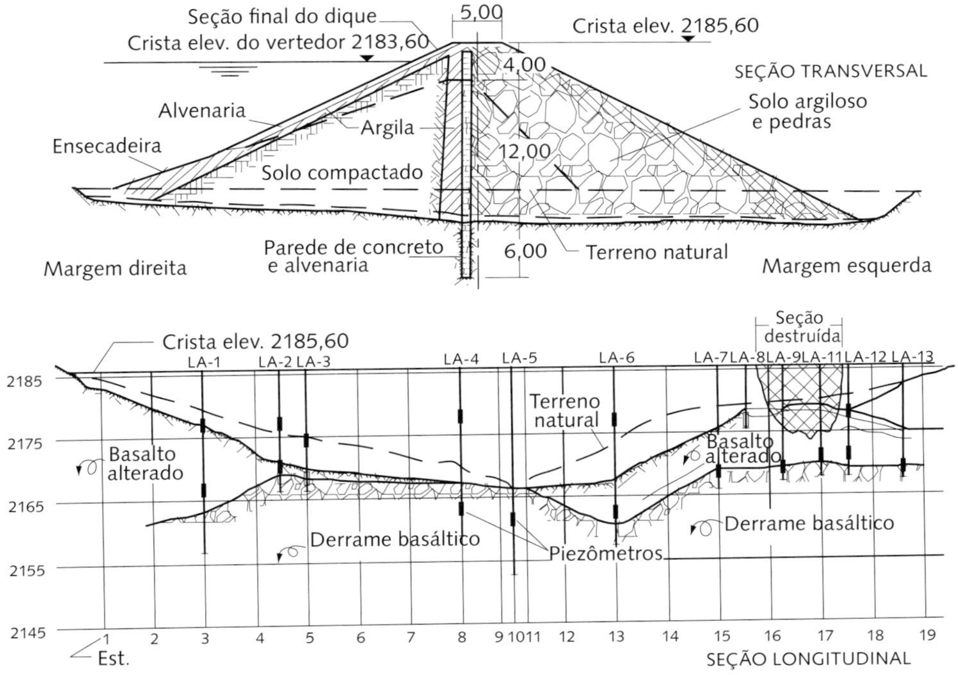

Fig. 3.22 *Barragem de Laguna – seções*

Pode-se supor que o hábito de analisar as vazões somadas dos dois medidores (estabelecido na obra ao longo dos anos) impediu que esse crescimento anormal de vazão fosse percebido.

Na manhã de 31 de outubro observou-se uma vazão de 75 l/s no medidor de vazão 2. Às 18h00 observou-se a formação de um tubo na fundação cuja vazão e dimensão cresceram rapidamente, erodindo o talude de jusante da barragem. Às 22h45 o muro de alvenaria e concreto, situado no centro do aterro, ficou descoberto e, poucos minutos depois, ocorreu o colapso.

3.4.5 Barragem de João Penido (MG)

O caso da barragem de João Penido, em Juiz de Fora (MG), que não sofreu acidente grave ou desastre, merece menção devido à longa série de tentativas que se fez para controlar as surgências a jusante. Os elementos geométricos estão mostrados na Fig. 3.23. A barragem foi construída em 1934 e, já na década de 1940, registrava vazões consideráveis a jusante. Com a ruptura da barragem da Pampulha (em 1954), do mesmo projetista, as preocupações com relação a João Penido aumentaram.

Em 1956 foi implantada, a montante, uma cortina de estacas-prancha metálicas e o talude foi coberto com enrocamento. Nessa ocasião foram também executadas injeções de argila na união da cortina com as ombreiras e construiu-se um dreno de pé a jusante.

Em 1959 foram executados 170 furos de injeção de calda de cimento e 200 furos de injeção de misturas de cimento e argila no corpo do maciço, nas galerias e nas ombreiras.

No início da década de 1970 foram executados 43 furos de injeção de cimento na ombreira esquerda.

Em 1976 o filtro de pé a jusante (instalado em 1956) foi substituído. Durante essa substituição notou-se a ocorrência generalizada de concrecionamento das areias do filtro com óxidos.

Finalmente, em 1981 foi implantada uma parede diafragma de concreto atravessando todo o corpo da barragem (5 m a montante do eixo) e penetrando parcialmente nas fundações e nas ombreiras. Sob a cortina executaram-se furos de injeção de calda de cimento. No pé de jusante da barragem foram implantados poços de alívio.

3.4.6 Outras obras do Brasil

Diversas obras brasileiras requereram cuidados e despesas adicionais para controle de percolação pelas fundações.

Um caso, sem ruptura desastrosa, de percolação intensa nas fundações é o da barragem do Caldeirão (PI), que sofreu entubamento com surgência de água turva através dos arenitos e dos folhelhos interestratificados. Pessoa (1964) relata que "o maciço da barragem não apresentava qualquer movimento proveniente do solapamento da fundação nessa região", ao passo que Miguez de Mello (1981b) menciona o "aparecimento de cavidade no corpo da barragem".

Outro caso de ruptura por percolação pelas fundações é o da barragem de Apertadinho, em Vilhena (RO), construída entre 2006 e 2007 e rompida catastroficamente em 9 de novembro de 2008 por erosão regressiva (*piping*) pela fundação. A barragem possuía cerca de 42 m de altura, comprimento ao longo da crista de cerca de 450 m e se apoiava, em sua maior parte, em arenito brando (ver Guidicini, Sandroni e Miguez de Mello, 2021) (Figs. 3.24 e 3.25).

Diversas barragens de grande porte exigiram atenção e despesas adicionais devidas à percolação

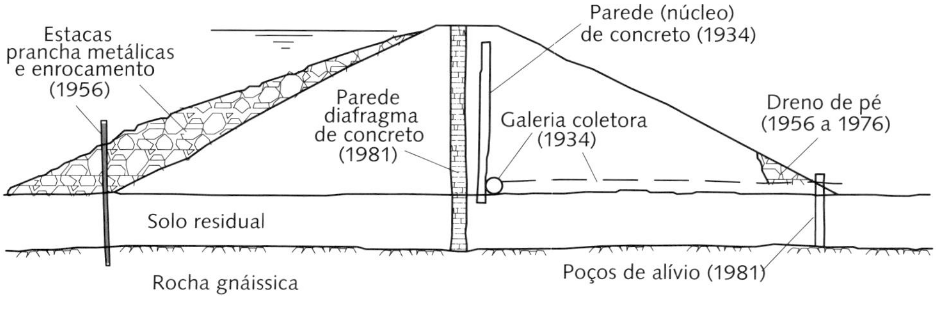

Fig. 3.23 *Barragem de João Penido – seção transversal típica mostrando as diversas etapas de implantação de obras de controle de percolação*

Fig. 3.24 *Barragem de Apertadinho – imagem aérea durante a ruptura*
Fonte: Guidicini, Sandroni e Miguez de Mello (2021).

Fig. 3.25 *Barragem de Apertadinho – imagem aérea após a ruptura*
Fonte: Guidicini, Sandroni e Miguez de Mello (2021).

por ombreiras após o primeiro enchimento, como Ilha Solteira (SP), Chavantes (SP), São Simão (MG) e Curuá-Una (PA) (CBGB, 1982). Os problemas, que em alguns casos haviam sido previstos, foram contornados com a execução de reforços na drenagem a jusante, tais como poços de alívio e tapetes drenantes. Na barragem de Euclides da Cunha (SP) (que, posteriormente, veio a ser destruída por galgamento) notou-se, dois meses após o primeiro enchimento, uma surgência d'água com vazão da ordem de 12 l/min em um ponto do talude de jusante 35 m abaixo da crista e a 10 m da ombreira. O fluxo foi atribuído à percolação pela ombreira, com a água escapando por fissuras no maciço. Há ainda outros casos de barragens nas quais se registraram problemas de percolação em ombreiras, como, por exemplo, Paranoá (DF) (infiltrações na ombreira) e Saracuruna (RJ) (infiltrações nas ombreiras e nas fundações – Ruiz et al., 1976).

Em ensecadeiras, por conta, principalmente, do prazo curto de exposição, costuma-se correr riscos (em geral previstos ou calculados) maiores do que nos maciços definitivos. Por consequência, não é rara a ocorrência de problemas de percolação em ensecadeiras. Infelizmente, poucas dessas experiências são acompanhadas em detalhe (por óbvias razões de prioridades da obra) e menos ainda são divulgadas (com algumas exceções, ver Eletronorte, 1987).

4 Percolação por interfaces

4.1 Junções entre aterros e muros

A barragem de Davis (Justin, 1932), construída em 1914 em Turlock (EUA), rompeu por entubamento, ao longo da interface entre o aterro e o muro do vertedouro, durante o primeiro enchimento. Como mostrado na Fig. 4.1, o muro do vertedouro tinha parede lisa e vertical e o enchimento da escavação foi feito com solo arenoso apenas lançado. O maciço, praticamente sem compactação, possuía uma membrana de concreto, na face de montante, que se solidarizava ao vertedouro. Apenas 7 h transcorreram entre os primeiros sinais de percolação excessiva e a perda total da barragem.

O projeto de Davis é claramente inadequado pelos padrões atuais. Hoje em dia não seria utilizado um muro liso e vertical, não se lançaria areia para preenchimento da cava de fundação junto ao muro e não se colocaria uma laje de concreto sobre aterro (muito menos se esse aterro não fosse compactado). A interface, vertical e lisa, representa um plano de fraqueza quanto à percolação porque o aterro pode se separar do muro (retração, deslocamentos devidos a recalques etc.). A areia ligando montante a jusante é um óbvio

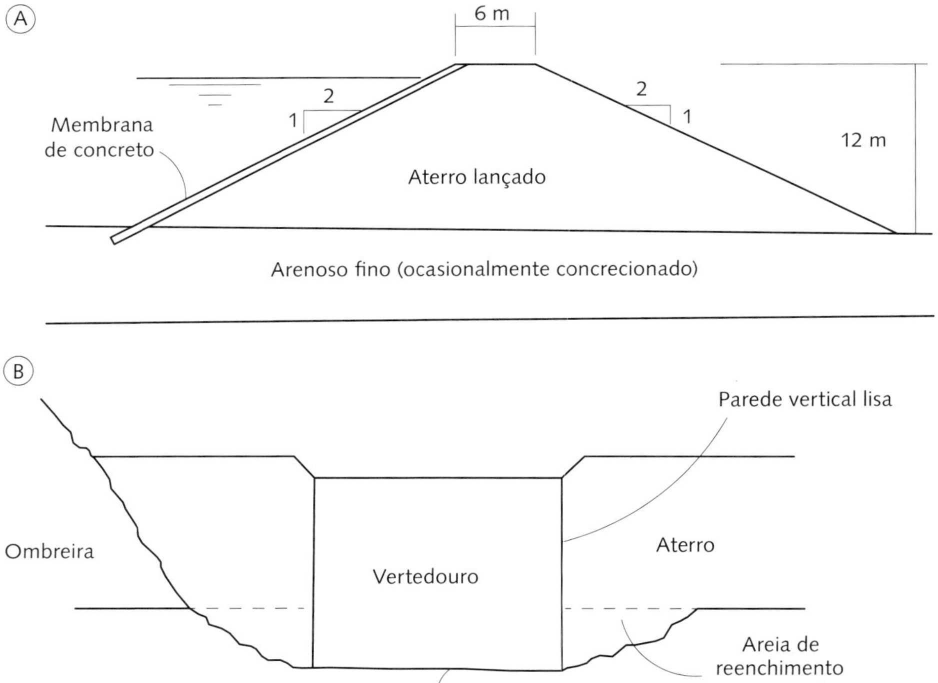

Fig. 4.1 *Barragem de Davis: (A) seção transversal e (B) seção longitudinal*

convite ao entubamento. A laje sobre aterro mal compactado trincou como seria de se esperar. Ou seja, as posturas de projeto utilizadas na barragem de Davis, no início do século passado, seriam rejeitadas hoje em dia.

Quanto ao que é, atualmente, considerado adequado para projeto das junções entre aterros e muros, há várias posturas. O que se deseja é evitar que a interface entre o aterro e o muro (também denominada *junção*) se constitua numa rota preferencial de percolação, ao longo da qual exista risco de carreamento. Para tanto, utilizam-se diferentes formas geométricas para a superfície de contato e projetam-se sistemas de drenagem interna reforçados, de maneira que a percolação seja disciplinada.

Uma das geometrias usuais consiste em apoio direto do aterro no muro (também chamada de *junção chapada*), com uma protuberância que sai do muro e penetra no aterro (o chamado *muro corta-águas*). Essa postura de projeto exige que o muro acompanhe, para montante e para jusante, o talude da barragem. Em geral, é um partido utilizado em obras até uma certa altura (digamos 30 m ou 35 m). A protuberância é, normalmente, uma parede de concreto que penetra no aterro (em geral, nas proximidades do eixo da barragem). Um exemplo de muro corta-águas está mostrado na Fig. 4.2. Às vezes opta-se por geometrias mais elaboradas para o corta-águas, como um alargamento do núcleo nas imediações da interface e uma inclinação em planta da face do muro (supostamente para favorecer a compressão do aterro contra o muro sob a pressão da água do reservatório).

No caso de barragens altas (digamos, com altura superior a 35 m ou 40 m), a junção chapada pode se tornar antieconômica, por exigir muros de contenção que se prolongam muito para montante e para jusante. Pode, então, passar a ser mais econômica a chamada *junção em abraço*, como aquela mostrada esquematicamente na Fig. 4.3.

Qualquer que seja a geometria escolhida para a junção, cuidado especial deve ser dedicado à drenagem interna, que deve ser reforçada e concebida de forma a cobrir (com ampla margem de segurança) todas as rotas de percolação imagináveis, além de, obviamente, atender rigidamente aos critérios de filtragem.

É interessante notar que são raros os casos reportados de acidentes de percolação em junções aterro-muro (nenhum importante no Brasil). Isso se deve, provavelmente, à particular atenção e aos cuidados especiais que se costuma dedicar a essas partes das obras de barramento.

4.2 Junções entre aterros e galerias

A barragem de Table Rock Cove (Justin, 1932; ICOLD, 1974), em Greenville (EUA), sofreu um grave acidente durante o primeiro enchimento. O projeto continha uma tubulação de ferro fundido, com diâmetro de 1,05 m, destinada a atuar como galeria de desvio durante a construção e como descarga de fundo durante a operação. A tubulação foi implantada em uma trincheira aberta na rocha e apoiava-se em 13 colares de concreto. Sob a tubulação, numa altura de cerca de 45 cm, a trincheira foi preenchida com terra

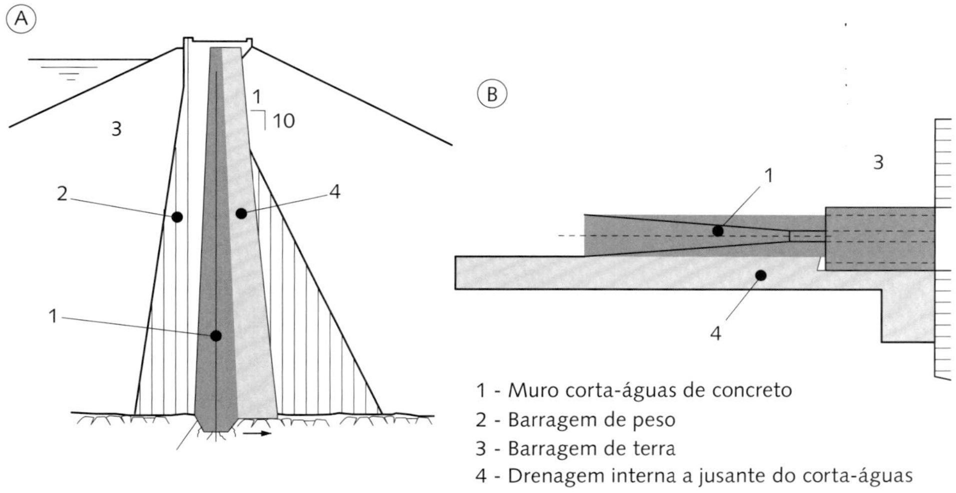

Fig. 4.2 *Exemplo de muro corta-águas simples: (A) seção transversal e (B) planta*

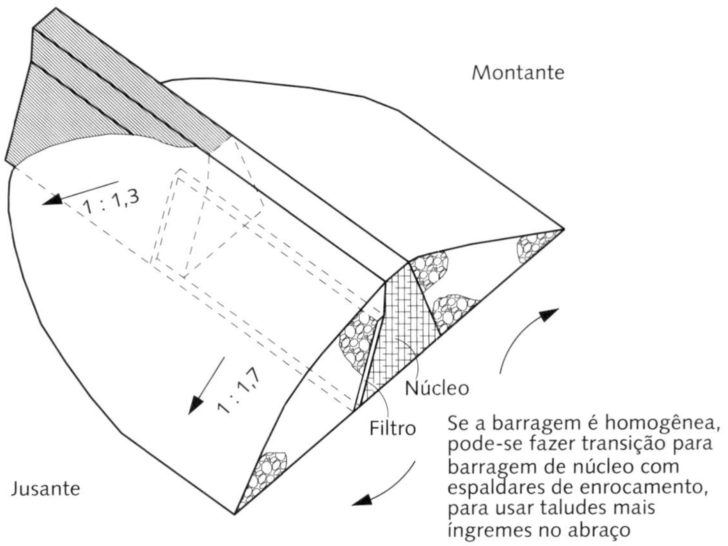

Fig. 4.3 *Exemplo de junção em abraço*

compactada manualmente. Durante a construção, a tubulação foi fortemente flexionada pelo peso do aterro (cuja altura era da ordem de 40 m) porque os colares de apoio eram muito mais rígidos do que o preenchimento de solo.

O reservatório ainda não estava completamente cheio quando, em 4 de maio de 1928, ocorreu uma súbita surgência de água um pouco acima da extremidade de jusante da tubulação, que, rapidamente, foi erodindo internamente o maciço terroso. Houve erosão de cerca de 10% do maciço, mas não adveio o desastre porque o nível de montante não foi atingido pelo processo de erosão. A tubulação só tinha válvula de controle a jusante, de forma que não foi possível interromper o processo. Após rebaixamento do reservatório, foi examinado o trecho remanescente da tubulação, evidenciando-se que os tubos haviam sofrido quebras, trincamentos e abertura de juntas.

O desastre por entubamento no aterro ocorrido em 1981 na barragem de Mulungu (Buíque, PE) deveu-se ao fluxo ao longo da interface entre o aterro homogêneo (não dotado de sistemas adequados de drenagem interna) e a galeria de concreto, cuja altura (4 m a 6 m) era muito grande em relação à largura (1,65 m). Essa geometria incomum, mostrada esquematicamente na Fig. 4.4, parece ter resultado do fato de o material de fundação, encontrado quando da escavação para a galeria, ter se mostrado pior do que o desejado. Na busca (desprovida de adequada adaptação) de "atender ao projeto", a posição de apoio da galeria foi aprofundada até encontrar terreno duro, sem que se tomasse qualquer outra medida. A resultante protuberância, que penetrava no aterro como uma faca, certamente gerou tensões de tração nas imediações da galeria. Durante o primeiro enchimento, observou-se a formação, a partir de jusante, de dois "tubos" de erosão interna com intenso carreamento de sólidos nas quinas superiores da galeria. Em poucas horas o aterro foi destruído.

A seguir são apresentadas algumas recomendações básicas para o projeto de galerias e tubulações sob aterros de barragens:

- É preferível que a galeria tenha o contorno adoçado (arredondado) mostrado na Fig. 4.5B do que uma seção retangular com quinas vivas.
- A escolha do material de apoio (e do tipo de elemento de fundação, se for o caso) deve ser tal que a galeria não sofra recalques diferenciais relevantes.
- A drenagem interna do aterro deve envolver totalmente a galeria, como mostrado na Fig. 4.6. O sistema de *anéis interceptadores de fluxo*, ilustrado na Fig. 4.5A, vem caindo em desuso.
- Na junção entre o aterro impermeável e a galeria, a montante do sistema de drenagem interna, deve ser utilizado solo mais úmido (digamos 2% acima da ótima).

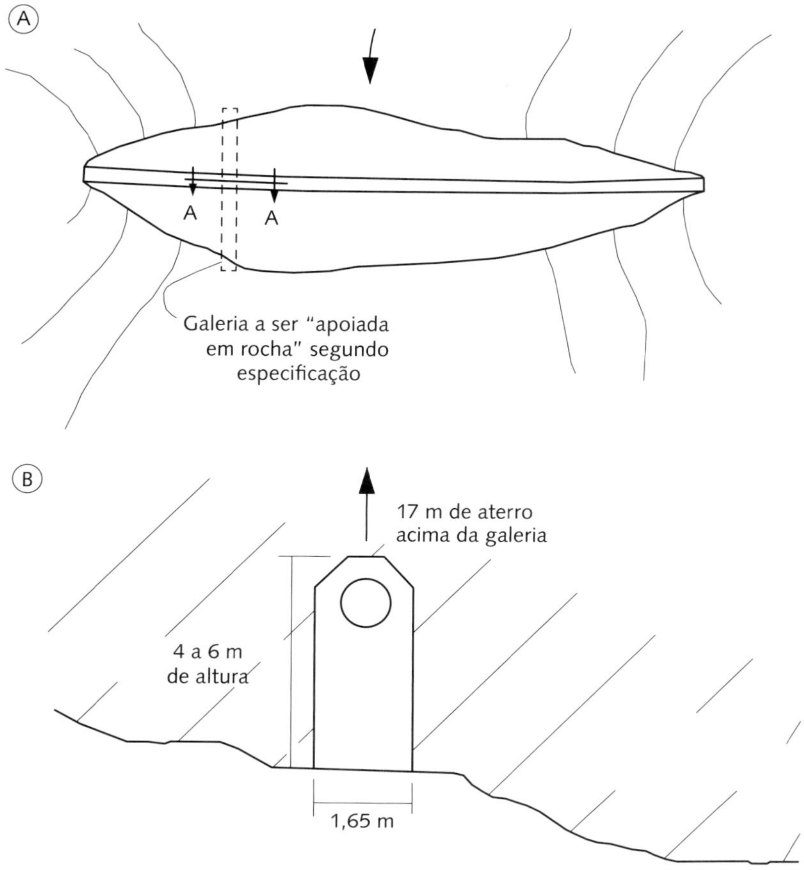

Fig. 4.4 *Barragem de Mulungu: (A) planta (esquemática) e (B) seção AA (esquemática)*

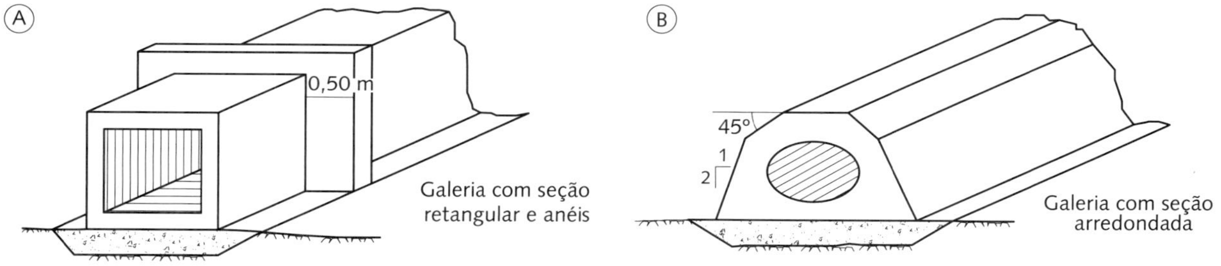

Fig. 4.5 *Seções de galerias: (A) galeria com seção retangular e anéis e (B) galeria com seção arredondada*

4.3 Interfaces entre aterros e fundações

Para apoio de barragens de terra sobre solo (resguardadas as questões de estabilidade e recalque, não abordadas aqui), após a remoção (*expurgo*) da camada superficial, a superfície do terreno deve ser escarificada e recompactada. Para apoio de barragens de terra sobre rocha, atenta-se para a limpeza da superfície, a remoção de blocos soltos e a proteção contra a penetração de material do aterro em fraturas superficiais da rocha (utilizando "pintura" com calda de cimento ou concreto de enchimento de fraturas).

Quando a barragem de terra se apoia em ombreira muito íngreme e com irregularidades na rocha de apoio, costuma-se adoçar a ombreira por escavação e/ou utilizar preenchimentos com concreto (*concreto dental*). Pode-se utilizar solo mais úmido no contato entre a barragem e a ombreira, como ilustrado pelo caso da barragem de Chicoasén (México) (ver Cap. 2).

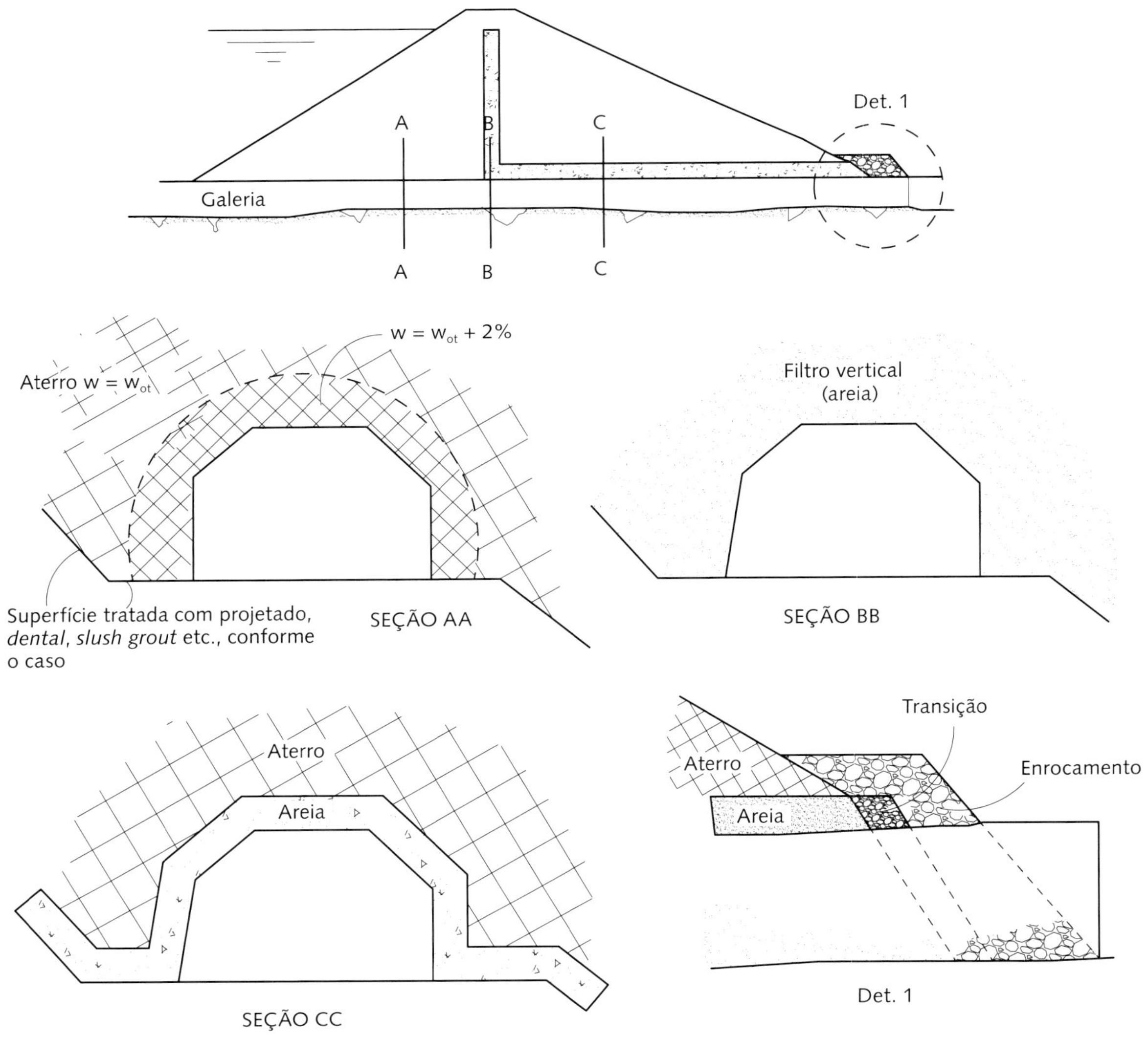

Fig. 4.6 *Aterro e drenagem em torno da galeria*

5 Estabilidade de barragens de terra e enrocamento

5.1 Assuntos abordados

Os assuntos de estabilidade de barragens de terra e enrocamento (BTEs) são tratados nas seguintes seções:

- 5.2 – Estabilidade de aterros durante a construção;
- 5.3 – Estabilidade pela fundação dos aterros durante a construção;
- 5.4 – Estabilidade de aterros perante rebaixamento rápido;
- 5.5 – Estabilidade de aterros com reservatório cheio;
- 5.6 – Efeito de sismos em BTEs;
- 5.7 – Liquefação perante sismo;
- 5.8 – Liquefação sem sismo;
- 5.9 – Susceptibilidade à liquefação de areias;
- 5.10 – Coeficientes de segurança.

Dois importantes assuntos relacionados com a estabilidade das BTEs não são abordados neste texto, por serem muito extensos (requereriam um curso específico) e por pertencerem a outras disciplinas nos cursos de Engenharia:

- os deslizamentos de taludes de ombreiras e cortes durante a construção e os deslizamentos dos taludes da periferia do reservatório durante a operação;
- os parâmetros de resistência dos aterros e das fundações.

5.2 Estabilidade de aterros durante a construção

5.2.1 Pressão negativa na água dos vazios – sucção

O aterro de solo da maioria das barragens de terra é compactado nas imediações da umidade ótima. Um solo compactado nessas condições é parcialmente saturado, ou seja, possui água e ar nos vazios. Por causa da tensão superficial na interface entre o ar e a água, a pressão no ar é maior do que a pressão na água. A pressão na água é negativa (ou seja, é menor do que a atmosférica). A diferença entre a pressão no ar e a pressão na água ($U_{ar} - U_w$) é denominada *sucção mátrica*.

Existe outra componente de sucção, denominada *sucção osmótica*, ligada a aspectos químicos da água dos vazios. A *sucção total* é dada pela soma das sucções mátrica e osmótica.

A sucção osmótica só varia se ocorrer uma variação significativa no teor de sais da água dos vazios do solo. As variações de sucção diante das mudanças na umidade e no estado de tensões no corpo de uma barragem de terra são, portanto, essencialmente variações de sucção mátrica. Assim, para estudo da estabilidade de aterros compactados, pode-se supor que a variação de sucção total é igual à variação de sucção mátrica. A palavra *sucção* será utilizada, daqui em diante, sem qualificativos, ficando subentendido que se trata da sucção mátrica.

Logo após a compactação de uma camada de solo (com a energia usual praticada nas obras e com o solo por volta da umidade ótima), a pressão no ar, em termos práticos, é praticamente igual a zero (ou seja, é praticamente igual à pressão atmosférica) e a pressão na água é, portanto, negativa. Seria de interesse prático saber o valor da sucção que existe em qualquer ponto de um aterro compactado. Existem diversas técnicas de ensaio (de campo e de laboratório) para medir a sucção em solos, tais como tensiômetros, sensores de condutividade térmica, papel-filtro, psicrômetros, equipamentos triaxiais com pedras porosas com alto valor de entrada etc. São, ainda, raras as obras de barragens de terra nas quais são medidos valores de sucção e, mesmo quando são medidos, costuma haver dúvidas sobre sua representatividade.

A seguir são brevemente abordados alguns aspectos relativos à sucção que foram verificados experimentalmente:

- A relação da sucção com a umidade ou com o grau de saturação é denominada curva característica. A curva característica é muito diferente de um solo para o outro, como mostra a Fig. 5.1.
- A principal causa da diferença entre as curvas características de solos distintos é o tamanho dos grãos, que determina a tensão capilar que ocorre nos vazios.
- A curva característica de um determinado solo é diferente quando seco e quando molhado, como ilustra a Fig. 5.2.
- A sucção nos solos compactados nas vizinhanças da condição ótima varia, dependendo do tipo de solo, entre praticamente zero e valores acima de 300 kPa. A Fig. 5.3 mostra valores de sucção em função do desvio de umidade ($w - w_{ot}$) medidos em diferentes solos compactados. Vê-se que a sucção varia amplamente de um solo para o outro no mesmo desvio de umidade.
- Lambe (1961) observou, em laboratório, diferenças da ordem de 50 kPa na sucção em amostras do mesmo solo, com umidade e peso específico iguais, compactadas de forma diferente: com golpes (*compactação dinâmica*, como no ensaio convencional) e por amassamento (*compactação estática* ou *kneading*).
- Cruz e Ferreira (1993 apud Cruz, 1996) mediram a sucção em diversos solos, compactados com o mesmo procedimento, com graus de compactação entre 95% e 100%. Os valores de sucção obtidos por esses autores estão lançados contra a porcentagem de grãos tamanho argila na Fig. 5.4. Vê-se que os valores da sucção de diferentes tipos de solo compactado podem se correlacionar razoavelmente com a porcentagem de grãos tamanho argila. Porém, outros solos se posicionam em franco contraste, como os solos de Bishop e Blight (1963) e de Lins (1991), também mostrados na mesma figura.

Em suma:

- Devido à influência da técnica de moldagem e das características químicas e microestruturais dos solos, não existe uma relação simples (nem com dispersão pequena) da sucção com a granulometria ou com o grau de saturação, que seja aplicável a um dado grupo de solos.
- Não há por que esperar que a sucção obtida em laboratório represente bem a sucção que ocorre nos aterros.

5.2.2 Formas de instabilidade de aterros compactados

O campo de deslocamentos associados à instabilidade em aterros compactados pode se manifestar

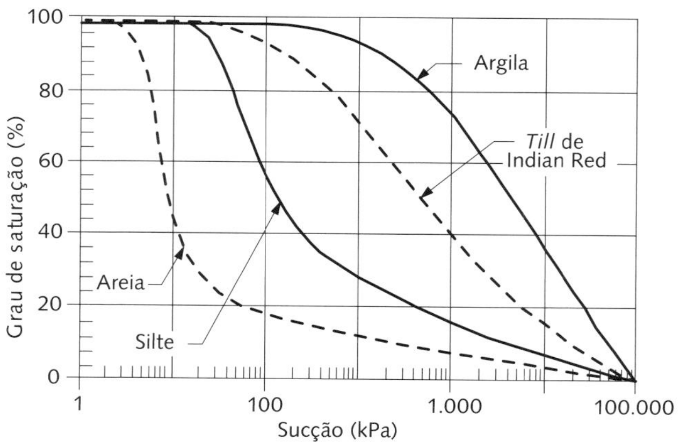

Fig. 5.1 *Curvas características de diferentes solos*
Fonte: adaptado de Fredlund, Wilson e Barbour (2001).

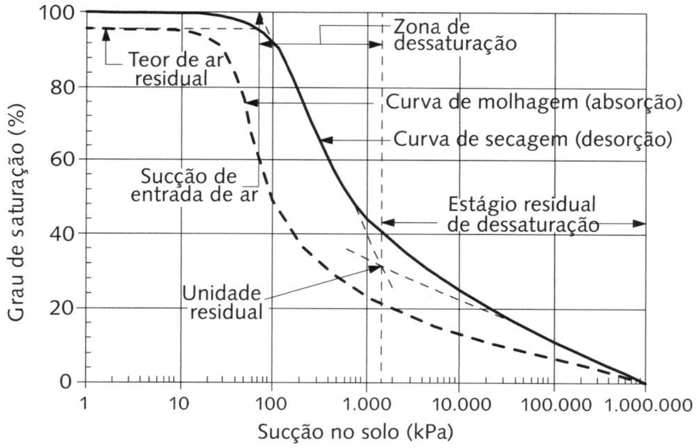

Fig. 5.2 *Curvas características de molhagem e de secagem para o mesmo solo*
Fonte: adaptado de Fredlund, Wilson e Barbour (2001).

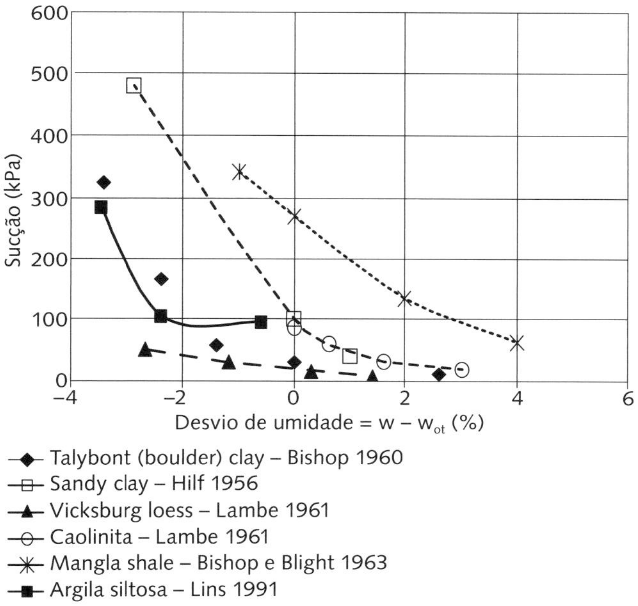

Fig. 5.3 *Valores da sucção em função do desvio de umidade para diversos solos*

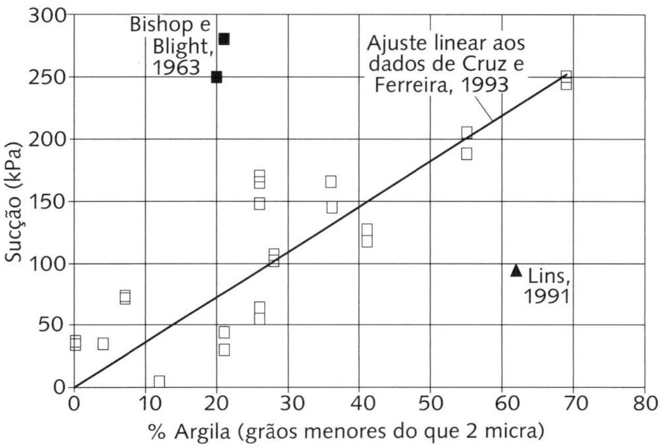

Fig. 5.4 *Relação entre porcentagem de argila e sucção*

de duas maneiras: (a) deslizamento ao longo de uma superfície de ruptura definida; (b) deformações laterais excessivas promovendo um "embarrigamento lateral" do maciço sem que se consiga perceber uma superfície definida de ruptura. Vaughan (1971) associou cada um desses dois comportamentos aos tipos de comportamento observados em laboratório. No primeiro caso (Fig. 5.5A) estão os materiais cuja trajetória de tensões efetivas, em condições não drenadas, atinge a envoltória de ruptura durante um breve intervalo de deformações, passando, em seguida, a perder resistência. Esses materiais costumam apresentar superfície de ruptura bem definida nos ensaios de laboratório. Pertencem ao segundo caso (Fig. 5.5B) materiais cujas trajetórias de tensões efetivas, em condições não drenadas, depois de atingir a envoltória de resistência, permanecem mais ou menos sobre ela por um longo intervalo de deformações. Esses materiais costumam apresentar ruptura por "embarrigamento" nos ensaios.

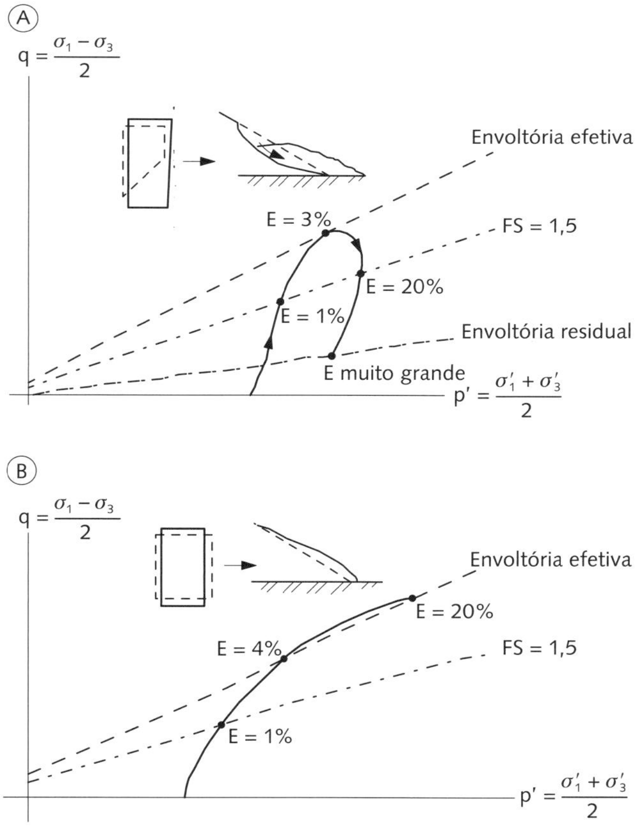

Fig. 5.5 *Ruptura por cisalhamento no campo e no laboratório: (A) ruptura com superfície definida e (B) ruptura com "embarrigamento"*
Fonte: adaptado de Vaughan (1971).

Seja qual for o tipo de comportamento na ruptura ("embarrigamento" ou superfície definida), a situação de instabilidade só costuma ser atingida (em aterros corretamente compactados) quando existirem poropressões positivas no interior do maciço de terra. Se não existirem poropressões positivas, dificilmente haverá instabilidade durante a construção, pois os solos das barragens, quando bem compactados, apresentam resistência superior à necessária para garantir a estabilidade dos taludes (com as inclinações normalmente praticadas, tipicamente V:H = 1:2 ou mais suaves), desde que não existam problemas de resistência na fundação. Como será abordado adiante, a compactação visa, principalmente, facilitar o tráfego dos equipamentos e evitar o colapso perante submersão. A boa resistência do aterro é um (bem-vindo) subproduto da compactação.

5.2.3 Poropressões positivas em aterros compactados

Poropressões positivas, no interior de um aterro compactado durante a construção, só acontecem quando a solicitação é, pelo menos em parte, não drenada ao ar e à água. Dependendo do coeficiente de adensamento do aterro, da velocidade de alteamento e da geometria das fronteiras drenantes, os excessos de poropressão gerados durante a construção podem persistir, caracterizando uma situação não drenada, ou se dissipar (equalizar), caracterizando uma situação drenada. Vaughan (1974) sugeriu que, se o fator tempo, definido por $T = C \cdot t_C/D^2$ (em que C = coeficiente de adensamento, t_C = tempo de construção e D = distância de drenagem), for menor do que 0,05, não haverá quase nenhuma dissipação e, se T for maior do que 2, a dissipação será praticamente completa. Os aterros compactados possuem rigidez relativamente alta (E = módulo de elasticidade = 10 MPa a 80 MPa). O coeficiente de adensamento também costuma ser elevado. Assim, só acontece uma situação não drenada quando o aterro é constituído por solo de permeabilidade baixa ou o alteamento é realizado de maneira rápida.

A Fig. 5.6 mostra um exemplo de estudo que indica zonas típicas em função da permeabilidade e da distância D, para o caso em que o tempo de construção, t_C, é igual a 1 ano e o módulo de elasticidade, E, é igual a 40 MPa (400 kg/cm²). Vê-se que, com esses parâmetros, para uma distância de drenagem (distância média até as fronteiras drenantes, um valor aproximado) entre 10 m e 30 m, a situação só seria não drenada em aterros com permeabilidade da ordem de 1×10^{-7} cm/s ou menos. Esse exemplo tem objetivo didático e oferece apenas uma descrição grosseira da realidade. Em cada caso, o projetista deverá definir se a situação do aterro será drenada, parcialmente drenada ou não drenada com base em cálculos específicos e em parâmetros obtidos através de ensaios.

A geração de poropressão quando não ocorre drenagem nem do ar nem da água depende da relação entre a compressibilidade do fluido dos vazios (ar e água) e a compressibilidade do arcabouço de sólidos (grãos) do solo. O parâmetro B, para uma solicitação isotrópica não drenada, é dado teoricamente por Skempton (1954) pela fórmula apresentada a seguir e demonstrada logo na sequência:

$$B = dU / d\sigma = 1 / \left[1 + \left(n \cdot C_{fv} / C_{as}\right)\right] \quad (5.1)$$

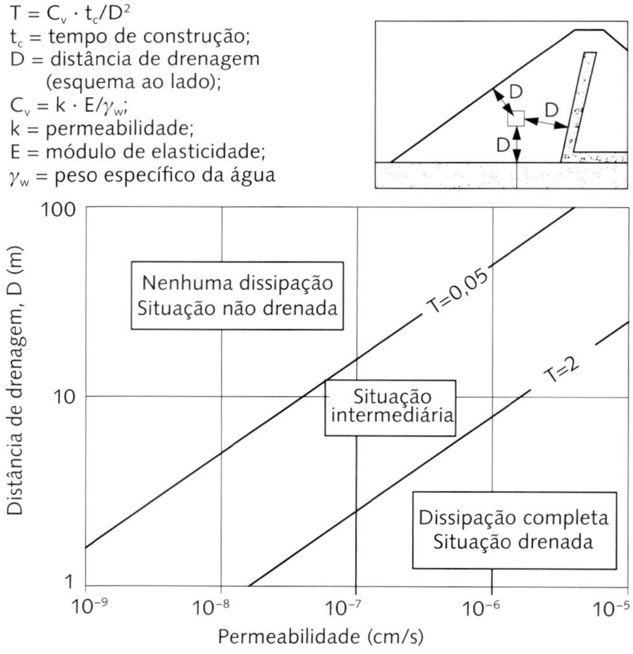

Fig. 5.6 *Exemplo de estudo da dissipação de poropressões durante a construção em barragens de terra considerando* E = 400 kg/cm² *e* t_C = 1 *ano*

em que:
dU = variação da poropressão;
$d\sigma$ = variação isotrópica da tensão total;
n = porosidade;
C_{fv} = compressibilidade do fluido dos vazios;
C_{as} = compressibilidade do arcabouço de sólidos do solo (ou seja, solo seco com a mesma densidade).

No que se segue está apresentada a demonstração da Eq. 5.1.

Seja um ensaio isotrópico não drenado em solo parcialmente saturado, no qual se aplica uma variação de tensão total isotrópica $\delta\sigma$ que causa uma variação de tensão no fluido dos poros (ar + água) δU_p e uma variação de volume δV.

Seja C_S a compressibilidade do arcabouço de grãos do solo e C_p a compressibilidade do fluido dos vazios (ar + água) do solo. A compressibilidade é definida como a relação entre a variação específica de volume ($\delta V/V$) e a variação de tensão isotrópica ($\delta\sigma$). A variação de volume do arcabouço de grãos é:

$$\delta V_s = - C_s \cdot V \cdot \left(\delta\sigma - \delta U_p\right) \tag{5.2}$$

A variação de volume do fluido dos vazios é:

$$\delta V_p = - C_p \cdot n \cdot V \cdot \delta U_p \tag{5.3}$$

lembrando que $n \cdot V$ é o volume dos vazios.

Como os grãos do solo e a água são praticamente incompressíveis por comparação com o arcabouço de grãos e a mistura de ar e água dos vazios, pode-se afirmar que:

$$\delta V_s = \delta V_p \tag{5.4}$$

logo,

$$C_s \cdot \left(\delta\sigma - \delta U_p\right) = C_p \cdot n \cdot \delta U_p \tag{5.5}$$

portanto,

$$\frac{\delta U_p}{\delta\sigma} = \bar{B} = \frac{C_s}{n \cdot C_p + C_s} \tag{5.6}$$

ou

$$\frac{\delta U_p}{\delta\sigma} = \bar{B} = \frac{1}{1 + \dfrac{n \cdot C_p}{C_s}} \tag{5.7}$$

No caso de solo seco, $C_s >> C_p$ e, por consequência, $\bar{B} \Rightarrow 0$.

No caso de solo saturado, $C_p >> C_s$ e, por consequência, $\bar{B} \Rightarrow 1$.

Em suma, se o fluido dos vazios é muito mais compressível do que o arcabouço de grãos ($C_{fv} >> C_{as}$), o valor de B tende para zero (caso do solo seco). Por outro lado, se $C_{fv} << C_{as}$, o valor de B aproxima-se de 1 (caso do solo saturado).

Quando a quantidade de ar nos vazios é alta e sua pressão é baixa, a compressibilidade do fluido é alta e a maior parte da carga vai para o arcabouço de grãos, de maneira que B é baixo.

À medida que o ar vai sendo comprimido, sua compressibilidade vai diminuindo até que a compressibilidade do fluido dos vazios torna-se menor do que a do arcabouço de grãos. Nesse processo, o valor de B vai crescendo e tende a 1.

Mas, para que o ar dos vazios seja comprimido, é preciso que ele não possa escapar. Enquanto o material do aterro está no *estado aberto, isto é, com os vazios de ar contínuos e em contato com a atmosfera*, o ar pode escapar porque a permeabilidade do solo ao ar é elevada (cerca de 10 mil vezes maior do que a permeabilidade à água). Assim, a pressão no ar praticamente não aumenta, permanecendo próxima à atmosférica. Essa situação se mantém até que a compressão do arcabouço de grãos induza à oclusão. No *estado ocluso, os vazios de ar não são contínuos*, passando a prevalecer a permeabilidade do solo à água, de maneira que (em se tratando de situação não drenada à água) o ar não pode mais escapar.

No processo de geração de poropressões em um solo compactado submetido a carregamento não drenado à água, devem ser distinguidas duas etapas: antes da oclusão e a partir da oclusão. Na primeira etapa, evidentemente, quanto mais rígido for o material, maior será a sobrecarga necessária para levar o solo ao estado ocluso. Uma vez atingida a oclusão, quanto maior a rigidez, menor a parcela de carga transferida para os fluidos dos poros, pois o arcabouço de grãos (rígido) absorve uma parte considerável da carga.

Assim, o desenvolvimento de poropressões positivas depende das condições iniciais do fluido dos vazios (que podem ser expressas pelo *grau de aeração*, V_{ar}/V), da rigidez do solo que compõe o aterro (que pode ser expressa por seu módulo de elasticidade, E) e do momento em que o ar dos vazios se torna ocluso. O grau de aeração é definido como:

$$\text{Grau de aeração} = V_{ar} / V_{total} = n(1 - S) \qquad (5.8)$$

em que:
V_{ar} = volume de ar nos vazios;
n = porosidade;
S = grau de saturação.

A oclusão ocorre entre o ponto ótimo da curva de compactação e o ponto que corresponde ao valor mínimo do grau de aeração, como indicado pela "região A" na Fig. 5.7. Gilbert (1959, tradução nossa) verificou que "os vazios de ar em um solo coesivo compactado deixam de ser conectados por volta da umidade ótima". Lins e Sandroni (1994) apresentam evidências – obtidas por Lins (1991) em ensaios triaxiais especiais em amostras compactadas estaticamente – de que as poropressões na água se tornam positivas para um grau de aeração praticamente constante, independentemente do grau de aeração original das amostras. Esse grau de aeração foi, nos ensaios de Lins, um pouco mais baixo do que o grau de aeração correspondente ao ponto ótimo da curva de compactação (ou seja, do "lado úmido") obtida com ensaios Proctor Normal. O solo ensaiado por Lins

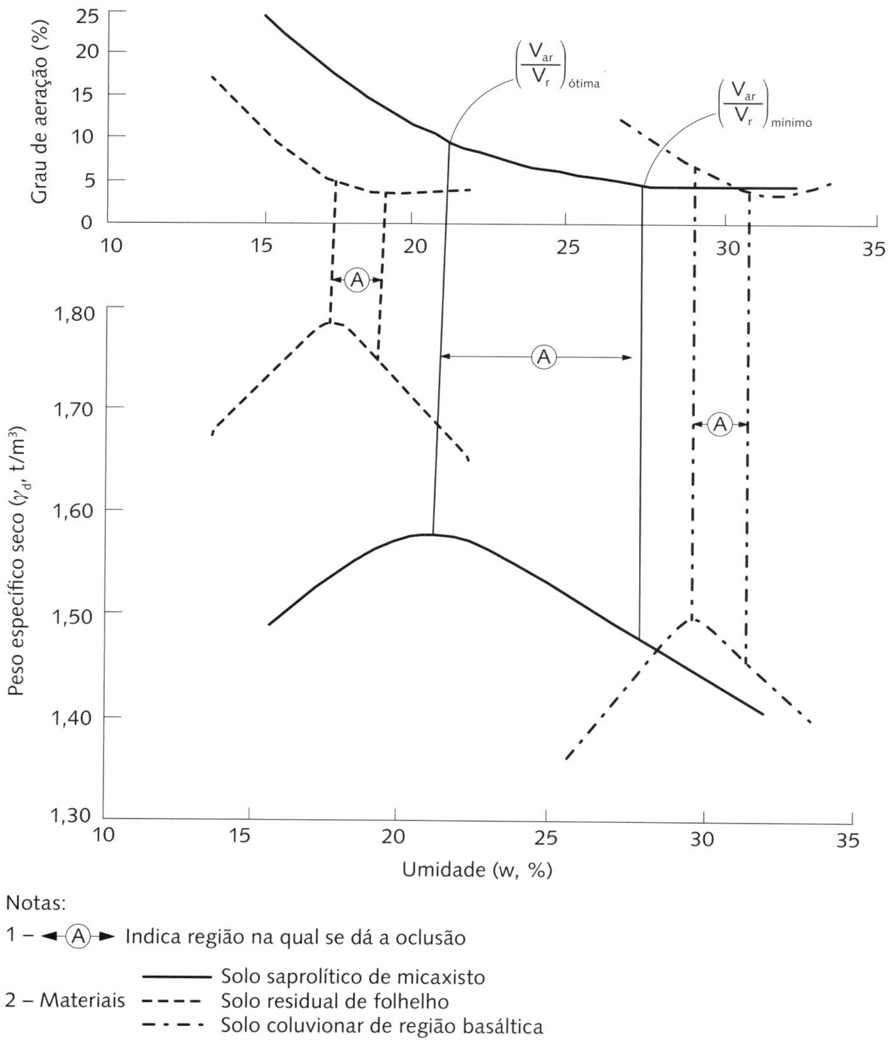

Fig. 5.7 *Resultados de ensaios de compactação expressos da maneira convencional e em função do grau de aeração, com indicação da faixa típica de ocorrência da oclusão*

foi uma argila siltoarenosa residual, com LL = 78%, LP = 32%, fração argila = 62%, 4% de silte e 34% de grãos tamanho areia.

Quatro formas típicas da curva poropressão *versus* sobrecarga (dada por γh, em que γ é o peso específico do aterro e h é a altura de aterro acima do ponto) estão mostradas na Fig. 5.8. Os casos A e B representam um solo compactado no estado ocluso e com compressibilidade alta e baixa, respectivamente. Nos casos C e D estão representados solos inicialmente no estado aberto e com compressibilidade alta e baixa, respectivamente. Como se vê, o espectro de respostas de poropressões é muito amplo.

5.2.4 Metodologias de análise

Uma vez decidido que os excessos de poropressão não sofrerão dissipação apreciável (ou seja, que a situação será não drenada), é preciso verificar a segurança através de análises de estabilidade. São utilizados três diferentes métodos de análise, que estão explicados e comentados a seguir.

- *Método com tensões totais* (ver, por exemplo, Lowe, 1967): realizam-se ensaios triaxiais adensados não drenados (CU) convencionais (ruptura por carregamento axial) em amostras compactadas nas condições previstas (especificadas) para a construção do aterro. Utilizam-se análises de estabilidade em termos de tensões totais, com os parâmetros de resistência obtidos nesses ensaios. Essa metodologia admite, implicitamente, que as poropressões que existirão nas amostras durante os ensaios são representativas daquelas que ocorrerão no campo.
- *Método de Hilf* (considerando a compressão do ar nos vazios): essa metodologia, proposta por Hilf (1948) a partir de estudos de Brahtz, Zangar e Bruggeman (1939), consiste em aplicar as leis de Boyle (compressão dos gases) e de

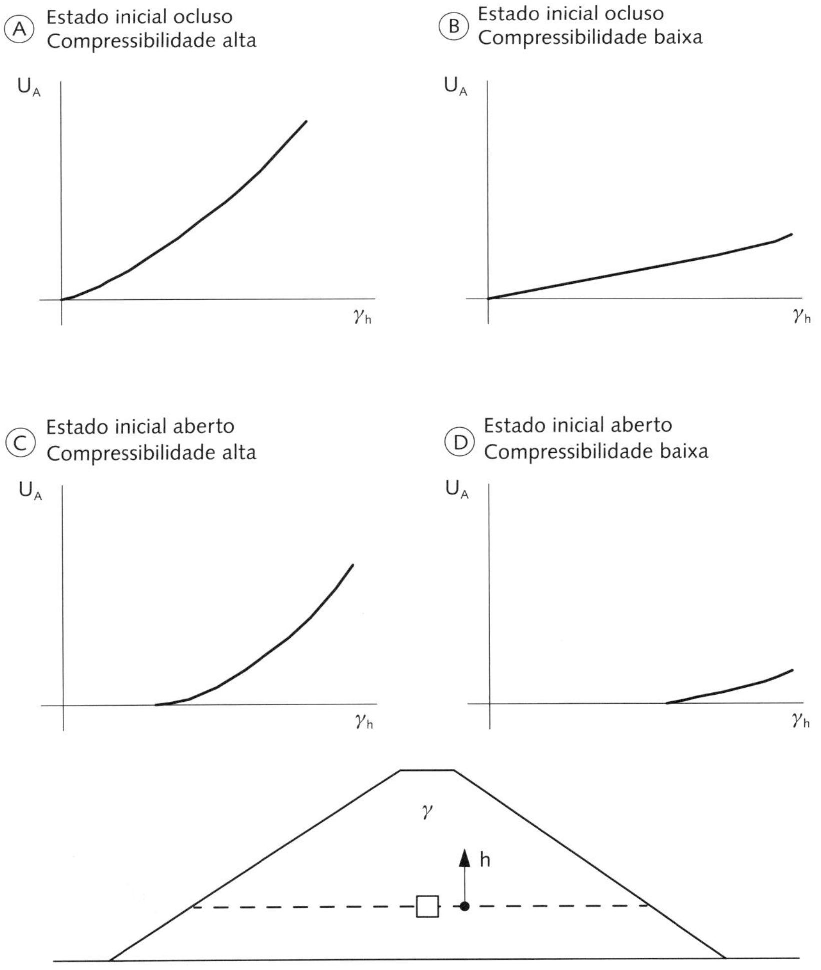

Fig. 5.8 *Desenvolvimento de poropressão (U_A) durante a construção*

Henry (solubilidade dos gases), considerando que não ocorre qualquer drenagem ou dissipação. A variação da pressão do ar dos poros, dU, é dada pela expressão:

$$dU = \left(P_{iar} \cdot dV / V_o\right) / \left(V_{iar} / V_o + h \cdot V_w / V_o - dV / V_o\right) \quad (5.9)$$

em que:
P_{iar} = pressão no ar dos vazios logo após a compactação (praticamente igual à atmosférica e, para efeitos práticos, suposta igual à atmosférica = 100 kPa);
dV = variação de volume;
V_o = volume total inicial;
V_{iar} = volume de ar nos vazios logo após a compactação;
h = constante de Henry = 0,02 (desprezando a variação de temperatura);
V_w = volume de água nos vazios (constante por força da hipótese de drenagem nula).

Notas:

A relação V_{ar}/V_o, dita *grau de aeração*, é dada, como já visto, em termos das propriedades-índice usuais, por $n(1 - S)$, em que n é a porosidade e S é o grau de saturação.

A relação V_w/V_o (*umidade volumétrica*) é dada, em termos das propriedades-índice usuais, por $n \cdot S$, em que n é a porosidade e S é o grau de saturação.

- Hilf (1948) dá exemplos de barragens em que poropressões foram medidas. Essas medições foram realizadas com piezômetros dotados de pedras porosas grossas e, portanto, o que se media eram as pressões no ar dos vazios. As medições mostraram, segundo o autor, boa concordância com os valores calculados pela Eq. 5.9. Nos casos estudados por Hilf, a compressibilidade (dV/V_o) foi obtida de observações de recalques no campo nas proximidades dos piezômetros, mas ele sugere que resultados de ensaios de adensamento podem ser utilizados.
- *Método dos parâmetros de poropressão*: Skempton (1954) e Bishop (1954) definiram os parâmetros de poropressão A e B, para uma solicitação não drenada, dados pela expressão a seguir.

$$dU = B\left[d\sigma_3 + A\left(d\sigma_1 - d\sigma_3\right)\right] \quad (5.10)$$

em que:
dU = variação de poropressão;
$d\sigma_3$ = variação de tensão total principal menor;
$d\sigma_1$ = variação de tensão total principal maior.

A aplicação desse método requer a realização (em amostras representativas) de ensaios triaxiais não drenados com medição de poropressões nos quais são aplicadas solicitações tão parecidas com as do campo quanto possível. Os parâmetros A e B são obtidos aplicando a Eq. 5.10 aos resultados desses ensaios. Um procedimento nessa linha, utilizado em diversas barragens brasileiras (Cruz; Massad, 1966), consiste em realizar ensaios triaxiais não drenados, com medição de poropressão, com relação constante entre as tensões principais ($K = d\sigma_3/d\sigma_1$ = constante = 0,5 a 0,7), denominados ensaios PN (Casagrande; Hirschfeld, 1960). Desses ensaios são obtidos valores de $B = dU/d\sigma_1$ (Bishop, 1954). As análises de estabilidade são realizadas utilizando os parâmetros efetivos de resistência e obtendo as poropressões através de B, considerando que $d\sigma_1 = d\gamma \cdot h$ (em que γ é o peso específico do aterro e h é a altura de aterro acima do ponto). A hipótese de que a tensão principal maior é igual ao peso acima do ponto se apresenta razoável na maioria dos casos (Costa Filho; Orgler; Cruz, 1982).

Considerando os conceitos expostos anteriormente quanto aos estados aberto e ocluso, os ensaios visando estudar a estabilidade durante a construção deveriam, em princípio, ser livres para drenar o ar para a atmosfera até que a oclusão ocorresse espontaneamente na amostra. Os ensaios PN usuais não são abertos para a atmosfera: a amostra fica oclusa (dentro da membrana de borracha) desde o início do ensaio, de maneira que existe uma tendência à geração prematura de poropressões positivas. Esse procedimento "fechado" utilizado nos ensaios PN é, portanto, teoricamente conservador, constituindo-se em limite superior de estimativa das poropressões. Para ter resultados de limite inferior (menores poropressões), os ensaios precisam ser do tipo PNA (PN abertos), como sugerido por

Sandroni e Silva (1989). Nesses ensaios há uma tubulação ligando os vazios da amostra à atmosfera, a qual só é fechada quando se observa o início do fluxo de água para fora da amostra (pressões positivas na água dos vazios). A Fig. 5.9 mostra exemplos numéricos de valores de B em ensaios PN e PNA hipotéticos imaginando amostras com grau de compactação de 99% e umidade 0,5% abaixo da ótima. As curvas de poropressão após a oclusão foram calculadas usando o método de Hilf (anteriormente descrito), supondo que a oclusão ocorre no ponto ótimo da curva de compactação e representando o solo como linear elástico, com E = 100 kg/cm² (10 MPa) e 400 kg/cm² (40 MPa). Como se vê na Fig. 5.9B, para aterro com E = 400 kg/cm², as poropressões são pequenas (B < 10%) praticamente para qualquer altura de aterro. Já na Fig. 5.9A, em que E = 100 kg/cm² (um aterro com compressibilidade mais alta), as poropressões são elevadas a partir dos 30 m a 40 m de altura de aterro.

A Fig. 5.10 mostra resultados de ensaios PN e PNA em amostras do mesmo solo, compactadas em condição igual (Sandroni; Silva, 1989), podendo-se observar a confirmação experimental do que foi exposto anteriormente. No caso geral de campo, em que a drenagem do ar no estado aberto não é perfeita, as poropressões deverão ficar entre os dois limites representados pelas curvas do ensaio PN (fechado) e do ensaio PNA (aberto).

5.2.5 Casos históricos

São apresentados a seguir dois casos brasileiros de deslizamento de maciços de terra durante a construção: o de Cocorobó e o do Açu (Armando Ribeiro Gonçalves). Em ambos, a ruptura se deu segundo superfície bem definida e os maciços eram compostos por solos argilosos de plasticidade alta e compressibilidade relativamente elevada, oriundos de jazidas aluvionares nas quais as argilas se encontravam praticamente saturadas (ou seja, em condição oclusa).

Sobre o acidente de Cocorobó, encontra-se alguma informação em Mello (1976). Localizada em Canudos (BA), a barragem de terra, com 35 m de altura, sofreu um deslizamento em final de construção, no talude de montante. A seção da barragem, com a posição da superfície de ruptura, está mostrada na Fig. 5.11A. O talude médio era por volta de 1:3,3 (V:H). O solo utilizado possuía h_{ot} = 20% a 22%, γ_{dmax} = 1,62 t/m³ a 1,68 t/m³, LL = 57% e LP = 19%, e sua compactação teria sido controlada ao redor de 1% abaixo da ótima. Para corrigir o acidente, uma parte do aterro foi removida com trator, formando uma ensecadeira de emergência a montante (que veio a funcionar também como berma), e a seção foi reconstruída com talude mais suave do que o original, como indicado na Fig. 5.11B.

No caso da barragem de Açu, em Ipanguaçu (RN), rompida em 15 de dezembro de 1981, foram desenvolvidos, depois da ruptura, muitos estudos visando apurar as causas e definir o projeto de reconstrução (Nunes; Mello, 1982; Sandroni, 1985, 1986). A seguir

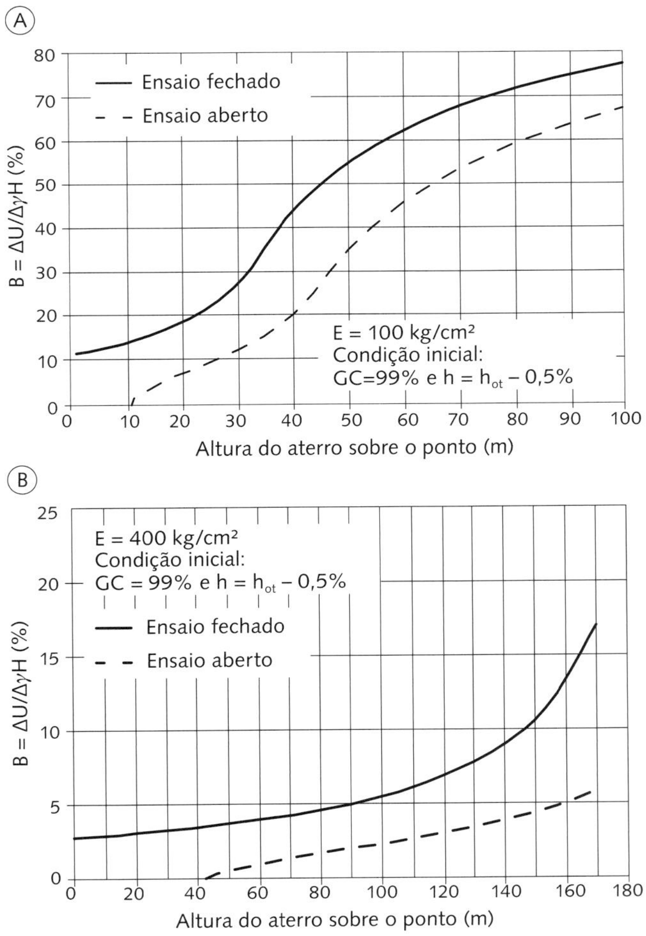

Fig. 5.9 *Poropressões nas condições aberta e fechada. Ensaios PN e PNA hipotéticos imaginando amostras com grau de compactação de 99% e umidade 0,5% abaixo da ótima. As curvas foram obtidas com a fórmula de Hilf, supondo oclusão no ponto ótimo da curva de compactação e solo linear elástico com: (A) E = 100 kg/cm² e (B) E = 400 kg/cm²*

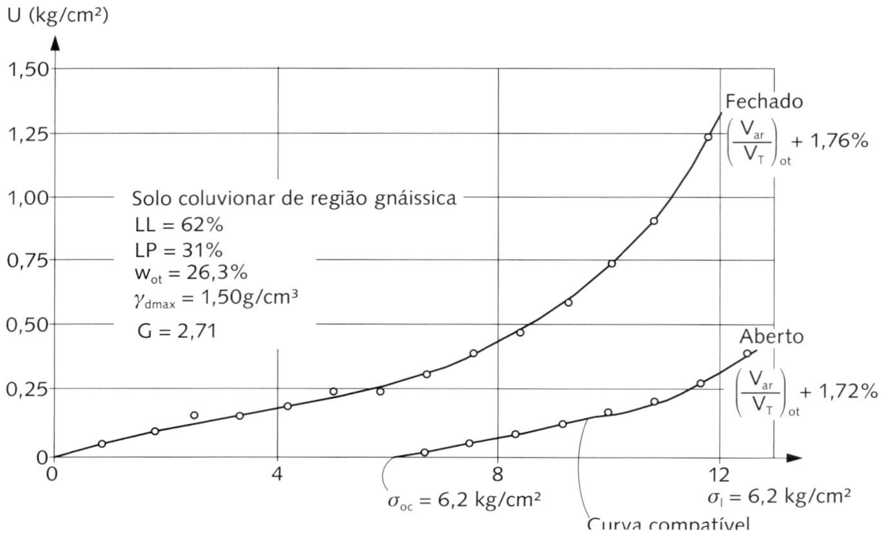

Fig. 5.10 *Ensaios PN (fechado) e PNA (aberto) em amostras idênticas*

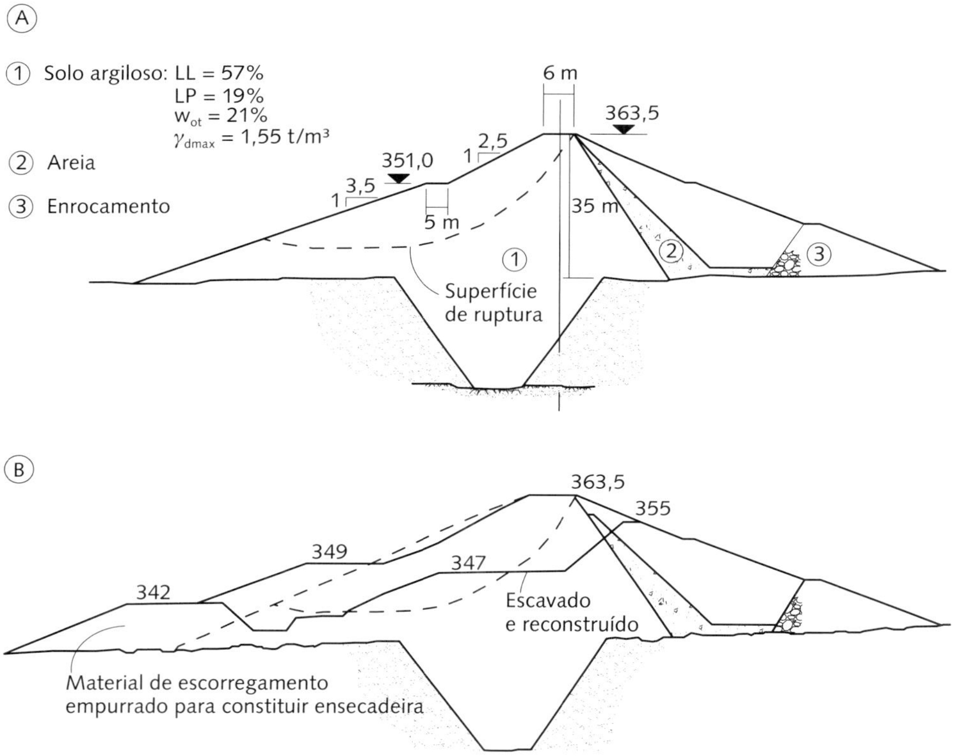

Fig. 5.11 *Barragem de Cocorobó*

são comentados alguns aspectos desse deslizamento (ver Fig. 5.12).

- A ruptura do maciço principal ocorreu em uma largura de 700 m, com altura de 35 m, com talude médio de 1:3,7 (V:H), e envolveu um volume da ordem de 2 milhões de metros cúbicos. A geometria típica dessa ruptura está mostrada na parte superior da Fig. 5.12A, observando-se que ocorreu um movimento rotacional na parte superior e deslocamentos translacionais na parte inferior. Na Fig. 5.12B é apresentada uma foto da barragem rompida. A superfície de ruptura (cuja posição exata foi verificada em poços escavados em diversos pontos da massa rompida) desenvolveu-se em sua quase totalidade no material 2, uma argila siltosa de cor cinza-esverdeado escuro com LL = 55% (40% a 70%) e IP = 32% (20% a 42%). Só na região do pé o movimento envolveu o material 1, cascalho argiloso, o qual, no trecho em que

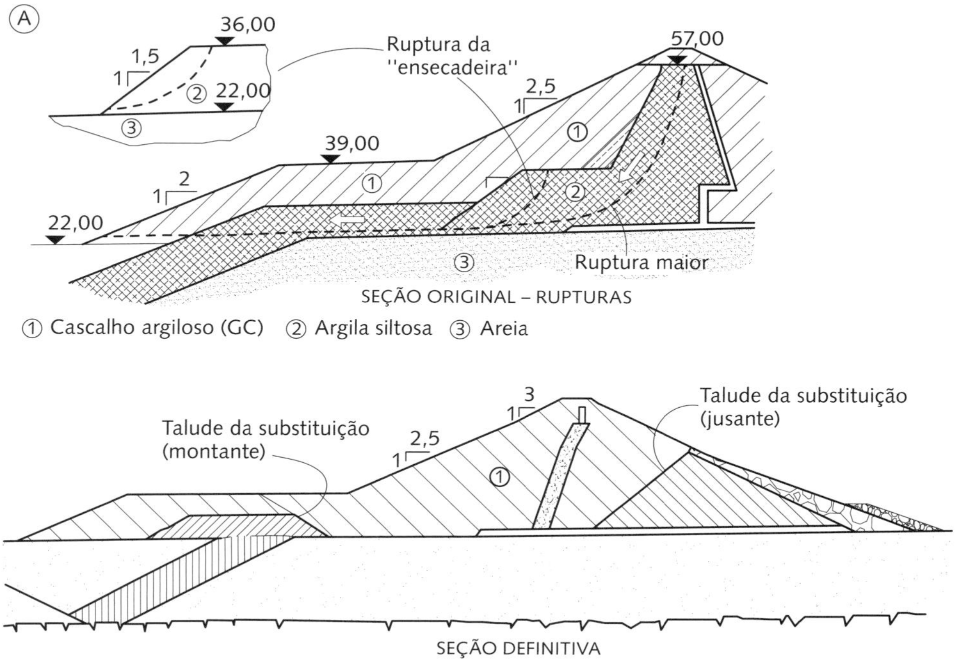

Fig. 5.12 *Barragem do Açu*

passou a superfície de ruptura, havia sido lançado em água. O grosso dos movimentos levou cerca de 30 min, findos os quais tinha ocorrido um deslocamento translacional horizontal da ordem de 25 m na parte inferior.

- Conforme o relato de testemunhas, os eventos observados no dia 15 de dezembro de 1981, na parte central da barragem, foram os seguintes:
  - Antes das 17h00 – percebida, pelo pessoal da obra, a existência de trincas longitudinais não contínuas, na crista da barragem a jusante do filtro de areia.
  - 17h00 – início do acompanhamento por pessoal qualificado. Nesse momento não foram observadas trincas a montante do filtro de areia.
  - 17h10 – aparecimento de trinca longitudinal a montante do filtro (ou seja, no solo argiloso); deslocamentos perceptíveis visualmente; aparecimento de trincas transversais que evoluíram talude abaixo, atingindo a berma (elevação 19).
  - 17h15 – continuação da evolução das trincas mencionadas; na face da berma apareceram trincas transversais e foram observados estufamentos.
  - 17h20 a 17h30 – generalização dos trincamentos; movimento rotacional generalizado no

trecho superior; movimento translacional no trecho inferior; afundamentos e basculamentos generalizados no trecho intermediário.

- 17h30 – os movimentos deixaram de ser visualmente perceptíveis.

- Meses antes da ruptura do maciço principal, ocorreram duas rupturas rotacionais (contíguas e praticamente simultâneas), com 150 m de largura cada, na ensecadeira incorporada, cuja altura era de 14 m e cujo talude era 1:1,5 (V:H). Essa geometria está mostrada na seção original (rupturas) da Fig. 5.12A. A retroanálise dessas rupturas, considerando coeficiente de segurança igual a 1 e $\varphi = 0$, resulta em resistência não drenada $C_u = 49$ kPa. Aplicando esse valor de C_u à ruptura maior, obtém-se coeficiente de segurança praticamente igual a 1. Qualquer outro par de parâmetros de resistência obtido por retroanálise da ensecadeira, considerando φ diferente de zero, se aplicado à ruptura maior, resulta em coeficiente de segurança superior à unidade.
- O material argiloso utilizado na construção da barragem do Açu, aluvião da planície de enchente do rio, possuía elevado grau de saturação e densidade seca semelhante à de Proctor Normal na jazida. Essas características de densidade e saturação não foram significativamente modificadas durante as operações de carregamento, transporte, lançamento, espalhamento e "compactação" (com rolo pé de carneiro), de maneira que o solo não foi compactado, e sim apenas retrabalhado quando colocado no aterro. Os exames posteriores indicaram a existência, frequente e disseminada, de laminações na argila. O material argiloso do aterro exibia grau de saturação entre 92% e 95%, porcentagem de compactação entre 96% e 104% e desvio de umidade entre –2% e +1% (em relação ao Proctor Normal).
- As especificações construtivas iniciais exigiam desvios de umidade entre –1,5% e +1,5% e grau de compactação médio maior do que 98%. A partir de março de 1981, após a ruptura das ensecadeiras e já com toda a argila abaixo da elevação 38 m colocada, o limite superior de desvio de umidade foi reduzido para +0,5%.
- As especificações de projeto recomendaram, ainda, compactar as primeiras três camadas de argila, junto à fundação, com desvio de umidade entre +2% e +4%, facultando a criação de uma superfície preferencial de fraqueza. As observações diretas em poços mostraram, contudo, que a superfície de ruptura passou 2 m a 3 m acima dessa região. É provável que o trecho de maior umidade tenha drenado para a areia sotoposta, propiciando que a parte horizontal da superfície de ruptura se desenvolvesse um pouco mais acima, na elevação onde a poropressão foi máxima.
- As análises da ruptura com tensões efetivas apontaram dois mecanismos possíveis sem que se conseguisse definir qual prevaleceu (ou se ambos ocorreram simultaneamente em diferentes trechos da superfície de ruptura), a saber: (a) parâmetros efetivos de resistência de pico ($\varphi' = 19°$ e $c' = 10$ kPa a 35 kPa, obtidos em ensaios triaxiais CD e CU com medição de poropressão) e poropressões elevadas ($B = 0{,}4$ a 0,5); (b) resistência efetiva reduzida por ruptura progressiva e poropressões baixas ou nulas (ensaios tipo cisalhamento anular resultaram em envoltória residual dada por $\varphi' = 8°$ e $c' = 0$).
- A barragem foi reconstruída removendo-se a parte central da massa deslizada e substituindo-a por cascalho argiloso, como mostrado na seção definitiva da Fig. 5.12A.

Um caso de plastificação generalizada com estufamento lateral foi o da barragem de Otter Brook (EUA) (Linell; Shea, 1960). O estado de ruptura foi percebido pelos deslocamentos de um pilar de ponte situado no talude de montante. O acompanhamento piezométrico evidenciou poropressões elevadas, destacando-se os valores de B da ordem de 40% a 60% e os níveis piezométricos muito acima do nível do aterro. Outros dois casos, das barragens de Truscott e Skiatook, também nos Estados Unidos, são apresentados por Walker e Duncan (1984).

5.3 Estabilidade pela fundação dos aterros durante a construção

A ampla maioria dos acidentes por deslizamento durante a construção ocorre em locais com fundações compostas por materiais de baixa resistência, contendo camadas ou superfícies de fraqueza. O caso de Carsington (Inglaterra) (Fig. 5.13) foi explicado por Skempton et al. (1985) como devido à existência, na camada de argila amarela superficial da fundação, de paleossuperfícies de ruptura cuja resistência fora reduzida ao valor residual (parte da esquerda da superfície de ruptura mostrada na Fig. 5.13B).

No Brasil não se conhece registro de ruptura pela fundação em barragem de terra grande durante a construção. Existe reportado um caso de tendência à instabilidade por cisalhamento pela fundação na barragem Água Vermelha (SP/MG) (Silveira; Macedo; Myia, 1978), onde deslocamentos concentrados em planos de fraqueza na fundação basáltica, detectados por inclinômetros, levaram à antecipação da execução e ao redimensionamento de bermas anteriormente previstas. O reforço foi adotado como medida preventiva, antes que a instabilidade se agravasse.

O apoio de aterros de menor porte em depósitos argilosos moles é responsável por diversas rupturas reportadas na literatura. Em geral, a construção de barragens grandes sobre solos moles é evitada removendo-se o solo mole existente na fundação. A concepção de aterros sobre solos moles envolve técnicas específicas que não são abordadas aqui.

5.4 Estabilidade de aterros perante rebaixamento rápido

5.4.1 Aspectos conceituais

Deslizamentos do talude de montante perante rebaixamento rápido do nível do reservatório, em geral, não colocam a barragem sob risco de desastre imediato, pois o nível de água fica abaixo da crista da massa afetada. Sherard (1953) estudou 12 casos com ruptura desse tipo e concluiu que os acidentes ocorreram durante variações do lago entre o nível máximo e a meia altura da barragem, com velocidades entre 9 cm/dia e 15 cm/dia e que se constituíram nos rebaixamentos mais rápidos ou de maior amplitude que já haviam ocorrido na obra. Sherard menciona que tais escorregamentos costumam ser profundos e estar associados a fundações de baixa resistência, e que a ocorrência de rupturas superficiais (restritas ao talude da barragem) é bem menos frequente.

No Brasil ocorreu um caso de deslizamento superficial no talude perante rebaixamento rápido, o da barragem de Banabuiú (CE). A capa superficial de *riprap* deslizou em um trecho no qual a compactação do solo sob o *riprap*, próximo à face externa do maciço, foi deficiente.

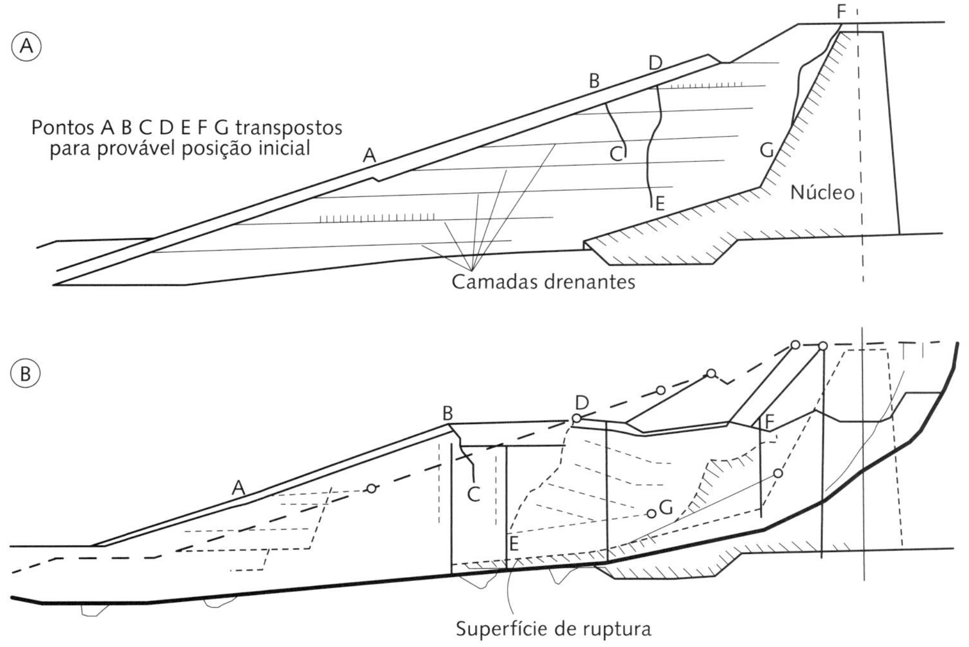

Fig. 5.13 *Seção da barragem de Carsington (A) antes e (B) depois da ruptura*

Embora não se constituindo em ameaça imediata de desastre, os escorregamentos de montante costumam implicar despesas consideráveis, atrasos e inconveniências graves para a operação da obra.

A estabilidade do talude de montante perante rebaixamento depende das poropressões que existirão no maciço argiloso após o rebaixamento. A estimativa dessas poropressões pode, em princípio, ser feita a partir dos valores de poropressão existentes antes do rebaixamento, obtidos da rede de fluxo em regime permanente, como mostrado na Fig. 5.14, equação 1, somando-se algebricamente a variação de poropressão, ΔU, induzida pelo rebaixamento (Fig. 5.14, equação 2).

A situação de fluxo permanente pode levar muito tempo para se instalar em aterros constituídos por solos finos. Considerações teóricas simples utilizando a lei de Darcy (Vaughan, 1974) podem ser empregadas para mostrar que o regime de percolação permanente pode levar vários séculos para se desenvolver em um aterro argiloso compactado. Mesmo em solo siltoso, podem ser necessárias várias décadas.

O valor de ΔU que ocorre por causa do rebaixamento rápido depende de diversos fatores, a saber:

- Se a situação for não drenada, ΔU é a variação de U causada pelas variações das tensões totais induzidas pelo rebaixamento. A variação de tensões totais perante rebaixamento compreende uma diminuição da tensão principal maior e uma diminuição maior da tensão principal menor, de modo que a tensão cisalhante aumenta. Além de estimar as variações de tensões totais, tem-se que dispor de parâmetros de poropressão (tipo *A* e *B* de Skempton, por exemplo), relacionando-os com as variações de poropressão para o tipo de solicitação em pauta.
- O valor de ΔU depende da drenagem durante o rebaixamento, que é governada pela relação entre a velocidade de rebaixamento do reservatório (V_{RR}) e a permeabilidade do maciço (k). Os trabalhos de Reinius (1948, 1954) mostram que a questão é adequadamente representada pelo parâmetro adimensional $k/(n \cdot V_{RR})$, em que n é a porosidade do maciço. Segundo Reinius, valores desse parâmetro inferiores a 2,5 indicam uma situação não drenada, isto é, na qual o nível de água do maciço permanece muito acima do nível de água rebaixado do lago. Já valores de $k/(n \cdot V_{RR})$ maiores do que 25 correspondem às situações drenadas, ou seja, aquelas nas quais o nível de água do maciço desce praticamente junto com o do lago. A Fig. 5.15 mostra uma relação aproximada entre a velocidade de rebaixamento e a permeabilidade, indicando as zonas drenadas e não drenadas, segundo os critérios mencionados. Para as situações intermediárias, Casagrande (ver Sherard et al., 1963, p. 375-376) desenvolveu uma metodologia aproximada que permite determinar a posição do nível de água no maciço em qualquer tempo t após rebaixamento total e rápido. É de se ressaltar a natureza muito aproximada dessas considerações teóricas.
- O valor de ΔU depende também do estado em que o solo se encontrava antes do rebaixamento, o qual pode ser ocluso ou saturado. O estabelecimento da rede de percolação garante que o solo estará no estado ocluso. Nos *maciços de maior permeabilidade (arenosos)*, o fluxo pode "lavar" o ar dos vazios porque a capilaridade é baixa. Sherard et al. (1963, p. 246) sugerem que,

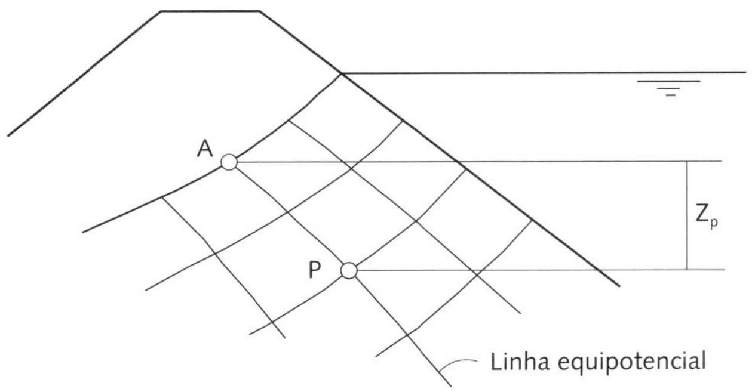

Antes do rebaixamento (tempo = 0^-)

$h^T_A = h^T_P$ (carga total)

$h^e_A + h^p_A = h^e_P + h^p_P$

Mas $h^p_A = 0$ (atmosférica)

Então, $h^p_P = h^e_A - h^e_P = Z_P = \dfrac{U_P^{0^-}}{\gamma_w}$

$\Rightarrow U_P^{0^-} = Z_P \cdot \gamma_w$ [1]

Após o rebaixamento (tempo = 0^+)

$U_P^{0^+} = Z_P \cdot \gamma_w + \Delta U$ [2]

Fig. 5.14 *Poropressões teóricas durante rebaixamento rápido*

em maciços com permeabilidade maior do que 1×10^{-4} cm/s, o fluxo provavelmente lavará todo o ar dos vazios e o solo ficará saturado. Nos *maciços de menor permeabilidade (argilosos)*, a capilaridade impedirá que o fluxo remova o ar dos vazios e a saturação só será atingida se o solo tiver sido pressurizado até níveis que dissolvam o ar dos vazios. Sabe-se, da prática em laboratório (ver, por exemplo, Lowe e Johnson, 1960), que são necessárias pressões elevadas na água dos poros para saturar os vazios de um solo argiloso (digamos, 2 kg/cm², para um solo do lado úmido da ótima, a 6 kg/cm² a 8 kg/cm², para um solo do lado seco). Assim, no interior da porção de montante de um aterro argiloso durante a operação, haverá, no caso geral, pontos saturados (os submetidos às poropressões mais elevadas) e pontos oclusos (parcialmente saturados), como indicado no esquema da Fig. 5.16.

- Finalmente, o valor de ΔU depende da dissipação ou equalização das pressões neutras durante o rebaixamento no caso dos maciços em que prevalece uma condição não drenada. Esse fator não costuma ser de grande importância porque, se a taxa de rebaixamento é rápida o suficiente para que a situação seja não drenada, ela será rápida também em comparação com o coeficiente de adensamento aplicável à equalização.

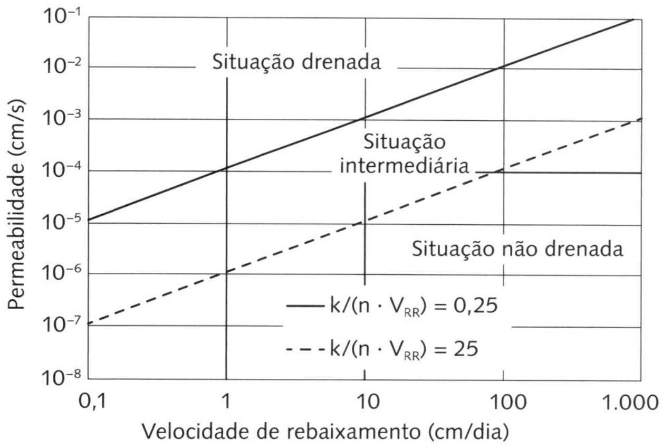

Fig. 5.15 *Critério aproximado para rebaixamento drenado e não drenado em barragens de terra*
Fonte: adaptado de Reinius (1948, 1954).

5.4.2 Metodologias de análise

A determinação do valor de ΔU é, como visto anteriormente, complexa e sujeita a grande imprecisão. Por essa razão (principalmente), alguns projetistas de barragens de terra preferem evitar métodos que exijam a estimativa da poropressão. Disso resulta que as análises de estabilidade para o caso de rebaixamento rápido são enfocadas de três maneiras: (a) metodologias que utilizam envoltórias de resistência obtidas diretamente de ensaios; (b) metodologias que utilizam envoltória de tensões efetivas e valores de poropressões obtidos de ensaios triaxiais não drenados; e (c) metodologias que fazem análises de estabilidade com a envoltória efetiva e com valores estimados de poropressões. Esses partidos são examinados a seguir.

Lowe e Karafiath (1959) e Lowe (1967) apresentam uma metodologia segundo a qual a envoltória deve ser obtida, em termos de tensões totais, com ensaios triaxiais adensados não drenados, cujas tensões da etapa de adensamento são estimadas para a situação de reservatório cheio e regime permanente de percolação instalado. Essa estimativa de tensões é feita, para algumas das lamelas, por equilíbrio-limite, considerando os parâmetros efetivos de resistência e as poropressões de percolação. O adensamento das amostras pode ser anisotrópico e a trajetória de ten-

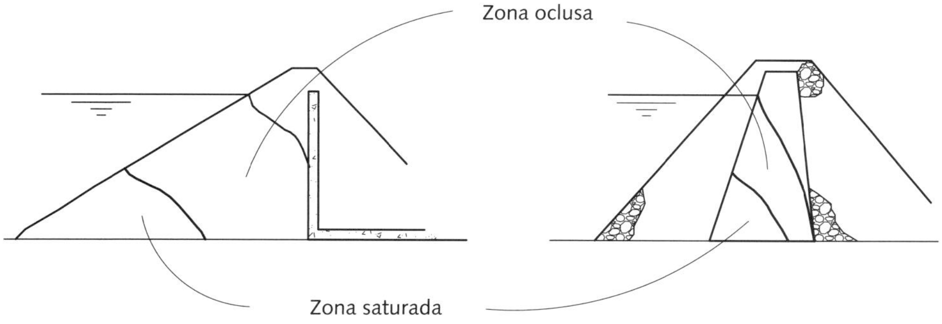

Fig. 5.16 *Possíveis zonas saturadas e oclusão em barragem de terra depois que se estabelecer regime de fluxo permanente*

sões deve ser compatível com o que ocorre durante o rebaixamento no ponto em foco. Obtida a envoltória, realiza-se a análise de estabilidade (em termos de tensões totais) considerando o nível rebaixado do lago.

Johnson (1975) apresenta uma metodologia utilizada pelo Corps of Engineers, que consiste em realizar análises de estabilidade com o reservatório rebaixado e com uma envoltória de resistência bilinear constituída pela envoltória triaxial adensada-drenada (CD) para baixas tensões e pela envoltória adensada-não drenada (CU) para tensões mais altas. Wilson e Marsal (1979) também recomendam esse procedimento. As análises são realizadas em termos de tensões totais, isto é, sem considerar as poropressões. A ideia básica da utilização da envoltória efetiva no trecho inicial é evitar a consideração implícita das poropressões negativas que, sabidamente, ocorrem nos solos compactados sob níveis baixos de tensão. Johnson ressalta que o uso dessa envoltória bilinear pode levar a excesso de conservadorismo se o solo impermeável está muito perto do talude de montante, pois, nesse caso, costuma-se encontrar superfícies críticas rasas, paralelas ao talude e com coeficiente de segurança baixo.

As metodologias que utilizam envoltória de tensões efetivas e valores de poropressões obtidos de ensaios requerem a realização de estudos de percolação e de ensaios especiais, como explicado anteriormente (Cruz, 1967, 1996; Lowe; Karafiath, 1959; Lowe, 1967).

A utilização de partidos com valores estimados da poropressão implica fazer hipóteses simplificadoras para a determinação de ΔU. Bishop (1952, 1954) recomenda usar $B = 1$, ou seja, $\Delta U = \Delta\gamma h$, em que $\Delta\gamma h$ é a variação de tensão devida à redução de peso na vertical acima do ponto (que, em muitos casos, é praticamente igual à variação da tensão principal maior). No cálculo de $\Delta\gamma h$, devem ser levadas em conta a variação da coluna de água e a variação de peso específico de solo cujo nível de água tenha sido rebaixado. O valor de ΔU assim obtido deve ser deduzido da poropressão obtida da rede de fluxo de regime permanente existente antes do rebaixamento. O valor de $\Delta\gamma h$ é, em geral, negativo, implicando uma redução da poropressão. A análise de estabilidade é conduzida com os parâmetros efetivos de resistência e com as poropressões obtidas. Morgenstern (1963) apresenta ábacos para o cálculo expedito da estabilidade a partir da hipótese de Bishop.

A sugestão de Bishop ($B = 1$) é aproximada, procurando constituir-se em envoltória prudente e não levando em conta a existência de zonas não saturadas. A reação da poropressão ao rebaixamento será diferente nos trechos saturados e nos trechos com ar ocluso. Nos pontos oclusos, o ar dos vazios poderá expandir diante da diminuição da poropressão e, assim, o valor de ΔU tenderá a ser pequeno (ou nulo). Nos pontos saturados, a queda de poropressão será mais acentuada, pois a tendência à expansão aliviará significativamente a poropressão. A quantificação, em qualquer caso, é difícil devido aos aspectos mencionados anteriormente. Esse é um aspecto que carece de verificação à luz de medições em obras.

Quando se utiliza a envoltória efetiva para superfícies rasas, em geral, costuma-se encontrar coeficientes de segurança baixos. Convém exercer julgamento em cada caso de forma a garantir se existe, de fato, a necessidade de abater o talude de montante da barragem. Junto à periferia, a drenagem é rápida. Também a ser considerado é o fato de que, para baixos níveis de tensão, a envoltória tende a ser curva, podendo ser representada por parâmetros de resistência mais altos. Assim, as rupturas rasas podem, em geral, ser tratadas como talude infinito, considerando fluxo horizontal para fora do talude e parâmetros adaptados para o baixo nível de tensões efetivas. Em alguns casos, em presença de coeficientes de segurança insatisfatórios, revela-se econômico aumentar a espessura de material granular que capeia o talude.

A análise de estabilidade perante rebaixamento rápido com tensões efetivas e poropressões estimadas pode ser feita da seguinte maneira:

- parâmetros efetivos de resistência devem ser utilizados;
- a distribuição de poropressões deve ser obtida partindo da rede de fluxo permanente com reservatório cheio e aplicando $\Delta U = 0$ à zona oclusa e $\Delta U = \Delta\gamma h$ à zona saturada;

- as zonas oclusa e saturada devem ser definidas a partir das pressões da rede de fluxo escolhendo-se valor de contrapressão de saturação prudente (um pouco mais baixo do que o médio esperável);
- as superfícies rasas de ruptura devem ser estudadas em separado.

A estabilidade de taludes de montante perante rebaixamento rápido é um dos aspectos de projeto de BTEs com mais carência de dados de observação direta em obras.

5.4.3 Casos históricos

Existem poucos relatos publicados com medições de poropressões em aterros argilosos durante rebaixamento rápido. Um dos raros exemplos é o da barragem de Alcova (EUA) (Glover; Gibbs; Daehn, 1948). Esse caso, apresentado na Fig. 5.17, com taxa de rebaixamento da ordem de 1 m/dia e depleção de 38 m, parece confirmar que ΔU é pequeno ou nulo na zona oclusa e elevado na zona saturada. Em outro caso encontrado na literatura, o do dique Sir Adam Beck (Canadá) (Bazzet, 1961), as alturas de água são pequenas (cerca de 8 m), de maneira que apenas a zona oclusa deve ter ocorrido, não havendo pressões suficientes para induzir a saturação. Coerentemente, as variações de poropressão durante o rebaixamento foram pequenas (valores de B entre 0 e 0,5). Um terceiro caso encontrado na literatura, o da barragem de Lower Glen Shira (Escócia) (Paton; Semple, 1961), além de ter alturas de água pequenas (da ordem de 9 m), parece padecer de problemas com a instrumentação.

5.5 Estabilidade de aterros com reservatório cheio

Os escorregamentos do talude de jusante de barragens de terra com reservatório cheio segundo superfícies de ruptura profundas são acidentes graves porque, uma vez ocorrido o deslizamento, a massa remanescente costuma continuar se movendo até que ocorra galgamento pela água do reservatório.

O estado atual de conhecimentos para projeto e construção de BTEs permite que se elimine a possibilidade de deslizamentos profundos com reservatório cheio (exceto se combinados com a atuação de outros agentes). Os deslizamentos profundos com reservatório cheio reportados na literatura são antigos. Sherard et al. (1963) mencionam dois casos:

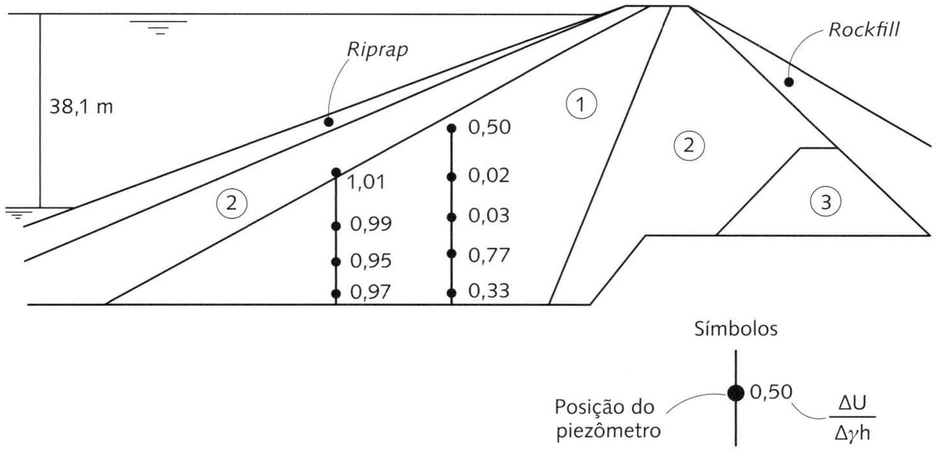

Zona	% que passa #200	γ_d (kN/m³)	Umidade (%)	Permeabilidade (cm/s)
1	45,3	1,97	10,8	$2{,}3 \times 10^{-7}$
2	38,3	1,96	10,1	$6{,}3 \times 10^{-6}$
3	–	2,02	7,9	$4{,}8 \times 10^{-5}$

Nota: $\Delta\sigma_v$ = variação da tensão na vertical acima do ponto (= $\Delta\gamma h$).

Fig. 5.17 *Barragem de Alcova*
Fonte: adaptado de Glover, Gibbs e Daehn (1948).

- *Barragem de Fruit Growers (EUA)*, construído em 1910, com altura de 10 m, apresentou deslizamento profundo no talude de jusante em 1937, quando o reservatório estava na maior elevação. O material deslizado cobriu a saída de jusante da galeria de descarga, tornando impossível utilizá-la para rebaixar o lago. Uma surgência apareceu na escarpa do deslizamento cerca de 5 m abaixo da crista da barragem. Essa água encharcava a parte de jusante e ameaçava causar um segundo (e devastador) deslizamento. O desastre foi evitado fazendo um corte com trator junto a uma das ombreiras (onde a barragem tinha pequena altura) para rebaixar rapidamente o lago.
- *Barragem de Great Western (Austrália)*, com 15 m de altura, apresentou deslizamento profundo no talude de jusante em 1958, pouco depois de ser alteada e duas semanas depois que o reservatório atingiu sua nova elevação de operação. O deslizamento alcançou a parte de montante da barragem e, na parte de jusante, tal como em Fruit Growers, obstruiu a tubulação de descarga. Um sifão foi colocado para esgotar o reservatório, conseguindo uma velocidade de depleção da ordem de 30 cm por dia, parecida com a velocidade com que o trecho deslizado afundava. Uma borda livre de apenas 90 cm era mantida durante esse esforço. A barragem foi salva quando, segundo Sherard et al. (1963, tradução nossa), "por sorte e trabalho duro, o reservatório foi finalmente rebaixado com uma velocidade maior do que a velocidade de movimentação do deslizamento. A barragem foi completamente reconstruída".

Os deslizamentos superficiais na face de jusante de barragens em operação costumam ser causados por chuvas intensas e, em geral, não têm maiores consequências (exceto por requererem manutenção ou reparos). Esses deslizamentos às vezes são combinados (ou causados) por erosões no talude de jusante.

Não há registro conhecido de nenhuma BTE brasileira que tenha sofrido ruptura por cisalhamento da parte de jusante durante a operação. Aconteceram alguns casos de ruptura com reservatório cheio em barragens de peso e em estruturas de vertedores, os quais serão abordados em capítulo específico.

5.6 Efeito de sismos em BTEs

Os sismos (ou terremotos) são vibrações de grande energia que acontecem na crosta da Terra, causadas (principalmente) por atrito e quebras associados a movimentos em falhas geológicas. O ponto no qual é gerada a energia chama-se hipocentro (ou foco). O ponto na superfície verticalmente acima do hipocentro é denominado epicentro. A Fig. 5.18 ilustra esses pontos.

A energia de um sismo é quantificada pela *magnitude*, medida com sismógrafos, e é classificada segundo a escala Richter, reproduzida na Tab. 5.1.

Os danos causados por um sismo em cada ponto da superfície terrestre são categorizados segundo sua *intensidade*, descrita pela escala de Mercalli Modificada, reproduzida na Tab. 5.2. Nessa tabela está também uma relação entre magnitude e intensidade (no epicentro).

Um sismo qualquer possui, portanto, uma única magnitude, mas apresenta diversas intensidades, dependendo, principalmente, da distância ao epicentro e dos materiais que compõem a crosta terrestre (em particular, o tipo de solo no local da obra).

As regiões da Terra com mais sismos são ao longo da costa oeste das Américas e nas partes norte e oeste do Oceano Pacífico (Esteva, 1968 apud Marsal; Resendiz Nuñez, 1975, p. 452).

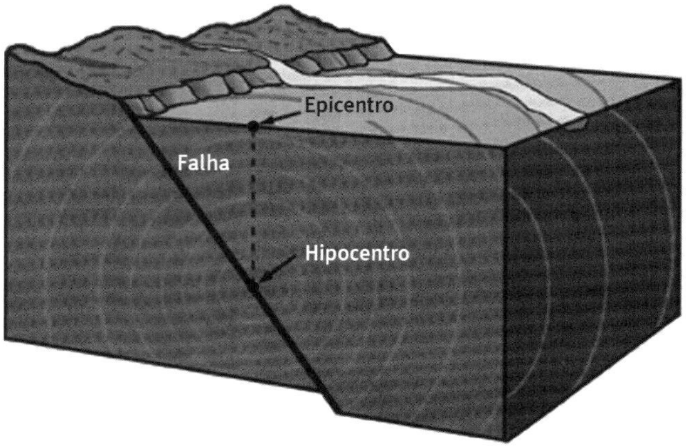

Fig. 5.18 *Definições de hipocentro e epicentro*

Tab. 5.1 Escala de magnitude de sismos (Richter)

Magnitude	Descrição	Efeitos do terremoto	Frequência de ocorrência
Menor que 2,0	Micro	Efeitos não sentidos	Contínua
2,0 a 2,9	Menor	Em geral não sentido, mas registrado	1.300.000 por ano (est.)
3,0 a 3,9	Menor	Sentido com frequência, mas raramente causa dano	130.000 por ano (est.)
4,0 a 4,9	Leve	Balanço notável e barulhos de itens caseiros. Danos significativos improváveis	13.000 por ano (est.)
5,0 a 5,9	Moderado	Pode causar fortes danos em edifícios mal construídos em regiões pequenas. Em estruturas bem projetadas causa, no máximo, danos leves	1.319 por ano (est.)
6,0 a 6,9	Forte	Pode ser destrutivo em áreas populosas com cerca de 160 km^2	134 por ano
7,0 a 7,9	Maior	Causa danos sérios em grandes áreas	15 por ano
8,0 a 8,9	Grande	Causa sérios danos em áreas com centenas de quilômetros quadrados	1 por ano
9,0 a 9,9	Grande	Devastador em áreas com milhares de quilômetros quadrados	1 a cada 10 anos (est.)
10 ou mais	Massivo	Devastação generalizada espalhada por áreas muito grandes	Nunca registrado. Pode não ser possível

Tab. 5.2 Escala de intensidade de sismos (Mercalli Modificada)

Intensidade	Magnitude	Descrição verbal	Observação de testemunhas
1	1 a 2	Instrumental	Detectado apenas por sismógrafos
2	2 a 3	Discreto	Notado por pessoas sensíveis
3	3 a 4	Leve	Semelhante a vibrações causadas por tráfego pesado
4	4	Moderado	Sentido por pessoas andando, balanço de objetos soltos
5	4 a 5	Meio forte	Acorda pessoas dormindo e faz sinos tocarem
6	5 a 6	Forte	Balança árvores, algum dano causado por objetos que tombam ou caem
7	6	Muito forte	Alarme geral, trincamento de paredes
8	6 a 7	Destrutivo	Queda de chaminés e alguns danos em edifícios
9	7	Ruinoso	Terreno começa a trincar, casas começam a colapsar e tubulações rompem
10	7 a 8	Desastroso	Terreno trinca fortemente e muitos edifícios destruídos. Ocorrem alguns deslizamentos
11	8	Muito desastroso	Poucos edifícios permanecem em pé. Pontes e ferrovias destruídas. Sistemas de água, gás, eletricidade e telefone interrompidos
12	8 ou maior	Catastrófico	Total destruição. Objetos são atirados ao ar. Muitos levantamentos, balanço e distorções do terreno

A propagação dos sismos produz os seguintes principais tipos de ondas de vibração (ver ilustração na Fig. 5.19):

- ondas longitudinais ou ondas P (primárias), que oscilam na direção da propagação;
- ondas transversais ou ondas S, que oscilam na direção normal à propagação;
- ondas superficiais de Love e de Rayleigh.

A velocidade das ondas P é maior do que a velocidade das ondas S, e a velocidade das ondas superficiais é a menor. Um acelerograma típico de um ponto em uma área atingida por um sismo está mostrado na Fig. 5.20.

As ondas transversais (S, também denominadas *ondas de corte* ou *ondas cisalhantes*) transmitem mais energia do que as ondas P, de modo que (em geral e com exceções) são as que interessam ao projeto de barragens.

Em um evento sísmico acontecem interações e modificações muito complexas das ondas, entre si e com as diferentes rochas e solos nos quais elas trafegam (superposições, reflexões, difrações, amortecimentos, amplificações etc.). O trem de ondas que pode passar por um local qualquer é, por consequência, virtualmente impossível de prever com precisão. Os especialistas em sismos procuram formas aceitavelmente simples de expressar a ação dos eventos sísmicos já observados em cada região do planeta. A mais simples dessas representações (e a mais utilizada pela engenharia geotécnica em barragens) é a *aceleração máxima*, que se supõe venha a ocorrer no embasamento rochoso de cada região.

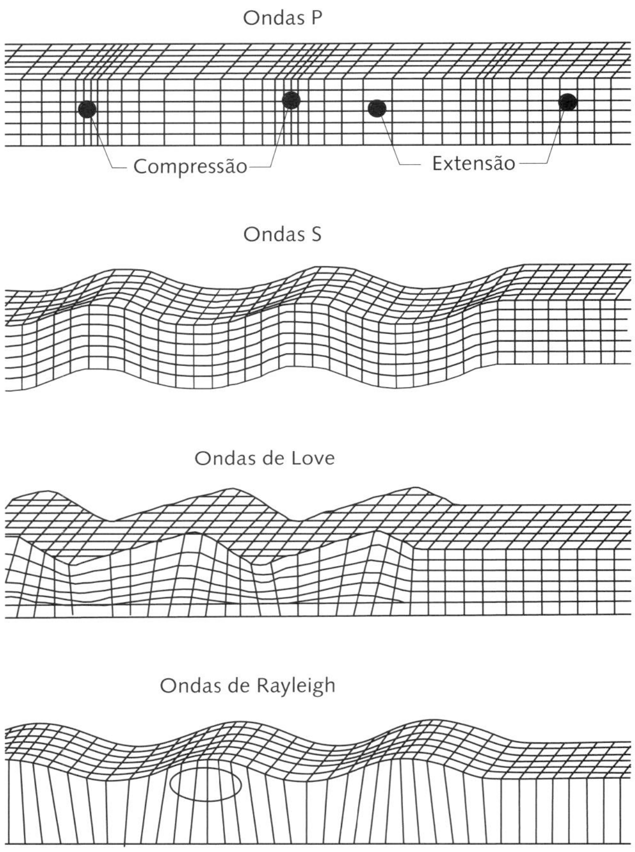

Fig. 5.19 *Ilustração dos principais tipos de onda gerados por sismos*

A aceleração máxima (a_{max}) costuma ser expressa da seguinte maneira:

$$a_{max} = k \cdot g \tag{5.11}$$

em que:

g = aceleração da gravidade;

k = um fator adimensional.

Em zonas de baixa sismicidade, k fica entre 0 e 0,05. Valores de k entre 0,05 e 0,1 correspondem (grosseiramente) a sismos com intensidade entre 6 e 7. Sismos destrutivos, com intensidade da ordem de 10 ou mais, apresentam valores de k iguais a 0,50 ou maiores. Uma correlação grosseira entre a aceleração máxima induzida por um sismo e a intensidade com que o sismo atinge o local da obra está mostrada na Fig. 5.21.

Havendo solo sobre o embasamento rochoso, a aceleração pode ser amplificada. Um exemplo está mostrado na Fig. 5.22 para o caso de terrenos com solos moles. Vê-se que há amplificação para acelerações basais mais baixas e atenuação para acelerações maiores do que 0,4g. Isso acontece porque as características de comportamento do solo mole dependem de sua deformação (perante vibração muito forte, a rigidez diminui e o amortecimento aumenta). Ademais, a baixa resistência do solo mole impõe um limite para a máxima aceleração transmitida para a superfície, porque as tensões cisalhantes geradas não podem ser maiores do que a resistência do solo mole. Em qualquer caso, o cálculo de amplificação (ou amortecimento) da aceleração basal nos solos é feito por especialistas utilizando programas específicos para o tema.

Os valores de aceleração máxima são fixados em normas produzidas para cada país ou região e, em

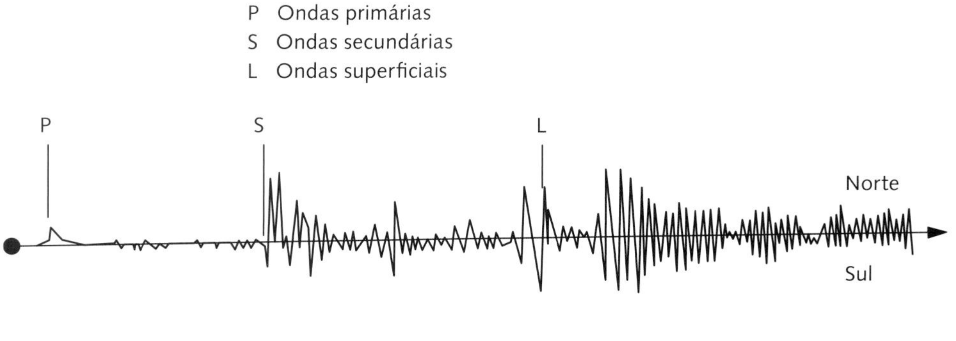

Fig. 5.20 *Acelerograma típico de um sismo*

geral, são expressos em termos de k (= a_{max}/g). Admite-se (sem que se possa ter certeza) que futuros sismos serão, no máximo, iguais aos assim representados.

A aceleração esperada é utilizada em procedimentos específicos para cada tipo de terreno e de obra. No caso de barragens, serão abordados, adiante, procedimentos para estudos de estabilidade, de liquefação e de excesso de deslocamentos.

Os terremotos no Brasil são de baixa intensidade, como indica o mapa de acelerações sísmicas da NBR 15421 (ABNT, 2006). As acelerações recomendadas ficam entre 0,025g e 0,05g em quase todo o território brasileiro. Essas acelerações não costumam representar ameaça de instabilidade em barragens (desde que elas sejam corretamente projetadas e construídas).

A exceção é o extremo oeste do Brasil, mais próximo aos Andes, onde são recomendados valores entre 0,10g e 0,15g.

Não se tem notícia de nenhum acidente em BTEs, mesmo sem gravidade, causado por sismos em território brasileiro.

Os capítulos 17 a 23 do livro de Marsal e Resendiz Nuñez (1975) e o capítulo 21, escrito por Finn, do livro editado por Rowe (2001), dedicados à ação de sismos sobre obras de engenharia, serviram de base para o que segue. Recomenda-se a leitura desses textos básicos. Um conjunto consistente de posturas para projeto e análise de barragens expostas a sismos se encontra em Fema (2005).

Quanto à intensidade que causa danos em BTEs, pode-se dizer que (com poucas exceções):

- sismos com intensidade menor do que 6 não causam danos em nenhum tipo de barragem;
- barragens construídas segundo a boa técnica atual não sofrem danos perante sismos com intensidade menor do que 7;
- todas as barragens são afetadas quando a intensidade é maior do que 7.

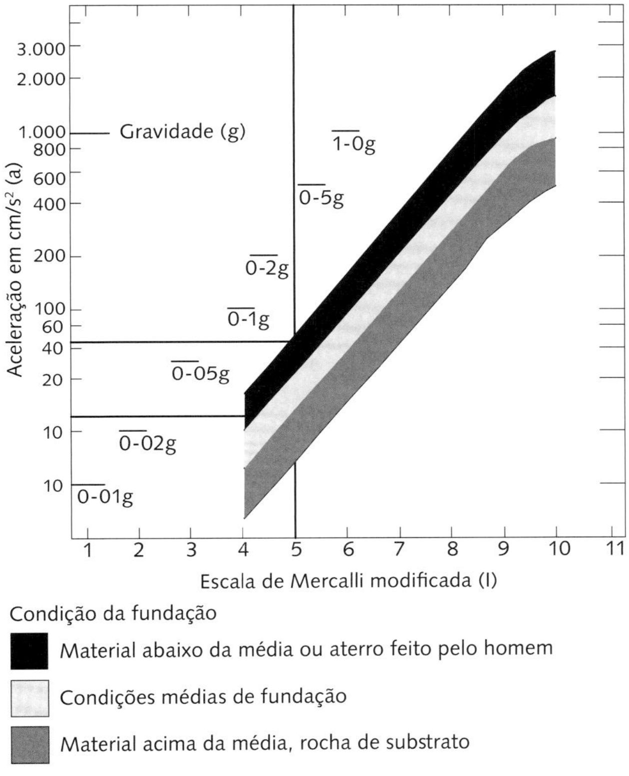

Fig. 5.21 *Relação entre intensidade do sismo e aceleração do terreno*

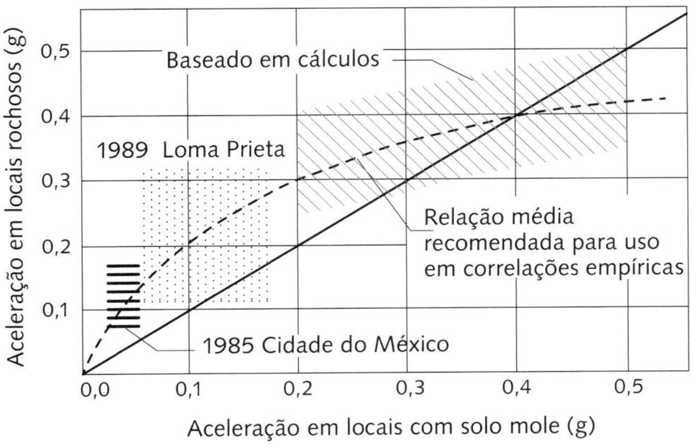

Fig. 5.22 *Amplificação da aceleração sísmica em solos moles*

Os danos causados por sismos em BTEs e sua frequência – em 156 casos observados por Ambraseys (1960, 1962) e Marsal e Resendiz Nuñez (1975) – estão reunidos na Tab. 5.3. Observa-se que, ao contrário dos casos estáticos, as rupturas por deslizamento (ou distorções excessivas) são o dano mais frequente, respondendo por cerca de dois terços dos eventos. Esse mecanismo e os demais citados na tabela serão abordados em seguida.

5.6.1 Deslizamento ou distorção do aterro

Podem ser individualizados, com base no que foi observado em barragens danificadas por sismos, dois mecanismos de ruptura:

- Um é o deslizamento segundo superfície bem definida (Fig. 5.23A). Esse tipo ocorre em materiais que perdem resistência perante carregamento cíclico. O deslizamento pode continuar depois do sismo, pela ação da gravidade, eventualmente desencadeando uma ruptura completa.

- Outro é a distorção ou "embarrigamento" lateral do aterro como um todo (Fig. 5.23B). Esse tipo ocorre em materiais que não perdem resistência quando submetidos a cargas cíclicas (ou perante grandes deformações). Nesses materiais, a distorção cortante durante o sismo acontece por acumulação de pequenos incrementos em cada ciclo de vibração. A distorção total depende da intensidade e da duração do sismo.

Como se vê, o tipo de dano perante sismo em BTEs pode ser associado ao comportamento dos materiais no laboratório, tal como para as rupturas estáticas. O comportamento friável no laboratório se liga à existência de uma superfície de ruptura bem definida, ao passo que materiais que não apresentam pico de resistência correspondem às rupturas por "embarrigamento".

A ação sísmica sobre taludes de solo granular pode causar rolamento progressivo em partículas individuais ou capas delgadas. Nesses casos, a inclinação do talude vai se suavizando e o ângulo final pode ser menor do que o de repouso.

Deslocamentos concentrados ao longo de uma faixa estreita podem ocorrer quando a falha ativa, que se movimenta durante o sismo, passa por baixo da barragem. Os esquemas da Fig. 5.24A,B mostram casos desse tipo.

5.6.2 Trincamentos

As BTEs podem sofrer trincamentos longitudinais ou transversais (ou composições de ambos) durante sismos, associados aos seguintes mecanismos básicos (simultâneos ou não):

Tab. 5.3 Danos causados por sismos em BTEs

Tipo de dano	Quantidade de casos	Incidência (%)
Deslizamento ou distorção causados por esforço cortante (inclusive movimento superficial de falha geológica, deslizamentos nas ombreiras e nas margens do lago)	102	65,4
Trincamentos longitudinais e transversais (sem deslizamento ou distorção perceptíveis)	22	14
Perda de borda livre por densificação do aterro ou da fundação	9	6
Ruptura de condutos	7	4,5
Outros e desconhecidos	16	10,2

Nota: dois tipos de dano na mesma obra contam como dois casos.

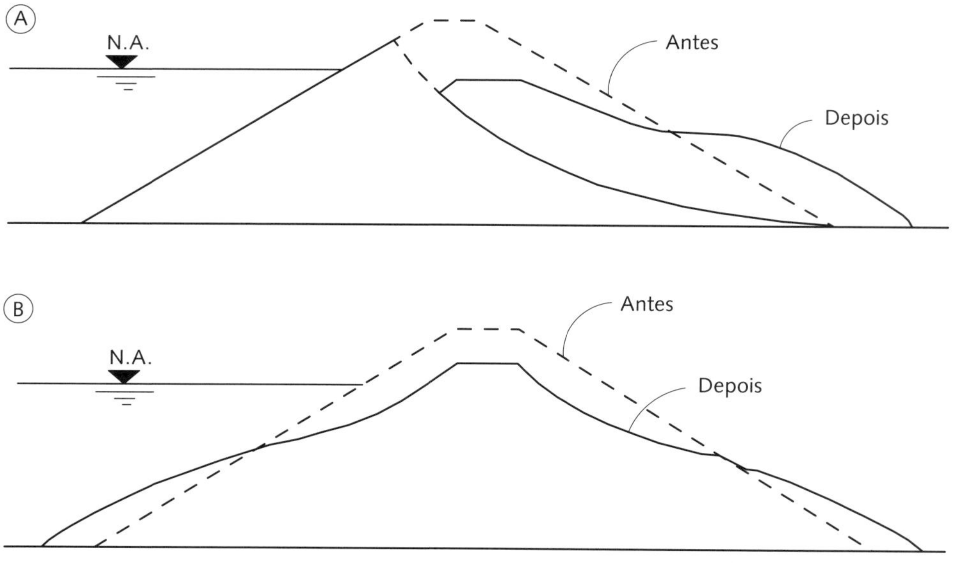

Fig. 5.23 *Mecanismos de ruptura de BTEs perante sismo: (A) deslizamento segundo superfície definida e (B) distorção dos taludes e afundamento da crista ("embarrigamento")*

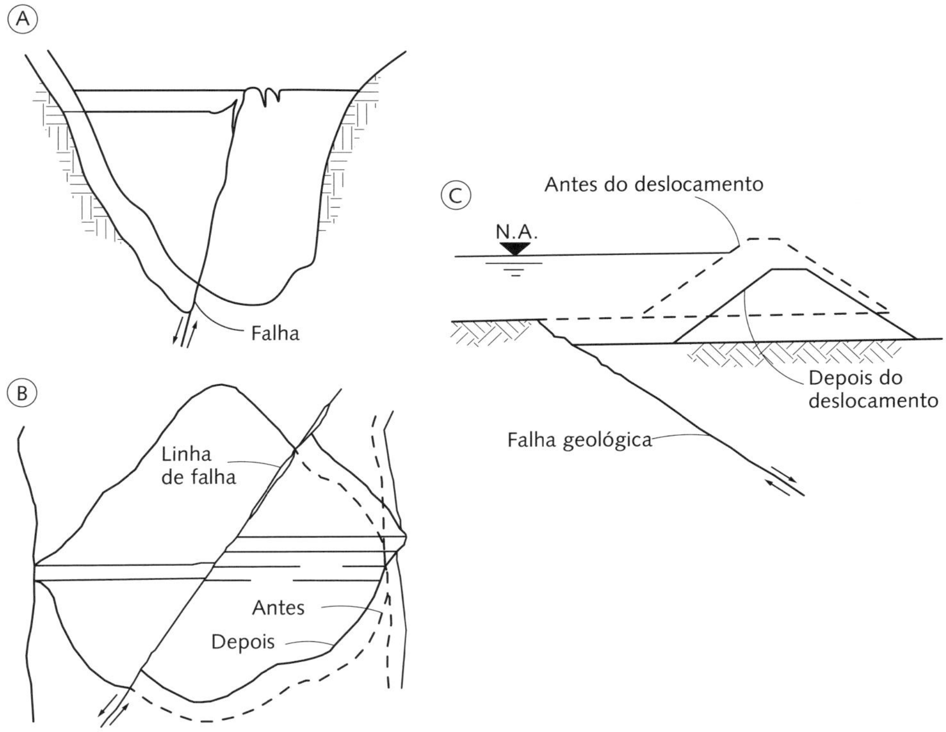

Fig. 5.24 *Falha ativa passando sob ou perto da barragem*

- recalques diferenciais em barragens zoneadas constituídas por materiais com deformabilidade diferente;
- recalque diferencial em qualquer tipo de barragem apoiada em fundação deformável, com a chegada não simultânea de ondas sísmicas em diferentes pontos da base;
- recalque diferencial em qualquer tipo de barragem se ocorrer diminuição diferente de volume na fundação em diferentes pontos da base;
- recalques diferenciais associados a variações de inclinação nas ombreiras ou a contatos muito íngremes com ombreiras ou estruturas adjacentes;
- variações no campo de tensões no maciço causadas pela diferença de tempo em que a vibração horizontal ocorre na parte de montante e de jusante do corpo. Foram calculados os esforços resultantes, na barragem de Bon Tempe (EUA), devidos ao peso próprio e às vibrações N-S e verticais causadas pelo sismo El Centro. Na Fig. 5.25 está indicada a posição da zona de tração (tensão principal maior negativa) em dois momentos separados por apenas 0,1 s. Como se vê, a zona de tração passa de um talude para o outro nesse curto espaço de tempo.

Com exceção do último mecanismo, observa-se que as trincas causadas por sismo podem ocorrer nas mesmas situações que as estáticas, com as forças sísmicas se combinando com o peso próprio para agravar o problema.

5.6.3 Perda de borda livre

A barragem pode perder borda livre (e, no limite, ser galgada) se ocorrer liquefação (*adensamento dinâmico*) no corpo da barragem ou em sua fundação. Outra maneira que pode levar à redução da borda livre e até ao galgamento são os deslizamentos por "embarrigamento" ou a continuação de deslizamentos com superfície definida. Poderá ocorrer abaixamento da crista em relação ao lago se a barragem estiver do lado que afunda de uma falha regional (como mostra o esquema da Fig. 5.24C).

5.6.4 Ruptura de condutos

As tubulações (dutos, galerias) que passam por baixo de barragens são, em geral, mais rígidas do que o

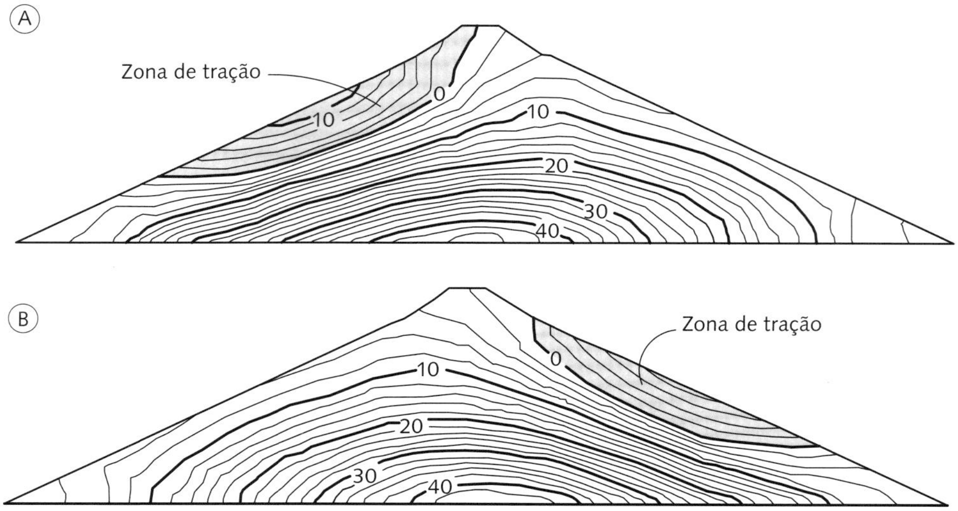

Fig. 5.25 *Zonas de tração em momentos do sismo separados em 0,1 s – valores nas curvas são da tensão principal maior: (A) tempo de 2,4 s e (B) tempo de 2,5 s*

aterro que as cobre, resultando possível que elas sofram danos enquanto o aterro não apresenta problemas. O mecanismo mais comum de ruptura de condutos posicionados sob aterro é o alongamento excessivo.

5.7 Liquefação perante sismo

Segundo Castro (1969), o termo *liquefação* foi usado pela primeira vez por Allen Hazen, em 1920, que atribuiu a ruptura da barragem de Calaveras (EUA) à "liquefação das areias".

Terzaghi (1925) foi o primeiro a explicar corretamente o fenômeno de liquefação, ao escrever que ela poderá ocorrer apenas se uma larga porção do depósito sedimentar for *metaestável* (entenda-se: sujeita a uma brusca diminuição de volume, que pode ser denominada *colapso*) e se o solo estiver saturado no instante do colapso.

Assim sendo, o peso das partículas sólidas é temporariamente transferido para a água e, como consequência, a pressão hidrostática aumenta para um valor próximo do peso submerso do solo.

Nesses termos, a liquefação pode ocorrer em areia saturada metaestável, ou seja, areia que possa sofrer uma brusca diminuição de volume (um colapso) perante uma variação de tensão cisalhante. Assim entendida, a liquefação é um fenômeno essencialmente não drenado, na medida em que o aumento da poropressão só ocorrerá se não houver tempo para que, perante o colapso estrutural da areia, a água escape de seus vazios.

A liquefação poderá acontecer mesmo se o carregamento for drenado desde que, no momento do colapso, as condições se tornem não drenadas. Ou seja, se, perante o colapso, não houver tempo para que a água escape dos vazios, as condições passarão a ser não drenadas e poderá ocorrer a liquefação. Uma consequência prática direta desse fato é que uma redução da velocidade de carregamento (por exemplo, em uma barragem alteada para montante) não impedirá a liquefação, se a areia do reservatório for saturada e metaestável.

A liquefação de areias saturadas pode ocorrer por solicitação estática e por solicitação dinâmica, como se explica a seguir.

5.7.1 Liquefação estática

Quando cisalhadas, as areias fofas diminuem de volume (comportamento de contração) e as areias densas aumentam de volume (comportamento de dilatação). O índice de vazios que separa esses dois comportamentos é denominado crítico, como será examinado em detalhe adiante. Se uma areia saturada com índice de vazios maior do que o crítico for solicitada ao cisalhamento e não houver drenagem durante a solicitação, ocorrerá uma transferência das tensões para a água e serão gerados excessos de poropressão. Se tais excessos forem suficientes para que haja tendência à anulação da tensão efetiva, a areia sofrerá liquefação. Ensaios triaxiais, sem ciclagem, não drenados em amostras de areia saturada, também examinados adiante, comprovam esse comportamento.

5.7.2 Liquefação dinâmica

Areias saturadas com qualquer densidade, solicitadas sob condições cíclicas muito rápidas, desenvolvem excessos positivos de poropressão que vão se acumulando a cada ciclo de carga. Para um determinado número de ciclos (que será tanto maior quanto maior for a densidade da areia e quanto menor for a relação entre a carga cisalhante de ciclagem e a resistência ao cisalhamento), a poropressão acumulada tende a anular a tensão efetiva e ocorre a liquefação.

Existem várias metodologias propostas na literatura especializada para estabelecer a susceptibilidade à liquefação cíclica de depósitos arenosos saturados, lançando mão de diversos tipos de ensaios de laboratório e de campo e diferentes bases de dados e conjuntos de experiências de campo. Todos esses procedimentos são aproximados, estabelecem fronteiras comportamentais de baixa precisão e seu uso depende de julgamento experiente.

Devido à variabilidade natural dos depósitos arenosos e à dificuldade em obter amostras intactas de areias limpas, costuma-se preferir, em vez de ensaios em laboratório, utilizar correlações entre a resistência a solicitações cíclicas e os resultados de ensaios de campo (tais como SPT, CPT e CPTu).

Entre as metodologias mais respeitadas para avaliar a resistência de areias à liquefação dinâmica, encontram-se os trabalhos desenvolvidos na Universidade de Berkeley (EUA) – ver, por exemplo, Seed e Idriss (1971), Seed (1979) e Seed e Alba (1986). Neste último trabalho, é apresentada uma metodologia que utiliza dados de SPT e se baseia na relação entre o SPT corrigido, $(N_1)_{60}$, e o *cyclic stress ratio* (CSR), definido por:

$$CSR = \tau_{av} / \sigma'_{vo} \qquad (5.12)$$

em que:
τ_{av} = tensão cisalhante cíclica média;
σ'_{vo} = tensão vertical efetiva.

Com base em observações em diversas partes do mundo (Américas, Japão, China), foram estabelecidas fronteiras, em diagrama $(N_1)_{60}$ contra CSR, que separam os casos em que ocorreu liquefação dos casos em que não ocorreu liquefação. $(N_1)_{60}$ é o valor de SPT corrigido para a energia de cravação e para o nível de tensão (ver Schnaid, 2009). Os autores apresentam as fronteiras para sismos com magnitude 7,5 separando os casos em que a areia possuía menos do que 5% de finos e mais do que 5% de finos. Essas fronteiras (Seed; Alba, 1986) indicam as seguintes correções dos valores de τ_{av}/σ'_{vo} para sismos com magnitude (M) diferente de 7,5 (correção = CSR para magnitude M dividido por CSR para magnitude 7,5):

- M = 5,25: correção = 1,50;
- M = 6,00: correção = 1,32;
- M = 6,75: correção = 1,13;
- M = 7,50: correção = 1,00;
- M = 8,50: correção = 0,89.

Procedimentos baseados em CSR, porém utilizando resultados de ensaios CPT (ou CPTu) ou a velocidade das ondas sísmicas no terreno, em vez do SPT, são também utilizados na prática. Os limites de CSR quando se usa CPT (ou CPTu) estão reproduzidos na Fig. 5.26 em função de q_{C1N}, um valor corrigido e normalizado da resistência de ponta que deve ser obtido como indicado na Fig. 5.27. O gráfico de limites para velocidade sônica está na Fig. 5.28.

Resta saber qual seria o CSR esperável na região do projeto em pauta. O valor pode ser estimado pela fórmula de Tokimatsu e Yoshimi (1983):

$$CSR = \tau_{av} / \sigma'_{vo} = 0{,}1(M-1)(a_{max}/g)(\sigma_{vo}/\sigma'_{vo})(1-0{,}015z) \qquad (5.13)$$

em que:
a_{max}/g = relação entre a aceleração máxima na superfície do terreno e a aceleração da gravidade, discutida adiante;
M = magnitude do terremoto;
σ_{vo}/σ'_{vo} = relação entre tensão vertical total e efetiva na profundidade z;
z = profundidade do ponto em foco, em metros.

Nos casos de projeto em que se avalia que há risco de liquefação e se decide melhorar o terreno de fundação (em geral, areia fofa), pode-se lançar mão de diferentes técnicas de melhoramento, incluindo:

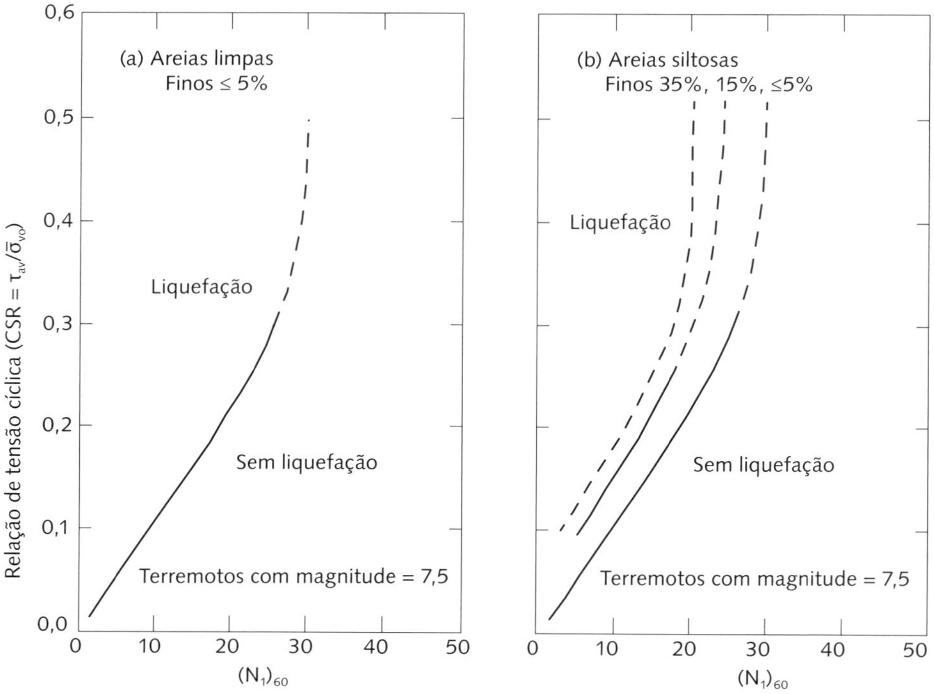

Fig. 5.26 *Relação empírica entre SPT corrigido e CSR. Nota: $(N_1)_{60}$ é o valor de SPT corrigido para energia de 60% da teórica aplicada*
Fonte: adaptado de Seed e Alba (1986).

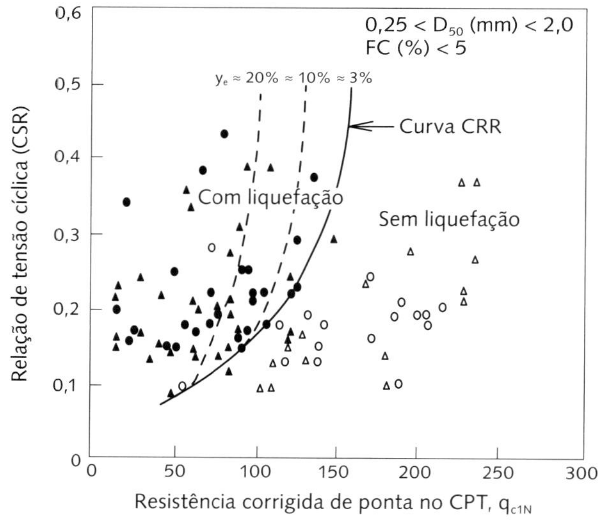

$$q_{c1N} = \left(\frac{q_c - \sigma_{v0}}{p_a}\right)\left(\frac{p_a}{\sigma'_{v0}}\right)^n$$

q_c = resistência de ponta obtida com ensaio CPT;
σ_{v0} = tensão vertical total;
p_a = pressão atmosférica;
$n = 0,5$ se $I_c < 1,64$; $n = 1,0$ se $I_c > 3,30$; $n = 0,3(I_c - 1,64) + 0,5$ se $1,64 < I_c < 3,304$, onde
$I_c = [(3,47 - \log Q_t)^2 + (\log F_r + 1,22)^2]^{0,5}$
com $Q_t = (q_T - \sigma_{v0})/\sigma_{v0}$; $F_r = f_s/(q_T - \sigma_{v0})$; q_T = resistência de ponta corrigida (piezocone); f_s = atrito lateral

Fig. 5.27 *Relação empírica entre CPT corrigido e CSR*
Fonte: adaptado de Schnaid (2009).

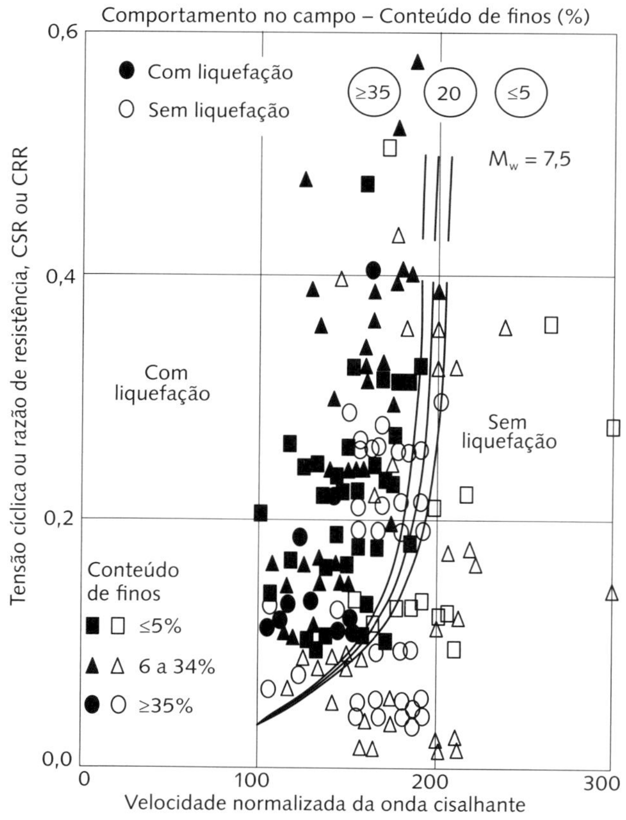

Fig. 5.28 *Relação empírica entre velocidade das ondas S e CSR*

(a) compactação dinâmica; (b) vibroflotação; (c) cravação de estacas; e (d) implantação de colunas de mistura de cimento por via seca (*dry mix*) ou úmida (*jet grout*).

5.7.3 Estabilidade perante sismo

A estabilidade dos taludes de BTEs (em geral, do talude de jusante com reservatório cheio) perante sismo é normalmente verificada por procedimento pseudoestático. O efeito do sismo é representado por uma força horizontal com magnitude $m \cdot K \cdot g$, em que m é a massa do escorregamento, g é a aceleração da gravidade e K é a relação entre a aceleração máxima causada pelo sismo e a aceleração da gravidade (estabelecida em norma da região ou selecionada pelo projetista).

Existem métodos mais elaborados de análise que levam em conta as deformações que ocorrem durante os sismos, cujo uso costuma ficar restrito a estudos específicos de caráter acadêmico, com raras aplicações em projetos.

Não é possível garantir a estabilidade de uma BTE perante sismos de intensidade muito alta.

5.8 LIQUEFAÇÃO SEM SISMO

Nesta seção é abordada a questão da ocorrência de liquefação na ausência de um agente deflagrador (gatilho) nítido.

São inicialmente destacados aspectos básicos do fenômeno de liquefação, que interessam à compreensão dos gatilhos em areias saturadas, tais como: variação de volume; estado crítico; definição da linha de estado crítico e do parâmetro de estado; e colapso em areias.

5.8.1 Variação de volume

A variação de volume durante o cisalhamento drenado, seja de aumento de volume (dilatação, comportamento dilatante), seja de diminuição de volume (contração, comportamento contrainte), é denominada dilatância. A dilatância pode ser expressa como absoluta (contada desde o início do ensaio) ou como incremental (obtida em um trecho da curva). Um resultado típico de ensaio triaxial drenado está mostrado na Fig. 5.29, na qual estão indicadas as situações absoluta e incremental em diferentes pontos da relação entre deformação axial e deformação volumétrica.

5.8.2 Estado crítico

Casagrande (1936) preconizou que uma areia qualquer, em qualquer condição de densidade, quando submetida a cisalhamento, tende para um mesmo estado final, caracterizado por ausência de variação de volume e por resistência constante. Casagrande denominou esse estado de *crítico*. Ou seja, conceitualmente, estado crítico é o comportamento sob cisalhamento que as areias (independentemente de sua densidade relativa inicial) apresentam para grandes deformações. O estado crítico se caracteriza por constância da resistência e ausência de variação de volume durante o cisalhamento. Ensaios triaxiais drenados e não drenados em areias saturadas permitem observar que areias com diferentes índices de vazios iniciais tendem a evoluir para o estado crítico. Nas Figs. 5.30 e 5.31 estão exemplos apresentados por Bjerrum, Kringstad e Kumeneje (1961).

5.8.3 Definição da linha de estado crítico e do parâmetro de estado

Define-se a linha de estado crítico (LEC) como o lugar geométrico dos pontos que correspondem ao estado crítico. A LEC é apresentada em gráfico com pressão vertical efetiva (σ'_v) em escala logarítmica no eixo

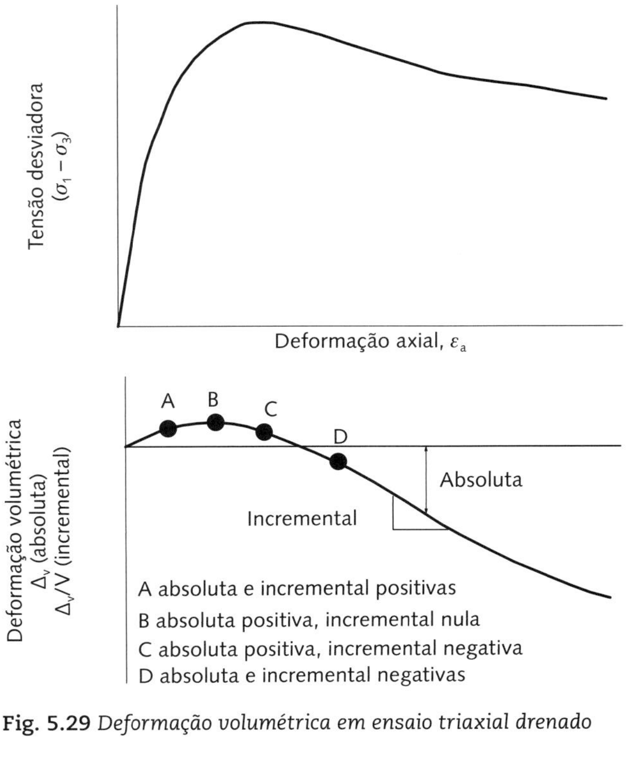

Fig. 5.29 *Deformação volumétrica em ensaio triaxial drenado*

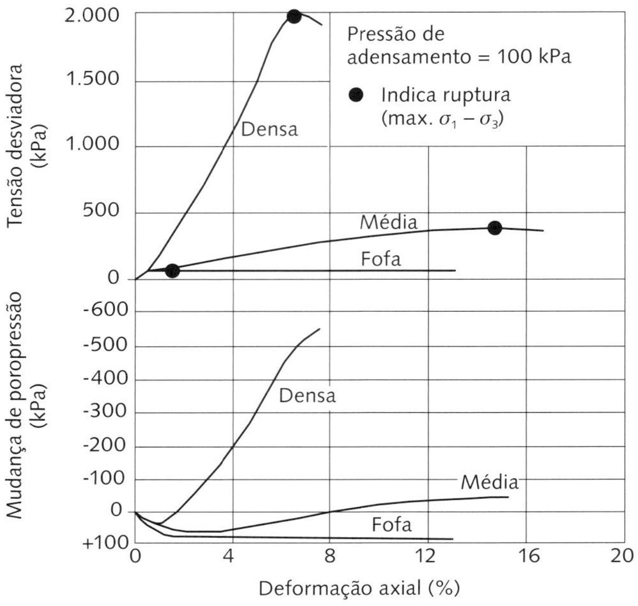

Fig. 5.30 *Ensaios triaxiais não drenados em areia fina com diferentes densidades iniciais*
Fonte: adaptado de Bjerrum, Kringstad e Kumeneje (1961).

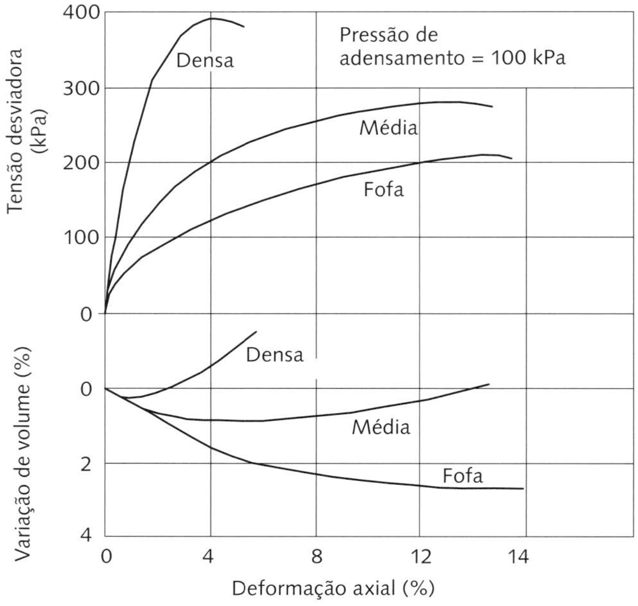

Fig. 5.31 *Ensaios triaxiais drenados em areia fina com diferentes densidades iniciais*
Fonte: adaptado de Bjerrum, Kringstad e Kumeneje (1961).

horizontal e com índice de vazios crítico (e_c), em escala natural, no eixo vertical, como mostrado na Fig. 5.32. A LEC pode ser considerada uma reta (com aproximação razoável para fins práticos) dada por:

$$e_c = \Gamma - \lambda_{10}\log(\sigma'_v) \qquad (5.14)$$

em que:

Γ = índice de vazios da LEC para σ'_v = 1 kPa (usa-se também o símbolo Γ_1), que varia tipicamente entre 0,9 e 1,4;

λ_{10} = inclinação da LEC (quando usando logaritmos com base 10), que varia tipicamente entre 0,02 e 0,07 em areias de quartzo com granulometria uniforme, entre 0,04 e 0,07 em siltes arenosos com granulometria não uniforme e entre 0,10 e 0,25 em siltes e em areias siltosas com granulometria uniforme.

Um ensaio triaxial não drenado é representado por uma linha horizontal no gráfico log(σ'_v) × *e* (porque não há variação de volume, logo, não há variação do índice de vazios). No caso de uma areia contrainte, o carregamento não drenado evolui para a esquerda no gráfico da Fig. 5.32, entre os pontos A e B (uma vez que ocorre aumento da poropressão, o que causa diminuição de σ'_v).

Define-se o parâmetro de estado de uma areia (no campo ou em um corpo de prova para ensaio) pela diferença entre seu índice de vazios e o índice de vazios crítico (ou seja, sobre a LEC), para a mesma tensão efetiva (σ'_v). Formalmente:

$$\Psi = e - e_c \qquad (5.15)$$

em que:

Ψ = parâmetro de estado;

e = índice de vazios atual;

e_c = índice de vazios crítico.

Como mostrado na Fig. 5.32, o parâmetro de estado é positivo ($\Psi > 0$) quando $e > e_c$, caso em que o corpo de prova é contrainte. O parâmetro de estado é negativo ($\Psi < 0$) quando $e < e_c$, sendo, nesse caso, o corpo de prova dilatante. O parâmetro de estado é nulo quando o índice de vazios do corpo de prova está sobre a LEC ($e = e_c$).

A obtenção do parâmetro de estado de um corpo de prova em laboratório é feita observando a distância vertical entre o índice de vazios do corpo de prova e o índice de vazios da linha crítica para a mesma tensão vertical efetiva.

Na Fig. 5.32, um corpo de prova posicionado no ponto A seria contrainte e seu parâmetro de estado seria positivo, dado pela distância AC. Um corpo de prova no ponto D seria dilatante e seu parâmetro de estado seria negativo, dado pela distância DC.

5.8.4 Colapso de areias

Com a variação da solicitação cisalhante, uma areia fofa pode apresentar tendência a sofrer uma abrupta diminuição de volume (colapso). Em um ensaio triaxial não drenado, a diminuição de volume não é possível (porque a água não tem como escapar) e, havendo tendência à diminuição de volume, ocorre um aumento de poropressão. Esse aumento de poropressão, por sua vez, induz uma queda da resistência não drenada da areia para valores muito pequenos. Esse comportamento é considerado como representando a ocorrência de liquefação.

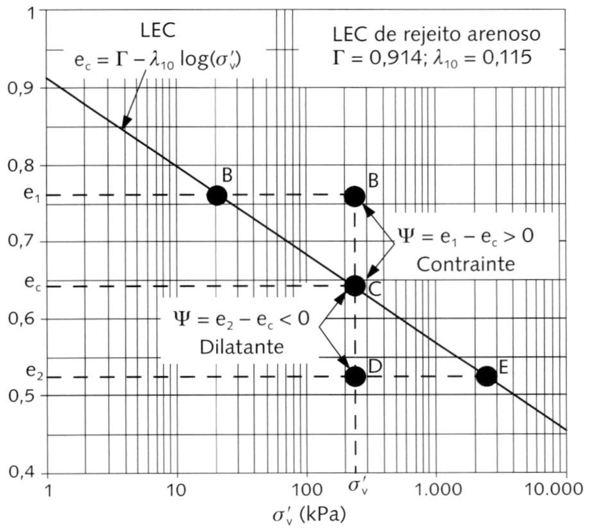

Fig. 5.32 *Linha de estado crítico (LEC) e parâmetro de estado (Ψ)*

Evidências experimentais da ocorrência de colapso repentino acompanhado por perda abrupta de resistência, em ensaios triaxiais não drenados executados em areias fofas saturadas, estão mostradas nas Figs. 5.33 (ensaio triaxial de carregamento axial com tensão controlada) e 5.34 (ensaio triaxial de descarregamento lateral com tensão controlada). Cabem os seguintes comentários:

- O ensaio da Fig. 5.33 foi realizado em areia muito fofa. A tensão axial (σ_1) foi aumentada em estágios, durante 14 min, com a tensão horizontal (σ_3) mantida constante. Com a aplicação do estágio final de carga axial (uma pequena parte da carga total aplicada), ocorreu um colapso, com a deformação axial aumentando para 20% em uma fração de segundo.
- O ensaio da Fig. 5.34 foi realizado para o estudo da ruptura do Fundão (MG). Há um vídeo (ver fundaoinvestigation.com) que mostra o abrupto colapso do corpo de prova, sob tensão

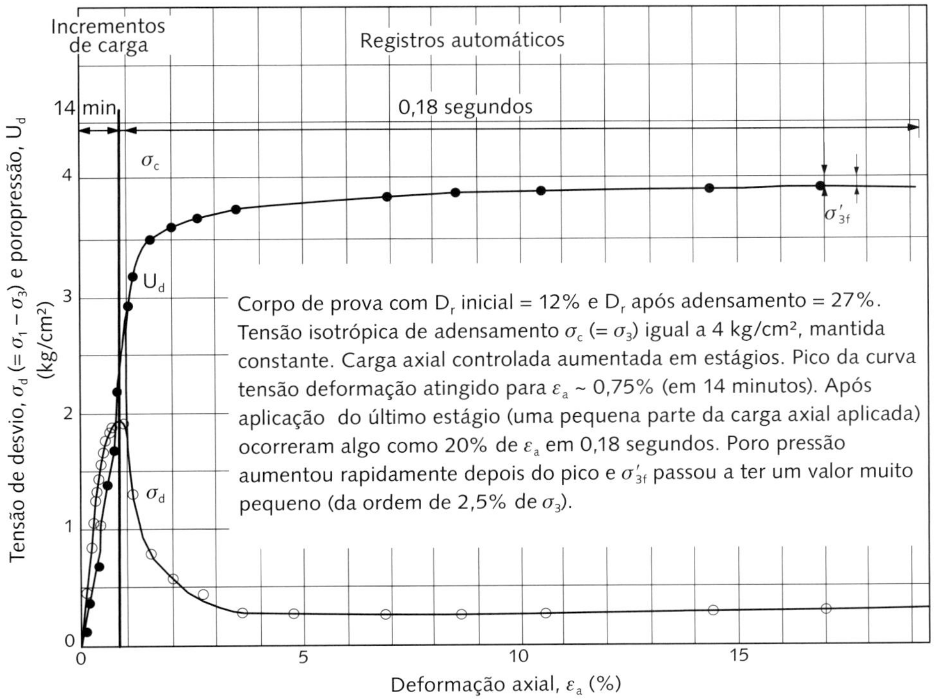

Fig. 5.33 *Colapso em areia fofa saturada: ensaio triaxial não drenado de carregamento axial com tensão controlada*
Fonte: adaptado de Castro (1969).

axial (σ_1) constante e diminuição da tensão lateral (σ_3).

Castro (1969) identificou três comportamentos diferentes em areias saturadas submetidas a ensaios triaxiais não drenados (ver exemplos na Fig. 5.35 e as curvas vetoriais ampliadas na Fig. 5.36):

- *Ruptura por liquefação* (*liquefaction failure*, curvas "a" nas Figs. 5.35 e 5.36). A resistência da areia passa por um máximo (ruptura não drenada) e, daí em diante, enquanto a poropressão sobe, a resistência da areia tende para valores muito pequenos.
- *Liquefação limitada* (*limited liquefaction*, curvas "b" nas Figs. 5.35 e 5.36). A areia passa por um máximo (ruptura não drenada) e, daí em diante, começa a perder resistência (enquanto a poropressão sobe). Mas, após alguma deformação, a resistência para de cair e volta a subir.
- *Resposta dilatante* (*dilative response*, curvas "c" nas Figs. 5.35 e 5.36). A resistência aumenta durante todo o ensaio e a poropressão, depois de passar por um máximo, passa a cair com a deformação.

A densidade relativa em que ocorre colapso perante cisalhamento depende do nível de tensões. Para tensões mais altas, o colapso pode acontecer para densidades relativas mais altas. Resultados obtidos para a areia B (Castro, 1969) estão apresenta-

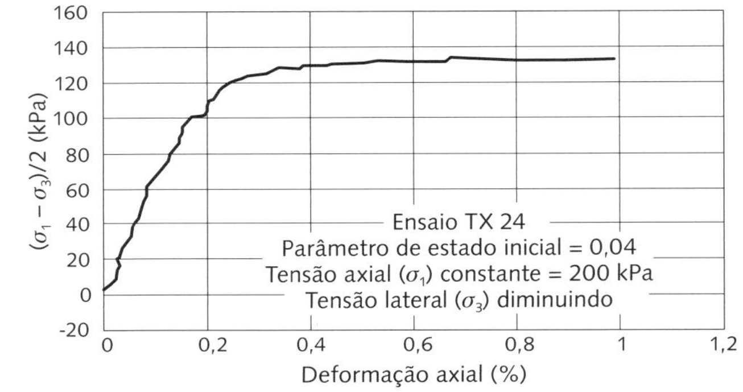

Imagens ao lado (do filme disponível em fundaoinvestigation.com) mostram o abrupto colapso observado no corpo de prova: decorreu uma fração de segundo entre a imagem da esquerda (corpo de prova com tamanho inicial) e a imagem da direita (corpo de prova muito mais curto e mais largo).

Fig. 5.34 *Colapso em areia fofa saturada: ensaio triaxial não drenado de descarregamento lateral e com tensão axial constante*
Fonte: adaptado de Morgenstern et al. (2016).

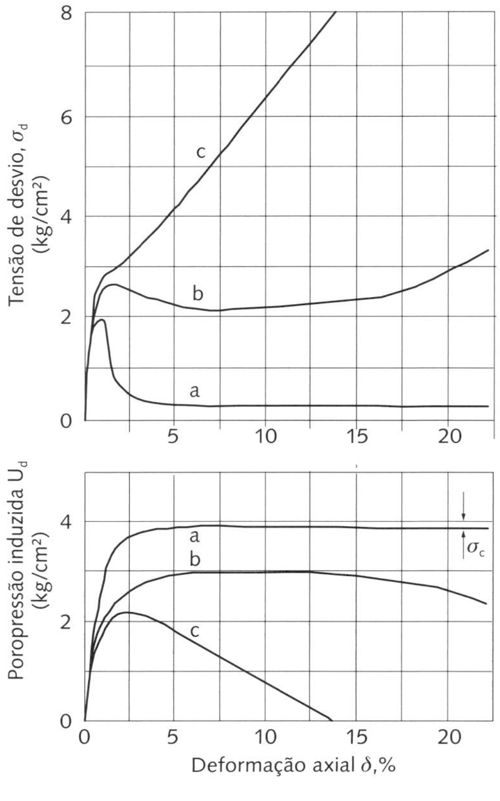

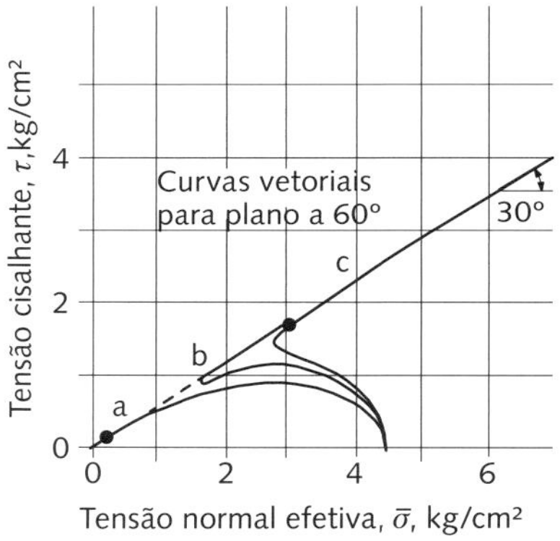

Teste	Densidade relativa %		Ver detalhe figura nº
	D_{r1}	D_{r0}	
a	13	27	33
b	36	44	37
c	39	47	39

Os três ensaios realizados com $\bar{\sigma}_c$ = 4 kg/cm²

Tipos de curvas

a - Ruptura por liquefação

b - Liquefação limitada

c - Resposta dilatante

Fig. 5.35 *Três comportamentos de areia em ensaios triaxiais não drenados*
Fonte: adaptado de Castro (1969).

dos na Fig. 5.37. A linha tracejada nessa figura indica um possível limite entre as densidades relativas dos ensaios com liquefação e as densidades relativas para as quais a areia apresentou liquefação limitada. Como se pode ver, a densidade relativa em que ocorre a liquefação aumenta com o nível de tensão efetiva.

Em termos práticos, isso significa que, com o aumento da profundidade em que se encontra a areia, pode ocorrer colapso (e, portanto, liquefação) para densidades relativas mais altas. No caso da areia B (ver Fig. 5.37), para tensões efetivas relativamente baixas (na faixa de até, digamos, 30 kPa, que correspondem a poucos metros de profundidade), observou-se liquefação em corpos de prova com densidades relativas da ordem de 30%. Já para tensões efetivas altas, o colapso foi observado em amostras com densidade relativa beirando os 50%. A liquefação limitada, no caso da areia B, ocorre para densidades relativas cerca de 5% mais altas do que a liquefação, como sugerido pela linha pontilhada na Fig. 5.37.

Os valores de deformação axial (ε_A) no momento do colapso, nos ensaios com liquefação e com liquefação limitada realizados na areia B, variaram entre 0,40% e 1,80%, com média da ordem de 0,90%, mostrando que o colapso ocorre para deformações axiais pequenas.

Nos ensaios em que se observou liquefação limitada na areia B, passado o pico, ocorrem deformações axiais adicionais entre 3,50% e 7,00%, até que o processo de liquefação é interrompido e a areia passa a apresentar aumento de ($\sigma_1 - \sigma_3$). Trata-se, portanto, de deformações relativamente grandes que, em princípio, poderiam causar um efeito dominó, generalizando a

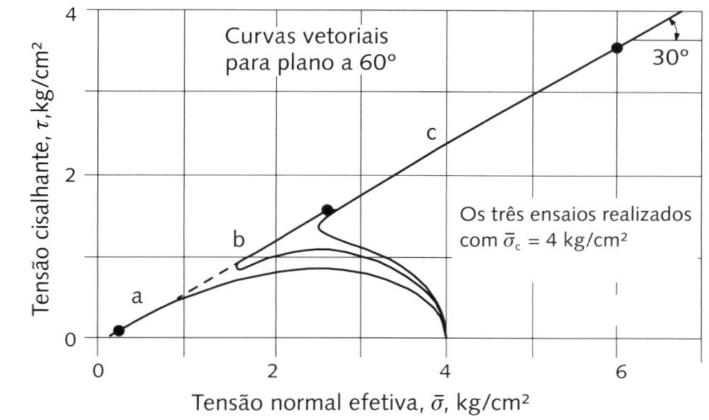

Teste	Densidade relativa %	
	D_{r1}	D_{r0}
a	13	27
b	36	44
c	39	47

Tipos de curvas

a - Ruptura por liquefação

b - Liquefação limitada

c - Resposta dilatante

Fig. 5.36 *Ampliação das curvas vetoriais da figura anterior*
Fonte: adaptado de Castro (1969).

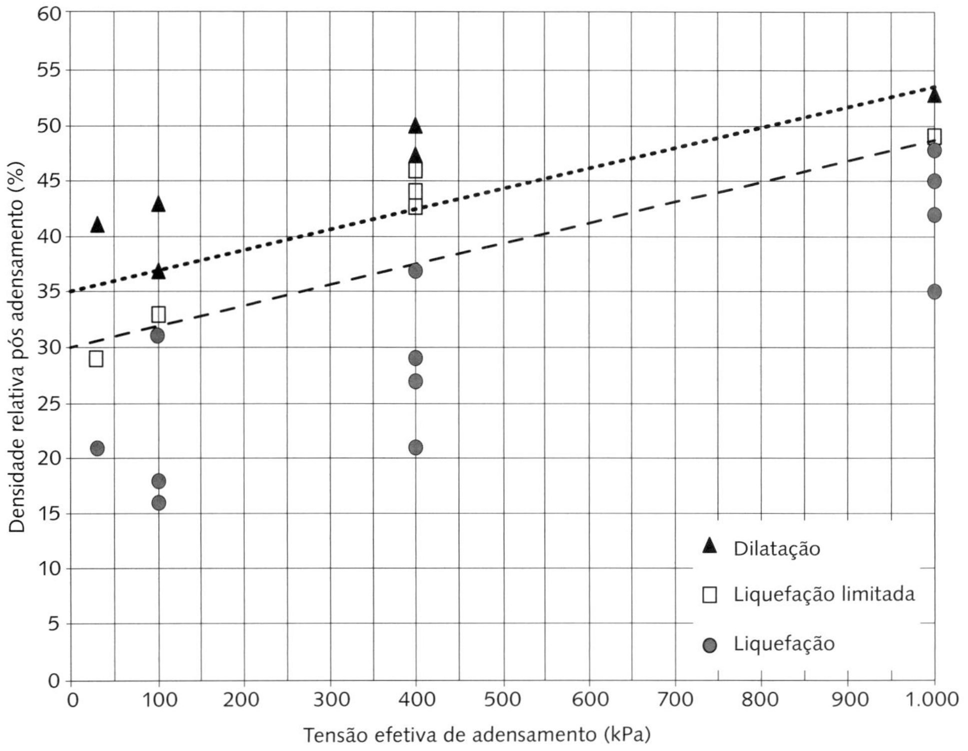

Fig. 5.37 *Densidade relativa × liquefação. Ensaios triaxiais não drenados com carga axial controlada na areia B de Castro (1969)*

liquefação para toda a massa susceptível. Assim, a possibilidade de liquefação parcial poderia ser colocada como condição para a susceptibilidade à liquefação.

5.9 Susceptibilidade de areias à liquefação

Esta seção apresenta os procedimentos utilizados na prática da Engenharia Civil Geotécnica para avaliar se um depósito qualquer de areia saturada é passível de (susceptível a) liquefação. Como já abordado, a liquefação se segue ao colapso da areia saturada perante cisalhamento.

Em princípio, à luz dos conceitos de estado crítico, poderá ocorrer colapso quando o parâmetro de estado (Ψ) for maior do que zero, ou seja, quando o índice de vazios no campo for maior do que o índice de vazios crítico para a mesma pressão vertical efetiva.

Jefferies e Been (2016), entre outros autores, consideram que, para valores de Ψ maiores do que –0,05, pode ocorrer contração (e, portanto, liquefação) à medida que o carregamento avança para a ruptura. Assim, valores iniciais de Ψ menores do que zero (ou seja, abaixo da LEC) podem indicar areia contrativa e, portanto, susceptibilidade à liquefação.

Outro caminho é considerar que poderá ocorrer colapso quando a densidade relativa (D_r) no campo for menor do que um certo valor-limite. A definição de valor-limite para D_r não é simples. Evidentemente, areias com D_r baixa (digamos, 30% ou menos) são susceptíveis. Porém, dependendo de diversos fatores, como o nível de tensões e a angularidade dos grãos, areias com D_r elevada (digamos, maior do que 40%) podem sofrer liquefação (ver Fig. 5.37).

Para definir os valores de Ψ e D_r no campo, é preciso saber o índice de vazios *in situ*, de maneira a:

- utilizá-lo, junto com os valores de índice de vazios máximo e mínimo, para obter a D_r;
- moldar corpos de prova com o mesmo índice de vazios que o de campo, para fazer ensaios triaxiais de forma a obter a LEC e comparar com o índice de vazios *in situ*, para obter o Ψ.

Há grandes dificuldades experimentais, em particular no caso de areias fofas, para a obtenção do índice de vazios que a areia possui no campo, posto que a obtenção de amostras representativas é muito difícil.

Essa dificuldade foi o principal estímulo para que se generalizasse o uso de resultados de ensaios de campo (cone e SPT) para estimar, através de relações obtidas empiricamente, a susceptibilidade à liquefação. Tais relações empíricas podem ser obtidas a partir de estudos de casos documentados de obras nas quais ocorreu liquefação, a partir de experimentos em modelos reduzidos ou a partir de resultados obtidos em câmaras de calibração.

O piezocone é o ensaio mais utilizado para estudar a susceptibilidade à liquefação, por ser o mais preciso (leituras a cada 2 cm) e o que dá mais informações (resistência de ponta, poropressão e atrito lateral). O ensaio de piezocone pode ser adotado de duas maneiras no estudo de susceptibilidade à liquefação.

A primeira maneira é para saber se o solo atravessado foi arenoso (trechos com $U_2 - U_o$ nulo ou muito próximo de zero) ou argiloso (trechos com $U_2 - U_o$ nitidamente diferente de zero, em que U_2 é o valor da poropressão medida na ponta do piezocone e U_o é a poropressão existente no terreno antes do ensaio).

A segunda maneira consiste em obter, através de correlações empíricas, parâmetros que informam sobre a susceptibilidade à liquefação. Esses parâmetros são a D_r, o valor $Q_{tn,cs}$ e o Ψ.

Os procedimentos empíricos utilizados na determinação desses parâmetros estão apresentados a seguir.

- *Obtenção de Ψ com ensaios de penetração*

O valor de Ψ pode ser estimado com a seguinte fórmula:

$$\Psi = 0{,}56 - 0{,}33\ \log_{10}\left(Q_{tn,cs}\right) \quad (5.16)$$

em que $Q_{tn,cs}$ é determinado a partir de resultados de ensaio de cone, como mostrado nas Eqs. 5.18 a 5.25.

- *Obtenção de D_r com ensaios de penetração*

O valor de D_r pode ser estimado com a fórmula sugerida por Jamiolkowski et al. (1985):

$$D_r = -98 + 66\ \log_{10}\left(q_c / \sigma_{vo}'^{0,50}\right) \quad (5.17)$$

em que:
q_c = resistência de ponta medida com cone;
σ'_{vo} = tensão vertical efetiva no ponto em que foi medido q_c.

▶ *Obtenção direta da susceptibilidade com ensaios de penetração*

A susceptibilidade à liquefação pode ser obtida diretamente (isto é, sem passar pela obtenção de parâmetros e pela aplicação de conceitos de estado crítico) dos resultados de ensaios de penetração com cone, seguindo os procedimentos sugeridos por Robertson (2010a) e Olson e Stark (2003a, 2003b).

Robertson estabelece que valores de $Q_{tn,cs}$ menores do que 70 indicam que a areia é susceptível à liquefação. Olson e Stark apresentaram gráficos, como o da Fig. 5.38, nos quais são indicadas linhas que separam a condição dilatante (não susceptível à liquefação) da condição contrainte (susceptível à liquefação).

O valor de $Q_{tn,cs}$ pode ser obtido por meio de (Robertson, 2010):

$$Q_t = (q_t - \sigma_{vo}) / \sigma'_{vo} \tag{5.18}$$

$$F_r = [f_s / (q_t - \sigma_{vo})] 100\% \tag{5.19}$$

em que:
q_t = resistência de ponta do cone;
f_s = atrito lateral no cone;
σ_{vo} = tensão vertical total inicial;
σ'_{vo} = tensão vertical efetiva inicial.

$$I_c = \left[(3,47 - \log Q_t)^2 + (\log F_r + 1,22)^2\right]^{0,5} \tag{5.20}$$

$$Q_{tn} = [(q_t - \sigma_{vo}) / p_a](p_a / \sigma'_{vo})^n \tag{5.21}$$

em que (todos com a mesma unidade que q_t e σ_v):
$(q_t - \sigma_{vo})/p_a$ = resistência de ponta do cone normalizada;
$(p_a/\sigma'_{vo})^n$ = fator de normalização de tensão;
n = expoente de tensão que varia com SBT;
p_a = pressão atmosférica.

$$n = 0,381(I_c) + 0,05(\sigma'_{vo} / p_a) - 0,15 \tag{5.22}$$

em que:
n = menor ou igual a 1.

$$Q_{tn,cs} = K_c \cdot Q_{tn} \tag{5.23}$$

em que:
K_c = fator de correção que é uma função das características dos grãos da areia (teor de finos, mineralogia e plasticidade), que pode ser estimado como indicado a seguir:

$$K_c = 1,0 \text{ se } I_c \leq 1,64 \tag{5.24}$$

$$K_c = 5,581I_c^3 - 0,403I_c^4 - 21,63I_c^2 + 33,75I_c - 17,88 \text{ se } I_c > 1,64 \tag{5.25}$$

5.9.1 Gatilhos de liquefação

Para que a liquefação aconteça, além de a areia estar saturada e ser susceptível à liquefação, é preciso que ocorra um agente que induza o colapso da areia. Esse agente, denominado *gatilho*, pode ser dinâmico ou estático (Terzaghi usou a denominação *espontânea* para a liquefação estática).

Exemplos de possíveis gatilhos estão listados a seguir. Essas listas não se pretendem exaustivas.

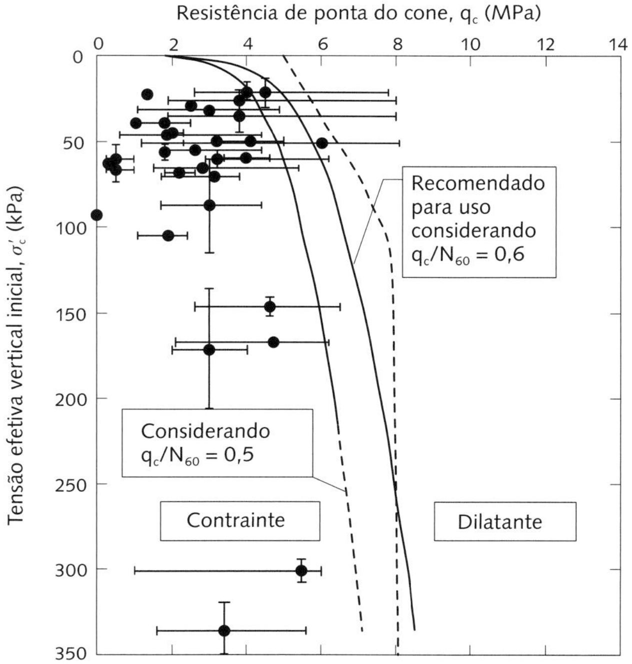

Fig. 5.38 *Gráfico com a linha recomendada para distinção entre as condições dilatante e contrainte*
Fonte: adaptado de Olson e Stark (2003a, 2003b).

Elas refletem apenas o que se encontra reportado na literatura técnica e o que foi observado pelos autores em estudos de obras nas quais ocorreu liquefação.

- *Gatilho dinâmico*
  - vibrações devidas a sismos;
  - vibrações devidas a detonações;
  - vibrações devidas à circulação de máquinas;
  - vibrações devidas à cravação de estacas;
  - vibrações devidas a grandes movimentos de massa.

- *Gatilho estático*
  - ruptura no material de fundação ou na barragem;
  - deformação (inclusive lenta, tipo *creep*) no rejeito ou na barragem;
  - lançamento de aterros e de rejeitos;
  - subida rápida ou excessiva do nível de água;
  - passagem de água por cima da crista (galgamento) seguida de erosão da barragem;
  - perda de grãos para fora da barragem por fluxo de água (entubamento ou *piping*);
  - espalhamento lateral (*lateral spreading*) de solo abaixo de areia colapsável.

Há situações em que a existência de gatilho é clara. Por exemplo, se a região é fortemente sísmica, pode ser considerado como certo que, no futuro, a liquefação de uma areia susceptível à liquefação ocorrerá, tendo como gatilho um sismo.

Por outro lado, em regiões sem gatilhos dinâmicos expressivos, deve-se decidir se pode ocorrer liquefação estática, ou seja, deve ser decidido se é de se esperar que ocorra um gatilho (ou um processo que possa se constituir em gatilho) capaz de induzir a liquefação. Não existem procedimentos acatados unanimemente pelos especialistas para tomar essa decisão. Para tomá-la com segurança, seria necessário que fossem conhecidos todos os gatilhos possíveis para o caso em estudo. Uma complicação envolvida nesse pretenso conhecimento é que, entre os inúmeros estudos de casos de liquefação que estão descritos e analisados na literatura, foram encontradas situações nas quais não foi possível identificar com certeza o gatilho. Um aspecto particularmente complexo dessa tomada de decisão é que a liquefação de uma areia susceptível pode ocorrer para deformações muito pequenas.

Em presença dessa complexidade, há engenheiros que preconizam que, se a areia é susceptível, deve-se considerar que a liquefação ocorrerá, independentemente de se conseguir identificar um gatilho. São os partidários do "*if it can, it will*" ("se puder ocorrer, ocorrerá", em tradução livre do inglês). A aceitação dessa postura resulta em ter que avaliar a segurança quanto à liquefação em condições não drenadas em qualquer caso no qual o rejeito seja susceptível.

5.9.2 Segurança quanto ao risco de liquefação

A avaliação do risco de liquefação é conduzida, em geral, através de análises de estabilidade por equilíbrio-limite com as quais são obtidos valores de coeficiente de segurança. As análises de estabilidade podem ser drenadas e não drenadas.

Nas *análises de estabilidade drenadas*, são utilizados parâmetros efetivos de resistência e consideradas conhecidas as condições de poropressão na massa sob estudo. É muito importante lembrar que, sendo a areia colapsível, a resistência efetiva mobilizada no instante do colapso pode ser menor do que a resistência efetiva de pico. Da mesma forma, é preciso considerar que, havendo colapso, são geradas poropressões maiores do que as que são medidas por piezômetros e medidores de nível de água.

A prática corrente tende a considerar aceitável um coeficiente de segurança (FS) igual ou maior do que 1,50 em análises drenadas. É imprescindível destacar que, em forte contradição com essa postura, os coeficientes de segurança obtidos em análises drenadas realizadas após as rupturas de Brumadinho (MG) e do Fundão (MG) foram maiores do que 1,50.

Nas *análises de estabilidade não drenadas*, a resistência é representada por parâmetros totais de resistência (em geral expressos pela relação Su/σ'_v) e as poropressões são consideradas implicitamente embutidas na resistência *Su*. Aqui também é necessária postura prudente, lembrando o largo espectro de valores de Su/σ'_v que as areias podem apresentar e a grande heterogeneidade que os depósitos de rejeito costumam exibir.

Schnaid, Mello e Dzialoszynski (2020) mencionam coeficientes de segurança entre 1,5 e 1,8 para aplicação aos taludes de barragens de rejeitos, no caso estático (sem sismos), tanto para análises drenadas como para não drenadas. Esses autores distinguem categorias de incerteza e de gerenciamento, considerando níveis de risco que podem ser I, II ou III, como definidos pelo ICOLD em 2001. Para a seleção do coeficiente de segurança, esses autores distinguem, também, as consequências que uma ruptura pode ter, com base em tabela da Norma Global para Rejeitos, submetida a consulta pública pelo International Council of Mining and Metals (ICMM) em 2019.

Por longo tempo, as normas brasileiras se mantiveram omissas sobre o FS aceitável para análises de estabilidade não drenadas. A segunda edição da NBR 13028, intitulada "Mineração – elaboração e apresentação de projeto de barragens para disposição de rejeitos, contenção de sedimentos e reservação de água", que se tornou válida a partir de 4 de outubro de 2008, não estabelece valores de FS para análises de estabilidade não drenadas. Em sua terceira edição, datada de 14 de novembro de 2017, a NBR 13028 apresentou a Tab. 5.4. Uma inspeção dessa tabela mostra, conforme a nota "a", que etapas de alteamento de barragem alteada com rejeitos são consideradas "operação" e, portanto, o "final de construção" só acontece quando já acabaram as etapas de alteamento, sendo então preconizado FS = 1,3.

5.10 Coeficientes de segurança de barragens de contenção de água

Projetos de BTEs convencionais, para contenção de água, rejeitam materiais susceptíveis à liquefação e requerem documentação referente ao risco de ruptura por deslizamento, que deve compreender memória de cálculo de análises de estabilidade por equilíbrio-limite. Na Tab. 5.5 estão coeficientes de segurança aplicáveis a barragens para contenção de água e que não sejam susceptíveis à liquefação. Esses coeficientes de segurança foram reunidos a partir de documentos de diversas entidades e autores, cabendo observar que:

- em barragens sobre solos de baixa resistência, deve-se utilizar coeficientes de segurança maiores;
- para estabilidade perante sismos, os coeficientes de segurança podem ser menores. A discussão sobre qual deve ser esse valor continua em aberto entre os especialistas.

Os valores de coeficientes de segurança dependem de uma série de fatores, tais como: método de cálculo, tipos e procedimentos de ensaio utilizados para obter os parâmetros de resistência, procedimento para estimativa das poropressões, comportamento conjunto dos diferentes materiais que constituem o aterro, efeitos tridimensionais, existência de trincas (preenchidas ou não com água de chuvas), sismos,

Tab. 5.4 Fatores de segurança mínimos para barragens de mineração

Fase	Tipo de ruptura	Talude	Fator de segurança mínimo
Final de construção[a]	Maciço e fundações	Montante e jusante	1,3
Operação com rede de fluxo em condição normal de operação, nível máximo do reservatório	Maciço e fundações	Jusante	1,5
Operação com rede de fluxo em condição extrema, nível máximo do reservatório	Maciço e fundações	Jusante	1,3
Operação com rebaixamento rápido do nível d'água do reservatório	Maciço	Montante	1,1
Operação com rede de fluxo em condição normal	Maciço	Jusante	1,5
		Entre bermas	1,3
Solicitação sísmica, com nível máximo do reservatório	Maciço e fundações	Montante e jusante	1,1

[a]*Etapas sucessivas de barragens alteadas com rejeitos não podem ser analisadas como "final de construção", devendo atender aos fatores de segurança mínimos estabelecidos para as condições de operação.*
Fonte: ABNT (2017).

Tab. 5.5 Coeficientes de segurança mínimos para BTEs para acumulação de água

Situação	Coeficiente de segurança
Fim de construção Reservatório vazio Taludes de montante e de jusante	1,3
Durante a operação Reservatório cheio Talude de jusante	1,5
Perante rebaixamento rápido Reservatório rebaixado Talude de montante	1,3

degradação dos materiais com o tempo etc. Comentários sobre alguns desses aspectos estão a seguir.

- Método de análise de estabilidade por equilíbrio-limite. Hoje em dia, a diferença de coeficientes de segurança entre métodos de análise e a grande quantidade de cálculos necessária para os métodos mais sofisticados foram trivializadas pela disponibilidade de computadores pessoais e de programas eficientes. Nessa medida, podem sempre ser utilizados os métodos mais precisos (como os de Morgenstern e Price ou de Spencer), codificados em programas com exaustivas rotinas de busca da superfície crítica de ruptura.
- *Compatibilidade de deformações*. Qualquer que seja a escolha para expressar a envoltória de resistência, tensões totais ou efetivas, deve-se atentar para a compatibilidade de deformações entre diferentes materiais.

6 Estabilidade geotécnica de estruturas

6.1 Assuntos abordados

Os assuntos de estabilidade geotécnica de estruturas de barragens são abordados nas seguintes seções:

- 6.2 – Subpressões em estruturas de peso de concreto;
- 6.3 – Cargas na junção entre aterros e estruturas de concreto.

Esses assuntos foram selecionados por serem de natureza essencialmente geotécnica.

6.2 Subpressões em estruturas de peso de concreto

6.2.1 Aspectos conceituais

A estabilidade das barragens de peso de concreto (barragens de concreto cuja estabilidade estrutural depende basicamente de seu peso, e não de armaduras de aço) deve ser calculada de forma a garantir segurança quanto ao deslizamento, quanto à capacidade de carga e quanto ao tombamento, tal como se faz no projeto de muros de peso. A grande diferença é a carga de água e a subpressão que ela exerce sob a barragem, tanto na superfície de apoio do concreto como em qualquer plano de fraqueza que exista no terreno (rocha, em geral) de fundação.

Até o final do século XIX o assunto de subpressões em barragens de peso estava pouco explorado, não existindo conceituações claras para projeto nem procedimentos consagrados para utilização nas obras. Diversos acidentes importantes exigiram atenção para o assunto e resultaram em muito estudo e experimentação na primeira metade do século XX. A partir da década de 1930 as subpressões na base de diversas barragens de concreto foram medidas, principalmente nos Estados Unidos, pelo United States Bureau of Reclamation (USBR), pela Tennessee Valley Authority (TVA) e pelo United States Army Corps of Engineers (Usace). No início da década de 1950 havia sido acumulado um considerável volume de dados e o assunto já se encontrava em discussão em termos semelhantes aos atualmente tidos como válidos. No clássico trabalho do Subcommittee on Uplift in Masonry Dams (ASCE, 1952, tradução nossa), a maioria dos membros optou por considerar 100% de *area ratio* (porcentagem da área em que atua a subpressão) e aplicar um *intensity factor* (um fator de redução do diagrama máximo de subpressão) "obtido a partir de uma detalhada análise da geologia e das condições de fundação da barragem em questão".

Hoje em dia, a maioria dos projetos enfrenta a questão da subpressão sob barragens de concreto utilizando drenos instalados a partir de galeria(s) construída(s) na base do maciço de concreto e implantando cortina(s) de injeções para reduzir as vazões nos drenos. Tanto a posição como a profundidade das galerias, dos drenos e das injeções são definidas a partir de detalhado estudo das condições geológicas do maciço em que se apoia a barragem. Em muitos casos, a água dos drenos é coletada em nível inferior ao nível de água externo de jusante e removida por bombeamento. Os drenos possuem diâmetro entre 5 cm e 7,5 cm e seu espaçamento é, em quase todas as obras brasileiras, igual a 3 m. As cortinas de injeções possuem tipicamente três linhas paralelas ao eixo da barragem, executando-se as externas (montante e jusante) primeiro e a central por último. Em cada linha, cuja distância inicial entre furos é tipicamente entre 12 m e 6 m, podendo chegar aos 3 m, costuma-se alternar os furos diminuindo gradativamente o espaçamento à luz das tomadas de calda observadas. Diversos dos aspectos envolvidos e uma detalhada análise sobre a geometria e os princípios de projeto utilizados em barragens brasileiras podem ser encontrados em Guidicini e Andrade (1983).

A Fig. 6.1, extraída do trabalho de Casagrande (1961), mostra a distribuição de subpressões em algumas situações hipotéticas. A distribuição de subpressão para o caso de fundação homogênea e nenhum tratamento (ou seja, sem drenos e sem injeções), denominada *subpressão plena*, está indicada por linha tracejada em todos os esquemas dessa figura. Cabem os seguintes comentários:

- O caso A mostra uma situação de fundação homogênea, com injeções e sem drenagem. Vê-se que a injeção sozinha tem algum efeito de redução das subpressões, por criar uma barreira de permeabilidade mais baixa. A Fig. 6.2 mostra as subpressões em três barragens americanas (Willwood, Wheeler e Neye) com injeções e sem drenagem e as compara com as médias das barragens com drenos e com injeções do USBR e da TVA. Vê-se que as subpressões para os casos em que só havia injeções são mais altas do que nos casos com drenos, porém são consideravelmente mais baixas do que a situação de subpressão plena.
- O caso B apresenta uma situação com drenos perfeitamente eficientes cuja saída (boca dos drenos na galeria de drenagem) se encontra em nível mais baixo do que o nível de água de jusante. A distribuição de subpressão para esse caso hipotético é uma reta entre montante e a linha de drenos e é nula entre esse ponto e o paramento de jusante. A realidade é diferente porque a linha de drenos nunca é perfeitamente eficiente.
- A Fig. 6.2 ilustra as médias das subpressões observadas em oito barragens do USBR e quatro barragens da TVA, todas dotadas de linhas de injeções e drenos. Vê-se, portanto, que há subpressões a jusante da linha de drenos, como esquematicamente indicado no caso C da Fig. 6.1. As muito divulgadas regras de subpressão do USBR e da TVA, mostradas na Fig. 6.3, consideram subpressão a jusante da linha de drenos.
- Os casos D, E e F mostram situações hipotéticas nas quais os drenos não penetram toda a camada permeável de uma fundação homogênea ou não alcançam a camada de maior permeabilidade de uma fundação heterogênea. Esses são apenas exemplos visando ilustrar casos de heterogeneidade da fundação. Evidentemente, uma quantidade praticamente ilimitada de exemplos poderia ser imaginada.

A Fig. 6.4 mostra o caso da barragem de Wheeler, que, assim como as barragens de Wilson e Fontana, também americanas, não possuía drenos (ver Fig. 6.2), os quais foram colocados com a obra em operação. Pode-se observar a expressiva queda da subpressão depois da instalação dos drenos.

Outro caso interessante, que ressalta a importância do espaçamento entre drenos para a eficiência do sistema de drenagem, é o da barragem de Chief Joseph (EUA), mostrado na Fig. 6.5. Observa-se a queda das subpressões nessa barragem (que entrou em operação em 1954) com a diminuição do espaçamento dos drenos em duas ocasiões: de 6 m para 3 m, em 1959, e para 1,5 m, em 1961. A figura mostra que, um ano após a diminuição do espaçamento dos drenos para 3 m, as subpressões voltaram a subir. Os autores relatam (em 1976) que, depois que o espaçamento foi diminuído para 1,5 m, a subpressão se manteve baixa.

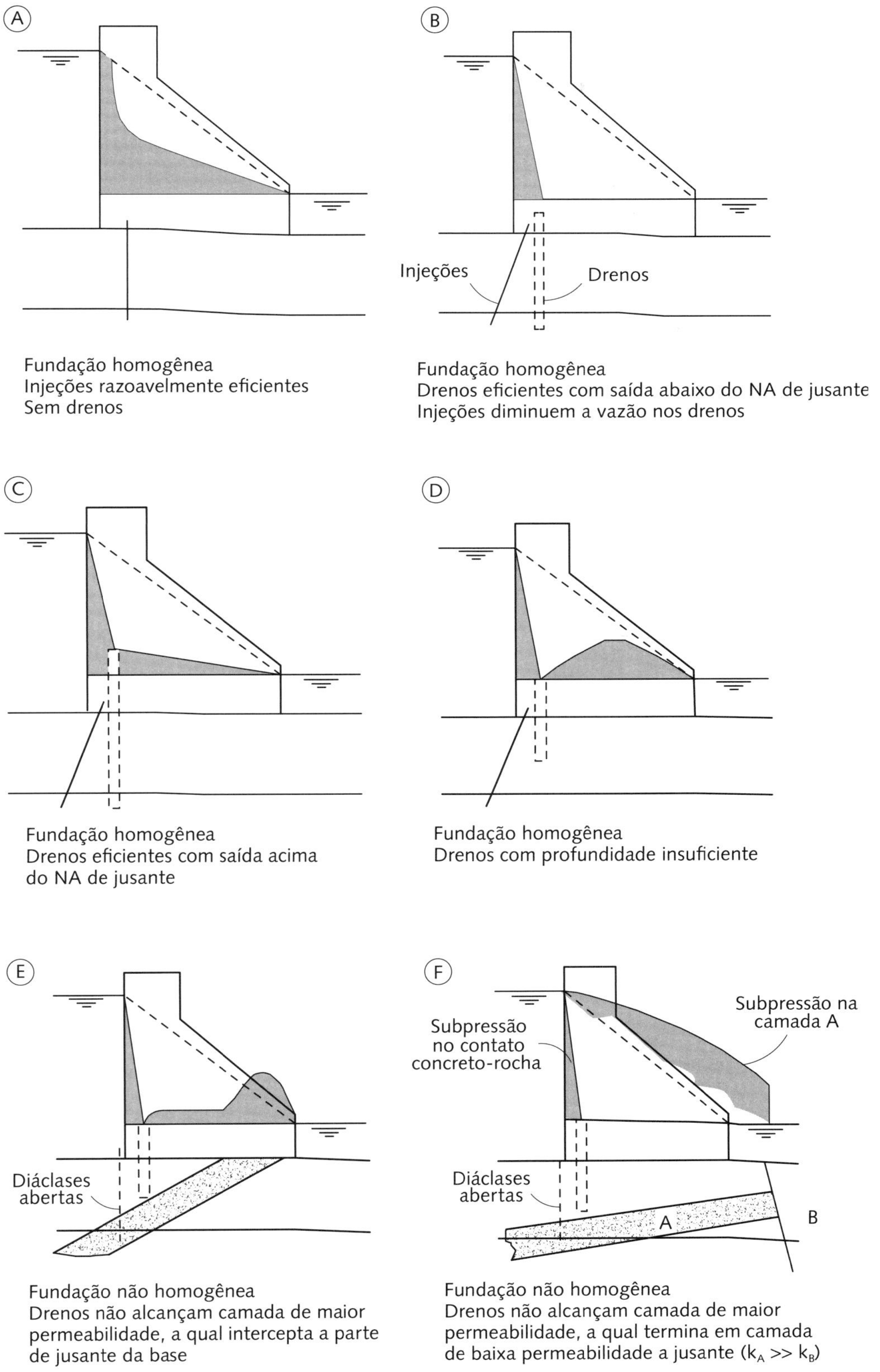
A
Fundação homogênea
Injeções razoavelmente eficientes
Sem drenos
B
Injeções
Drenos
Fundação homogênea
Drenos eficientes com saída abaixo do NA de jusante
Injeções diminuem a vazão nos drenos
C
Fundação homogênea
Drenos eficientes com saída acima
do NA de jusante
D
Fundação homogênea
Drenos com profundidade insuficiente
E
Diáclases
abertas
Fundação não homogênea
Drenos não alcançam camada de maior
permeabilidade, a qual intercepta a parte
de jusante da base
F
Subpressão
no contato
concreto-rocha
Subpressão na
camada A
Diáclases
abertas
A
B
Fundação não homogênea
Drenos não alcançam camada de maior
permeabilidade, a qual termina em camada
de baixa permeabilidade a jusante ($k_A >> k_B$)

Fig. 6.1 *Casos hipotéticos de subpressão*
Fonte: adaptado de Casagrande (1961).

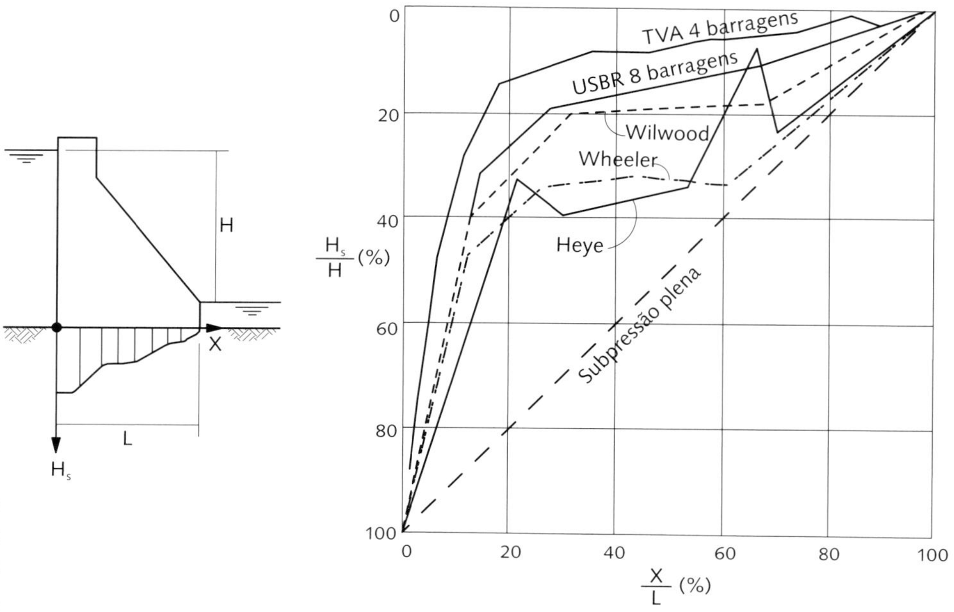

Fig. 6.2 *Subpressões em barragens de concreto com injeções e sem drenos*
Fonte: adaptado de ASCE (1952).

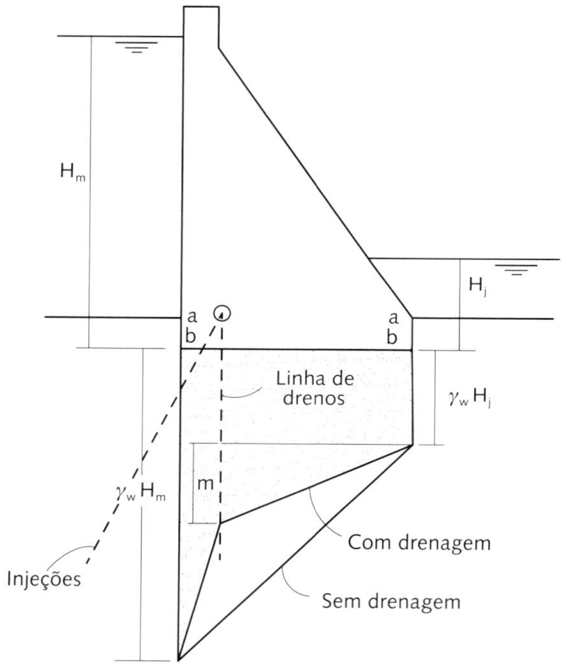

Critérios para *m*

Entidade	m
TVA	$\frac{1}{4}(H_m - H_j)\gamma_w$
USBR	$\frac{1}{3}(H_m - H_j)\gamma_w$

Notas:
(1) Não considerar perda de carga no trecho a-b
(2) Não considerar perda de carga devida às injeções

Fig. 6.3 *Subpressões em base plana de barragens de concreto – regras do USBR e da TVA*

6.2.2 Definição das subpressões em projeto

A definição do diagrama de subpressões a utilizar em cada caso deve se basear, na prática, em precedentes e em avaliações geológicas. Não existe ainda, apesar do muito que foi estudado e escrito sobre o assunto, um conjunto de estipulações que permitam ao projetista definir de maneira padronizada o diagrama de subpressões nas situações práticas mais complexas. No que se segue são enfocados alguns aspectos dessa questão.

Nas anteriormente mencionadas barragens do USBR e da TVA, havia uma única galeria próxima do paramento de montante (dele distante de cerca de 20% da largura da base). A Fig. 6.3 mostra as indicações utilizadas por essas duas entidades para considerar a subpressão em casos desse tipo. A maioria dos casos práticos não é tão simples quanto o dessa figura, pelos seguintes motivos:

- A superfície de maior risco de deslizamento não ocorre, quase nunca, no contato entre o concreto e a rocha. Em geral o maior risco de deslizamento reside em superfície(s) de fraqueza no interior do terreno.
- Em algumas obras utiliza-se mais do que uma galeria de drenagem ou utiliza-se galeria de drenagem no interior da rocha de fundação.

- Em diversas obras a superfície de contato entre a estrutura de concreto e a fundação apresenta degraus e diferenças de nível, tanto transversal como longitudinalmente.

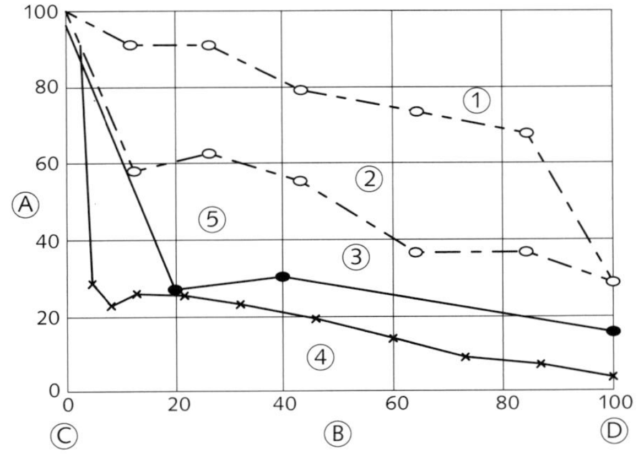
100
80
60
40
20
0
Ⓐ
0
20
40
60
80
100
Ⓒ
Ⓑ
Ⓓ
①
②
③
④
⑤
A - Subpressão em percentagem da diferença de nível entre montante e jusante
B - Distância em percentagem da largura total da base
C - Face de montante
D - Face de jusante
1 - Subpressão na barragem de Wheeler antes dos drenos
2 - Subpressão na barragem de Wheeler depois dos drenos
3 - Subpressões na barragem de Wilson
4 - Subpressões na barragem de Fontana
5 - Posição dos drenos

Fig. 6.4 *Subpressões na barragem Wheeler antes e depois dos drenos – curvas 1 e 2*
Fonte: adaptado de Abraham e Lundin (1976).

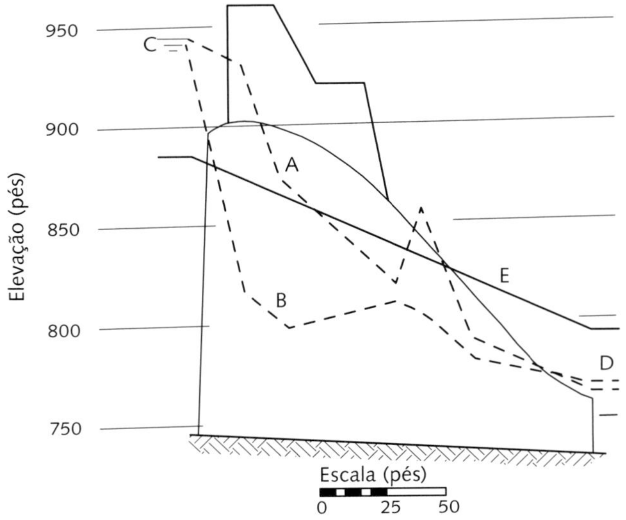

Fig. 6.5 *Queda nas subpressões na barragem de Chief Joseph devida à diminuição do espaçamento entre drenos*
Fonte: adaptado de Rhodes e Dixon (1976).

O trabalho de Cruz e Barbosa (1981) sugere, com base em subpressões observadas em diversas obras, critérios de projeto para algumas situações práticas mais complicadas.

Outros dois aspectos que costumam vir à tona quando se está definindo o diagrama de subpressões em projeto são os seguintes:

- A ocorrência ou não de *trincas de tração* no pé de montante, que permitiriam a comunicação integral da pressão de montante abaixo da superfície. Em algumas obras foi utilizada laje a montante (ligada à estrutura por junta estanque articulada) para fazer frente a esse (suposto) problema. Encontram-se na literatura diversos casos de observações de obras atestando que esse *trincamento de montante* não ocorreu.
- Os trincamentos de contorno e as relaxações de descontinuidades da rocha causados pelas detonações realizadas para as escavações. Guidicini e Andrade (1983) estimam que, em basaltos, essa faixa superficial tenha espessura da ordem de 2 m a 3 m e permeabilidade dezenas ou centenas de vezes maior do que a do resto do maciço rochoso.

No caso geral, devem ser realizados estudos detalhados da geologia da fundação e, à luz desses estudos, da geometria da obra e das experiências disponíveis, devem ser fixados os níveis das galerias, a posição, a profundidade e a geometria das linhas de drenos e das cortinas de injeção. Como parte dos estudos, alguns projetistas, além de montar modelos geológicos da fundação, realizam análises teóricas numéricas de subpressão.

Seja qual for a postura de projeto e a profundidade ou sofisticação dos estudos realizados, deve-se sempre:

- Instalar piezômetros em pontos representativos do contato e da fundação e em pontos sobre os quais tenham pairado dúvidas no projeto. Os piezômetros devem ser acompanhados até que se assegure que as subpressões que ocorrem são inferiores àquelas consideradas no projeto. Caso isso não aconteça, novos drenos e injeções podem se fazer necessários.

Os piezômetros devem ser acompanhados por toda a vida da obra e substituídos quando apresentarem defeito.

- Medir as vazões nos drenos individualmente e manter histórico. Uma queda de vazão em um certo dreno, em relação às vazões nele observadas para os mesmos níveis de reservatório, pode significar que há a necessidade de limpar ou substituir esse dreno. Uma queda de vazão continuada e lenta em um conjunto de drenos pode resultar da natural colmatação dos caminhos de percolação ou da vedação por siltagem do terreno a montante da barragem. No entanto, se essa queda de vazão vier acompanhada de uma elevação da subpressão, particular atenção deverá ser dada ao trecho.
- Garantir que as galerias permitirão acesso para equipamentos de perfuração e terão dimensões que permitam as perfurações e operações necessárias para a instalação de novos drenos ou de injeções adicionais.

Em suma, o sistema de drenagem das subpressões de barragens de concreto tem vida útil limitada e requer acompanhamento e manutenção persistentes.

6.2.3 Casos de rupturas por subpressão

Está apresentado na Fig. 6.6 o caso da barragem de Bouzey, na França. Completada em 1880, essa barragem passou por acidente estrutural em 1884 e, após reparos, sofreu desastre em 1895. O primeiro acidente consistiu numa separação entre a cortina incorporada de montante e o corpo da barragem, situado a jusante da cortina (ponto 2 da figura). Os reparos consistiram em lançamentos de material impermeabilizante a montante e na construção de um apoio no pé de jusante. A segunda e desastrosa ruptura se deu por cisalhamento através do corpo da barragem (ponto 4 da figura). A análise de acidentes como esse trouxe à baila as questões de pressão de água no interior e na base de estruturas de concreto.

O caso da barragem de Gleno, construída e desastrosamente rompida em 1923 na Itália, está apresentado na Fig. 6.7. A barragem foi originalmente concebida como uma estrutura maciça de concreto (barragem de peso) e a correspondente base de apoio foi construída. Sobre a base, porém, foi erigida uma barragem de arcos múltiplos, muito mais leve, sem que fosse providenciado o indispensável alívio de subpressões. A barragem rompeu bruscamente por tombamento no primeiro enchimento. Como se vê na Fig. 6.7, a resultante das forças incidiu praticamente na aresta externa da base de apoio.

Um dos mais impressionantes e traumáticos desastres que já ocorreram em barragem de concreto foi o de Malpasset (ICOLD, 1974), ocorrido em 1959 na França, cujos principais elementos estão mostrados na Fig. 6.8. Trata-se de uma barragem em arco, com

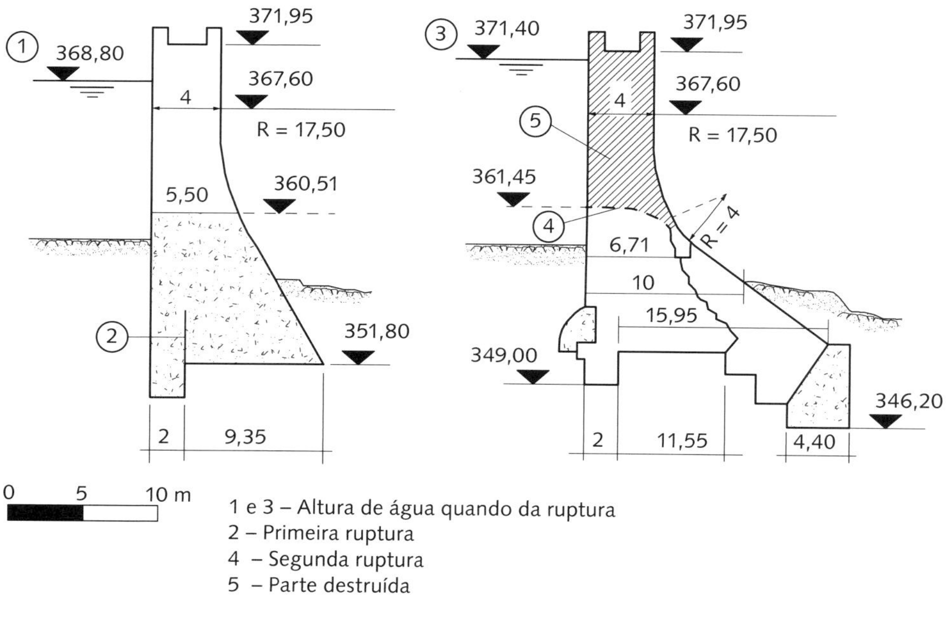

Fig. 6.6 *Barragem de Bouzey*

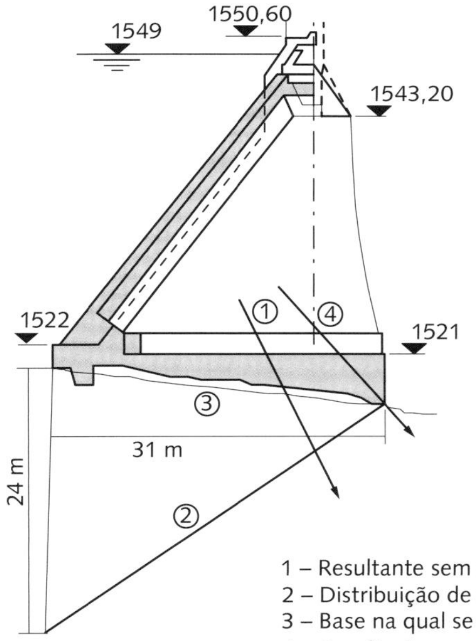

Fig. 6.7 *Barragem de Gleno*

66 m de altura máxima e 222 m de coroamento, construída em 1954. A barragem foi destruída de maneira quase instantânea em 2 de dezembro de 1959, sobrando apenas uma parte do seu lado direito. Do lado esquerdo a barragem foi totalmente destruída, restando uma grande cavidade (largura de 40 m, profundidade de 30 m) em forma de diedro na rocha de fundação. Partes do concreto do trecho destruído, ainda solidárias à rocha de fundação, foram encontradas a centenas de metros a jusante. O acidente se deveu a uma conjugação de fatores cuja atuação simultânea não foi prevista. Havia uma falha, cujo plano se constituía numa superfície impermeável, praticamente perpendicular ao vale mergulhando cerca de 45° de jusante para montante. Agravando a presença da falha, a estrutura de foliação, contendo planos de fraqueza, mergulhava de montante para jusante com disposição praticamente paralela à tangente do arco na ombreira esquerda. O conhecimento dessas estruturas geológicas, porém, não bastou para que se caracterizasse o risco de ruptura que existia, porque as forças impostas pela barragem tenderiam até mesmo a estabilizar o diedro formado por elas. No entanto, os efeitos físicos se associaram de maneira muito desfavorável. As estruturas de foliação fizeram com que as forças induzidas pela barragem, em vez de se espalharem pela massa de rocha, ficassem concentradas em um prisma de espessura constante, transmitindo compressões elevadas até grande profundidade. Tais pressões fizeram com que a massa de gnaisse, já de baixa permeabilidade, se comportasse como uma cortina impermeável, criando uma barreira sob a qual passou a atuar a pressão hidrostática total de montante. Deu-se então o levantamento do diedro de rocha de fundação e a ruptura catastrófica do conjunto. Os pedaços de concreto da barragem aderidos à rocha, encontrados a jusante, evidenciam que a ruptura não ocorreu na superfície de contato concreto-rocha.

No Brasil, ocorreu o desastre no vertedouro da barragem de Santa Helena (BA) devido à subpressão, cujos principais elementos estão nas Figs. 6.9 e 6.10. A laje do rápido do vertedouro era simplesmente apoiada sobre um aterro arenoso em comunicação com o nível d'água a jusante (através do próprio sistema de drenagem da laje). A ruptura adveio quando, para a maior vazão registrada nos cerca de cinco anos de vida da barragem (correspondente à maior abertura das comportas até então), o ressalto hidráulico fez com que a subpressão fosse superior ao peso da laje e da lâmina d'água sobre ela e a laje foi removida (ver detalhe na parte inferior da Fig. 6.9). A areia escapou e o vertedor colapsou para o interior da cavidade assim formada.

É interessante notar que o aterro da barragem de terra de Santa Helena, homogêneo e com altura de

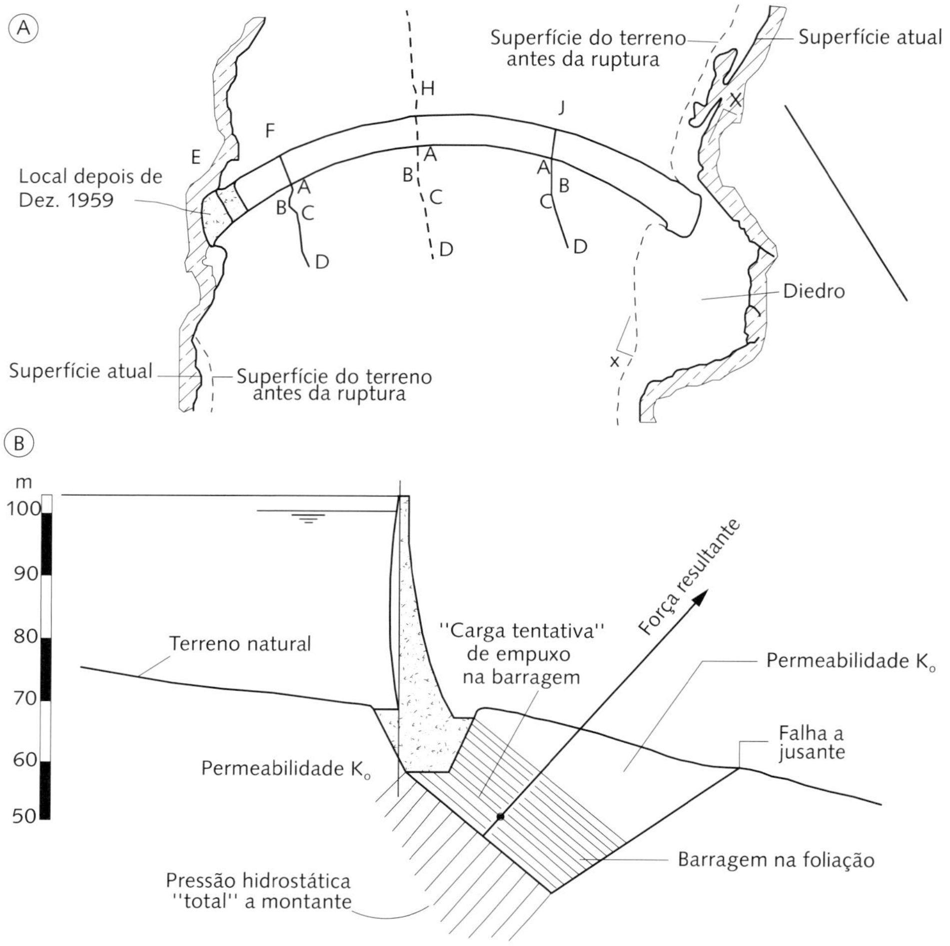

Fig. 6.8 *Barragem de Malpasset: (A) planta e (B) seção*

cerca de 18 m, se apoiava em sedimentos argilosos moles (ver seção AA na Fig. 6.10). O projeto da barragem de terra foi cercado de grandes cuidados: foram utilizados drenos verticais aceleradores de recalques e a construção do aterro foi realizada em etapas. A obra foi instrumentada com piezômetros e medidores de recalque. Os resultados de piezômetros foram utilizados para liberar as etapas de construção do aterro. Recalques de até 2 m foram registrados no aterro durante a construção (ver planta na Fig. 6.10) e foram observados diversos trincamentos. O resultado final foi bem-sucedido, não se registrando rupturas durante a construção, nem vazões excessivas a jusante durante a operação. É de se imaginar que a complexidade geotécnica do aterro tenha distraído a atenção dos projetistas dos perigosos detalhes do vertedouro. Recentemente (2000) a barragem de Santa Helena foi recuperada, construindo-se novo vertedouro e aproveitando-se praticamente todo o aterro original.

6.3 Cargas na junção entre aterros e estruturas de concreto

O valor do esforço exercido por aterros compactados sobre estruturas é uma questão complexa. Além das incertezas geotécnicas usuais associadas à escolha de parâmetros, à homogeneidade, à representatividade etc., dois aspectos contribuem particularmente para a complexidade: (a) o fato de a estrutura, em geral, não se deslocar o suficiente para que se instale uma situação de plastificação (ativa ou passiva), e (b) a influência das diferenças de geometria e dos procedimentos construtivos (equipamentos e técnicas de compactação, sequência executiva, forma e natureza da estrutura e da fundação etc.). No processo de projeto de uma barragem que contenha junção com estrutura, o engenheiro geotécnico é, em geral, solicitado a definir o diagrama de empuxo (ou seja, a distribuição de tensões) exercido pelo aterro compactado sobre a estrutura de concreto.

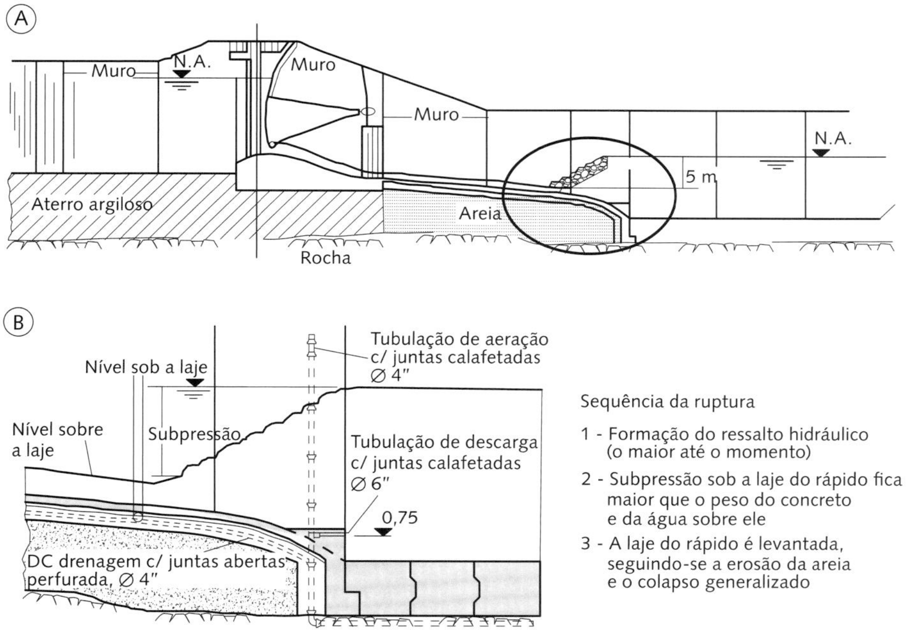

Fig. 6.9 *Barragem de Santa Helena: (A) seção pelo vertedouro (seção BB) e (B) detalhe*

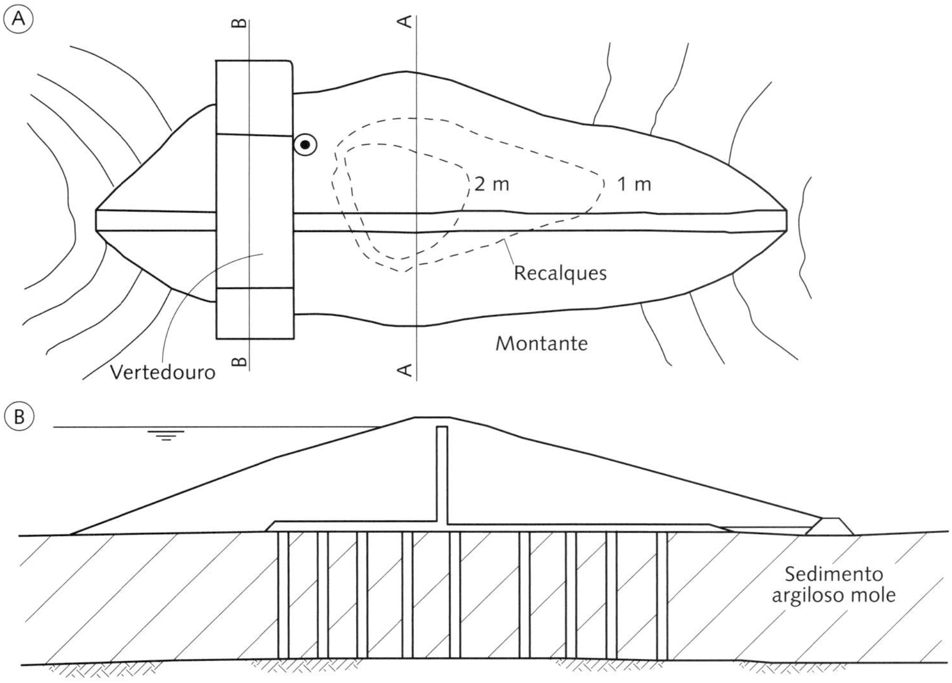

Fig. 6.10 *Barragem de Santa Helena: (A) planta geral e (B) seção pela barragem (seção AA)*

Uma situação frequente são as junções entre aterros e muros com faces verticais ou de inclinação muito íngreme, de estruturas tais como barragens de concreto, vertedouros, eclusas, casas de força etc. Reconhecendo as dificuldades conceituais envolvidas e aproveitando a disponibilidade de uma quantidade considerável de medições de tensões com células de carga em obras brasileiras e estrangeiras, foi dado um tratamento empírico à questão. Através de uma seleção em que se isolaram as medições julgadas confiáveis (segundo critério baseado em parte no histórico das medições, em parte no bom senso), foram reunidas medições em 63 células de carga de 11 obras com aterro argiloso (Gould, 1971; Wilson; Pimley, 1971; Vaughan; Kennard, 1972; Jones; Sims, 1975; Mellios; Sverzut Jr., 1975; Nakao, 1981; Viotti, 1980; Silveira; Myia; Martins, 1980; Eletronorte, 1988; Brandt, 1985) e medições em 32 células de carga de seis obras nas quais o aterro era arenoso (Muhs, 1947; Gould, 1971; Broms; Ingelson, 1971, 1972; Coyle; Butler, 1974). Em nenhum dos casos havia nível de água ou poropressões significativas no interior dos aterros. Foram incluídos casos nos quais os muros possuíam inclinações entre a vertical e 8:1 (V:H). Aos dados referentes a aterros arenosos foi ajustada, de forma a se constituir como uma envoltória, uma relação entre a tensão total horizontal (σh, em kPa) e a profundidade (z, em m) dada por:

- profundidade z entre zero e 3,5 m – $\sigma_h = 13{,}5 + 9z$;
- profundidade z entre 3,5 m e 5,0 m – $\sigma_h = 45$;
- profundidade z maior do que 5,0 m – $\sigma_h = 9z$.

A relação envoltória ajustada aos dados de aterros argilosos foi a seguinte:

- profundidade z entre zero e 3,5 m – $\sigma_h = 18 + 12z$;
- profundidade z entre 3,5 m e 5,0 m – $\sigma_h = 60$;
- profundidade z maior do que 5,0 m – $\sigma_h = 12z$.

Cabem os seguintes comentários sobre essas distribuições de tensão horizontal:

- Elas são puramente empíricas e, nessa medida, prestam-se apenas como prescrições preliminares a serem utilizadas com tirocínio. O simples fato de elas não levarem em conta os parâmetros geotécnicos das diferentes areias ou argilas é uma contundente evidência desse empirismo.
- Elas se baseiam em situações em que a água estava ausente (fase de construção dos aterros). As pressões de água que vierem a ocorrer na junção, no caso geral, serão somadas às tensões horizontais (ver, por exemplo, Herkenhoff e Dib, 1986), aqui também sendo necessário exercer bom julgamento.

Outra situação comum de projeto é a estimativa de empuxos de aterros sobre galerias. As galerias de concreto, muito mais rígidas do que os aterros que as envolvem, constituem-se em inclusão rígida e, por consequência, ocorre concentração de tensões em suas imediações. A tensão sobre o topo da galeria fica mais alta do que a tensão média esperável (γh) e as tensões laterais ficam menores do que as que existiriam se a galeria ali não estivesse ($K_o \gamma h$). Os cálculos costumam ser conduzidos com estudos bidimensionais utilizando métodos numéricos, como o dos elementos finitos, e considerando seção normal à galeria. Um procedimento aproximado para considerar a condição tridimensional do problema foi proposto por Cavalcanti e Sandroni (1992).

7 Erosão

7.1 Proteção dos taludes contra ondas

Os taludes de montante das barragens de terra devem ser protegidos da erosão causada pelas ondas que ocorrem no reservatório. A proteção pode ser necessária também nos taludes de jusante da barragem, nos casos com níveis de água (permanentes ou transitórios repetitivos) abaixo da obra, e em taludes da beira do reservatório considerados críticos. Na maioria dos casos utiliza-se como proteção uma camada de enrocamento lançado (*riprap*) cujas dimensões são definidas a partir do clima de ondas. Na falta de pedra para *riprap*, ou sendo a pedra muito cara, pode-se utilizar solo-cimento como camada de proteção contra ondas.

A proteção do talude de montante contra ondas deve ser implantada, nos casos comuns, entre a crista da barragem e uma elevação 1,5 m abaixo do nível mínimo de operação do reservatório (Usace, 1971). Em casos nos quais exista preocupação com erosão por ondas durante a fase de enchimento do lago, pode ser necessário colocar proteção (dimensionada com menos rigor) na parte inferior do talude ou, como alternativa, implantar uma berma de sacrifício constituída por materiais rejeitados pela obra (*tout venant*), lançados sem maiores cuidados de compactação e homogeneidade.

Em 1949 o United States Army Corps of Engineers (Usace) realizou um levantamento de desempenho da proteção de montante em cerca de cem barragens nos Estados Unidos, citado em Sherard et al. (1963) e em USBR (1977). Nas 40 obras em que a proteção do talude de montante era de *riprap* lançado, houve duas (5%) com funcionamento inadequado, em ambos os casos devido ao tamanho das pedras ser menor do que o necessário (diâmetro médio de 12 cm para altura de ondas estimada entre 80 cm e 1,20 m). Já nas 20 obras em que o *riprap* era arrumado manualmente (camada com espessura entre 30 cm e 90 cm), ocorreu ruptura da proteção em seis casos (30%, sendo que em quatro desses casos a principal causa da ruptura foi atribuída a gelo ou árvores flutuantes). Verifica-se, portanto, que o *riprap* lançado é mais resistente do que o *riprap* arrumado com a mesma espessura. Considerando esse e outros estudos semelhantes e o fato de que o *riprap* arrumado custa mais caro, a prática atual utiliza quase exclusivamente *riprap* lançado, tendo-se abandonado o uso das camadas de pedras arrumadas.

Em casos nos quais o enrocamento do *riprap* se apresenta muito caro, utiliza-se solo-cimento para a proteção contra erosão do talude de montante. A mistura de cimento com solo para criar material de maior resistência é praticada desde os anos 1920 na engenharia de estradas. O início da utilização de solo-cimento para a proteção contra ondas em barragens de terra pode ser creditado à experiência feita pelo USBR na margem do reservatório da barragem Bonny (EUA) em 1951. Apesar de empregar procedimento executivo que hoje seria considerado inadequado (mistura do cimento com o solo na praça, compactação final com pneus de caminhão), a seção de teste em Bonny foi bem-sucedida e, a partir do início dos anos 1960, o USBR e outras entidades começaram a fazer uso regular do solo-cimento. Mais recentemente existem muitas barragens em que essa alternativa foi utilizada (Davis; Gray; Jones, 1973; ICOLD, 1986).

Outros métodos, tais como lajes, placas e blocos de concreto, concreto asfáltico e até chapas de aço, foram adotados em diversos casos no passado (Sherard et al., 1963; Taylor, 1973). No Brasil, a ampla maioria das barragens grandes possui o talude de montante protegido por *riprap*. A proteção do talude de montante com solo-cimento foi utilizada em alguns casos, como, por exemplo, no dique do Moju, da hidrelétrica de Tucuruí (PA) (Eletronorte, 1987).

Nas seções que se seguem são enfocadas as duas alternativas mais comuns de proteção contra ondas: o *riprap* e o solo-cimento.

7.1.1 Proteção com *riprap*

O *riprap* deve ser constituído por pedras que, além de serem grandes o suficiente para não se deslocarem, resistam tanto ao impacto das ondas como aos ciclos de secagem e umedecimento a que ficarão expostas. Na fase de projeto, caso haja dúvida sobre a resistência da pedra que será utilizada perante essas agressões, são realizados estudos mais apurados. Esses estudos podem incluir desde uma inspeção regional, passando por ensaios tipo Los Angeles e de ciclos de secagem e umedecimento, até ensaios mineralógicos e estudos de microscopia ótica para verificar a presença de minerais expansivos e microfraturas na rocha. Esse é um tema vasto que foge ao objetivo deste texto – para mais detalhes, ver, por exemplo, Frazão (2002).

O desenvolvimento do processo de erosão de um talude protegido por *riprap* está mostrado na Fig. 7.1. Forma-se uma "praia" de erosão no talude situada entre a crista e a base das ondas decorrentes da tempestade, e os blocos de rocha deslocados se depositam logo abaixo dessa praia. Como a duração da ação erosiva mais intensa é relativamente pequena (duração do auge da tempestade) e a distância até o talude de jusante é relativamente grande, a falha do *riprap* (ou de outro tipo de proteção contra ondas) não implica, em geral, risco imediato de desastre para a barragem.

Por requerer enrocamento constituído por rocha de alta qualidade e com dimensões específicas que devem ser rigorosamente atendidas, o *riprap* pode representar uma parte importante do valor total do aterro. Estimativas em casos típicos (Sato, 2003) indicam que o *riprap* pode representar entre 4% e 12% do preço total de um maciço de terra homogêneo, podendo exceder os 25% em regiões (como, por exemplo, alguns trechos da Amazônia) onde só exista rocha a centenas de quilômetros da obra e com grandes dificuldades de logística de transporte.

Os custos de manutenção aumentam muito quando são necessários reparos em um *riprap* que se degrada ou que não resiste à ação das ondas.

Assim sendo, o dimensionamento do *riprap* é um aspecto do projeto das barragens de terra que deve ser desenvolvido de maneira conservadora. Esse dimensionamento é feito a partir da altura da onda de projeto e compreende a determinação do tama-

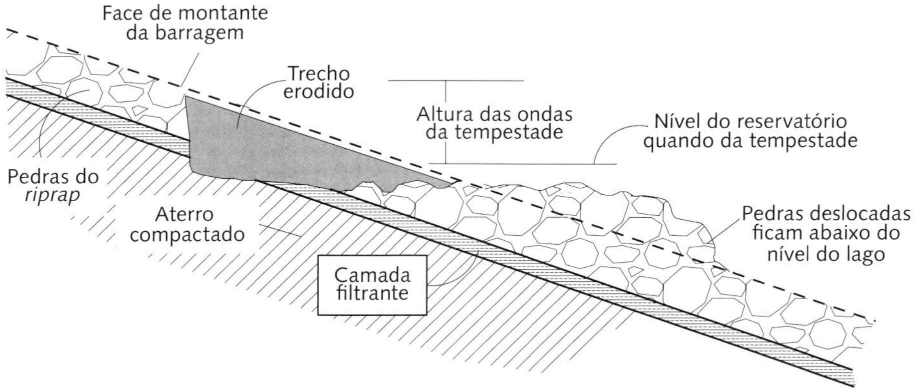

Fig. 7.1 *Processo de erosão de riprap por ondas*
Fonte: adaptado de Sherard et al. (1963).

nho da pedra média, da distribuição granulométrica e da espessura da camada, como sucintamente explicado a seguir.

A *altura da onda de projeto* é função da velocidade, da direção, da duração e da distância (alcance ou *fetch*) em que o vento atua sobre o reservatório. Esse é um assunto especializado – ver, entre outros, ASCE (1948), Sherard et al. (1963), Saville Jr., McClendon e Cochran (1962) e Taylor (1973) – e, caso seja considerada necessária uma estimativa precisa do clima de ondas para projeto, um especialista deverá ser consultado.

Contudo, na maioria dos casos de reservatórios de barragens (particularmente, nos menores) não se dispõe de informações precisas e, por consequência, a questão da altura da onda de projeto é abordada de maneira simplificada, como sugerido por Sherard et al. (1963). Esses autores indicam que, em termos práticos, a altura de onda não deve exceder 2,5 m a pouco mais do que 3 m, porque essas foram as alturas máximas observadas em reservatórios terrestres.

O *tamanho da pedra média do riprap*, P50, pode ser obtido conforme Hudson (1959), Marsal e Resendiz Nuñez (1975) e Sherard et al. (1963), como mostrado a seguir.

- *Hudson (1959)*. A fórmula de Hudson, utilizada em engenharia costeira para o cálculo de quebra-mares, expressa-se da seguinte maneira:

$$P_{50} = \left[\gamma_e \cdot H^3\right] / \left[K\left(S_e - 1\right)^3 \cdot \cot\alpha\right] \quad (7.1)$$

em que:
P_{50} = peso da pedra com diâmetro médio do *riprap*;
γ_e = peso específico das pedras que constituem o *riprap* (tipicamente, 2.550 kg/m³ a 2.750 kg/m³);
H = altura da onda de projeto;
K = coeficiente empírico, que varia entre 2 e 3;
S_e = densidade das pedras que constituem o *riprap* (tipicamente, 2,55 a 2,75), sendo que, em geotecnia, utiliza-se o símbolo G_s ou δ_s para esse parâmetro (densidade dos grãos);
cot α = cotangente do ângulo do talude de montante com a horizontal.

- *Marsal e Resendiz Nuñez (1975)*. Com base nos estudos de Carmany (1963), esses autores apresentaram a seguinte fórmula (ver Cruz, 1996, p. 538):

$$P_{50} = \left[0{,}063 \cdot \gamma_e \cdot H^3\right] / \left[\left(S_e - 1\right)^3 \cdot \text{sen}^3\left(\alpha_{crit} - \alpha\right)\right] \quad (7.2)$$

em que:
P_{50} = peso da pedra com diâmetro médio do *riprap*;
γ_e = peso específico das pedras que constituem o *riprap* (tipicamente, 2.550 kg/m³ a 2.750 kg/m³);
H = altura da onda de projeto;
S_e = densidade das pedras que constituem o *riprap* (tipicamente, 2,55 a 2,75), sendo que, em geotecnia, utiliza-se o símbolo G_s ou δ_s para esse parâmetro (densidade dos grãos);
α_{crit} = ângulo do talude para o qual um bloco típico qualquer esteja a ponto de rolar (ou seja, não é preciso que uma onda o desloque) – para *riprap* lançado, utilizar 65°;
α = ângulo do talude de montante com a horizontal.

- *Sherard et al. (1963)*. Esses autores recomendam as dimensões apresentadas na Tab. 7.1.

Tab. 7.1 Dimensões do *riprap* recomendadas

Altura da onda máxima (m)	Diâmetro médio do *riprap* (cm)	Espessura do *riprap* (cm)
Menor que 0,60	25	30
0,60 a 1,20	30	45
1,20 a 1,80	37	60
1,80 a 2,40	45	75
2,40 a 3,00	55	90

Fonte: Sherard et al. (1963).

Nota 1: a Fig. 7.2 apresenta uma relação entre peso e diâmetro médio, considerando a densidade da pedra δ = 2,65. O diâmetro é obtido considerando o volume (V) de uma esfera com o mesmo peso (P) da pedra, lembrando que o volume é dado por:

$$V = 4 \cdot \pi \cdot r^3 / 3 = P / \delta \cdot \gamma_w \quad (7.3)$$

em que:
γ_w é o peso específico da água (1 t/m³ ou 10 kN/m³).

Nota 2: a Fig. 7.3 apresenta uma comparação entre as três metodologias citadas para o caso em que a densidade da pedra é igual a 2,65. Observa-se que as recomendações de Sherard et al. (1963) são mais ousadas (menores diâmetros para a mesma altura de onda) do que as outras duas metodologias.

A *distribuição granulométrica* ideal para o *riprap* é uma curva de graduação contínua. O diâmetro máximo deve ser da ordem de 1,5 vez maior do que o diâmetro médio. O diâmetro mínimo pode variar entre 2,5 cm e 60% do diâmetro médio.

A *espessura da camada de riprap* é fixada em função do seu diâmetro máximo. A espessura não deve ser menor do que o diâmetro máximo. As recomendações práticas de Sherard et al. (1963), apresentadas anteriormente, sugerem que a espessura da camada de *riprap* deve ser da ordem de 1,2 a 1,7 vez o diâmetro médio, aplicando-se o maior valor para os maiores diâmetros médios.

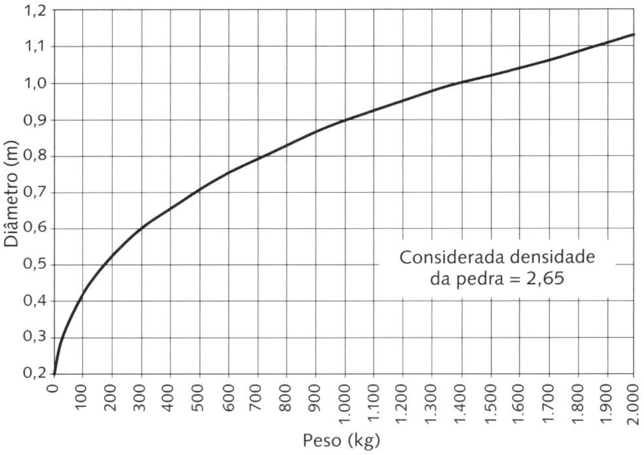

Fig. 7.2 *Relação entre peso e diâmetro equivalente*

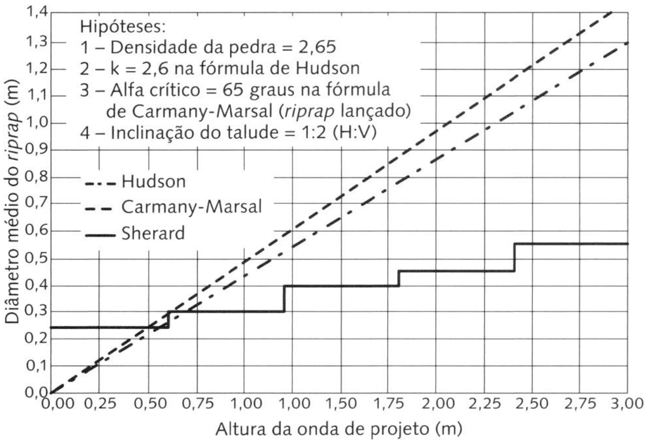

Fig. 7.3 *Relação entre altura da onda de projeto e diâmetro médio do* riprap

Se o *riprap* for constituído por pedras limpas sem finos (ou se o aterro protegido pelo *riprap* for de solo susceptível ao carreamento), deve-se colocar uma *camada granular de transição sob o riprap*, formada por uma ou mais do que uma camada (se necessário) cuja granulometria deve atender aos critérios de filtragem. Sherard et al. (1963) indicam espessuras para a camada de transição, apresentadas na Tab. 7.2, em função da onda de projeto.

Tab. 7.2 Dimensões de transição sob o *riprap*

Altura da onda (m)	Espessura mínima da transição (cm)
Menor que 1,20	15
1,20 a 2,40	22,5
2,40 a 3,00	30

Fonte: Sherard et al. (1963).

A execução da camada de *riprap* requer procedimentos específicos, para que não ocorra segregação ou quebra excessiva, cuidando-se, em paralelo, para que não aconteçam atrasos nem aumentos de custo inaceitáveis. Sherard et al. (1963) apresentam os dois procedimentos mais comuns, que são: (1) lançar o *riprap* desde a crista com caminhão basculante à medida que o aterro é construído; (2) lançar o *riprap* em separado com caminhões basculantes, ligados por cabos de aço a tratores de esteiras, manobrando sobre a face da barragem. Cabe ressaltar que simplesmente deixar o *riprap* rolar talude abaixo ou empurrá-lo com trator por distâncias longas costuma resultar em forte segregação.

7.1.2 Proteção com solo-cimento

A proteção com solo-cimento não é, em geral, projetada considerando diretamente a altura das ondas esperáveis, como no caso do *riprap*. A necessidade de resistência aos ciclos de secagem e molhagem (e de congelamento e descongelamento, nas regiões frias) resulta em exigências de qualidade do material que, automaticamente, o fazem resistente às ondas. Por outro lado, o solo-cimento é executado em camadas, exigindo-se a melhor junção possível entre elas. ICOLD (1986) faz uma detalhada apresentação da experiência acumulada (principalmente nos Estados

Unidos) sobre o assunto. Destacam-se os seguintes principais aspectos:

- O solo-cimento que se objetiva obter deve ter boa durabilidade (ou seja, resistência às intempéries) e resistência suficiente para resistir aos impactos e às ações abrasivas das ondas e dos objetos flutuantes no reservatório (incluindo gelo, nas regiões frias).
- A durabilidade do solo-cimento perante as intempéries é estabelecida através de ensaios que medem a perda de peso mediante ciclos de secagem-umedecimento (e, nas regiões frias, de ciclos de congelamento e descongelamento). Entre cada ciclo é passada uma escova na amostra para remover o material que se soltou. O USBR considera aceitáveis as amostras com menos do que 6% de perda de peso em 12 ciclos de secagem-umedecimento (8% para congelamento e descongelamento). Verificada a durabilidade, o USBR indica que se deve exigir, adicionalmente, uma resistência à compressão simples de 40 kg/cm^2 aos 7 dias e 70 kg/cm^2 aos 28 dias.
- Praticamente qualquer solo pode ser utilizado para produzir solo-cimento. Os solos que oferecem a melhor relação entre resistência e quantidade de cimento são as areias com pelo menos 85% de grãos mais finos do que 5 mm (peneira #4) e com 10% a 25% de finos (passando na peneira #200, 0,075 mm) inorgânicos de baixa plasticidade (IP = LL – LP menor do que 8%). A porcentagem de finos nos solos-cimento utilizados em proteções de taludes de barragens existentes varia entre 4% e 38%. Baseado na verificação experimental de que os solos arenosos mais limpos são os que apresentam menor durabilidade, o USBR recomenda um mínimo de 10% de finos.
- O cimento utilizado com mais frequência é o Portland comum, tipicamente na proporção de 7% a 14% do peso seco de solo.
- O American Concrete Institute (ACI), citado em ICOLD (1986), desenvolveu um gráfico simplificado, apresentado na Fig. 7.4, através do qual a porcentagem ideal de cimento (ou seja, aquela para a qual se obtém a melhor durabilidade com mais economia) pode ser estimada preliminarmente em função da porcentagem de finos (grãos menores do que 0,05 mm) e do peso específico máximo do solo. Os estudos que redundaram na produção desse gráfico foram realizados em solos sem grãos mais grossos do que 5 mm (ou seja, sem grãos retidos na peneira #4).
- Em um caso qualquer, a porcentagem de cimento adequada deve ser determinada conduzindo testes de durabilidade e de resistência em amostras produzidas com o teor de cimento preliminarmente estimado e em amostras com teores de cimento 2% acima e 2% abaixo deste.
- Com vistas à homogeneidade, o solo-cimento utilizado nas proteções de taludes de barragens contra ondas é produzido em centrais misturadoras e levado ao local de aplicação em condição tão homogênea quanto possível e com as proporções especificadas de solo, água e cimento. A técnica rodoviária de misturá-lo na praça de compactação foi totalmente abandonada nas proteções de taludes de barragens contra ondas.
- Como o material é preparado em misturadores, pode-se, sem grande aumento de custos, misturar dois solos (uma areia limpa e um solo fino, por exemplo) para produzir a granulometria que redunde em maior economia de cimento.
- A espessura típica da camada de solo-cimento varia entre 40 cm e 80 cm, com 60 cm sendo a escolha mais frequente. Para um talude qualquer dado por 1:*m* (V:H), a relação entre a largura L e a espessura E é dada por $L = E\,[1 + m^2]$. Para os taludes típicos de 1:2 e 1:3 (V:H), a largura horizontal da camada com espessura de 60 cm é de 1,35 m e 1,90 m, respectivamente.
- A proteção de solo-cimento é, em geral, executada em camadas com espessura de 15 cm a 20 cm. O procedimento mais comum de compactação consiste em utilizar rolo pé de carneiro com comprimento de patas tal que

compacte toda a altura da camada, mas não a atravesse (de maneira a não machucar a camada imediatamente inferior), e dar acabamento com rolo liso. A junção entre camadas é um problema nas capas de solo-cimento. Não é possível escarificar a camada anterior porque ela já está endurecida quando se vai aplicar a próxima. O acabamento das camadas com rolo liso costuma ser a alternativa que melhor atende a esse aspecto.

- O equipamento de compactação é com frequência adaptado ou fabricado especialmente para a pequena largura da camada de solo-cimento. Em geral utiliza-se uma adaptação do equipamento para evitar que a face externa fique subcompactada, como, por exemplo, uma chapa de contenção lateral com a altura da camada e solidarizada ao equipamento de compactação ou uma roda compactadora lateral inclinada (como no dique do Moju – Eletronorte, 1987).
- Uma preocupação que existe quando do projeto de proteções de montante com solo-cimento é a relação entre a permeabilidade da capa de solo-cimento e do solo do aterro subjacente. Se a capa de solo-cimento for menos permeável do que o solo do maciço, podem ocorrer subpressões que venham a causar deslizamento. A permeabilidade do solo-cimento, apesar das junções entre camadas e do fissuramento associado à retração de pega do cimento, costuma ser bastante baixa. De Groot (1972), em um trecho experimental instrumentado de capa de solo-cimento, constatou que a percolação se processava predominantemente pelas fissuras e pelos contatos entre camadas. No caso, a permeabilidade da capa de solo-cimento, inferida das vazões observadas no trecho experimental, situou-se entre $1{,}4 \times 10^{-5}$ cm/s e $1{,}7 \times 10^{-6}$ cm/s. O USBR, para evitar as subpressões, tem como procedimento normal adaptar a seção da barragem de maneira que a proteção de solo-cimento fique apoiada diretamente sobre solo de baixa permeabilidade.

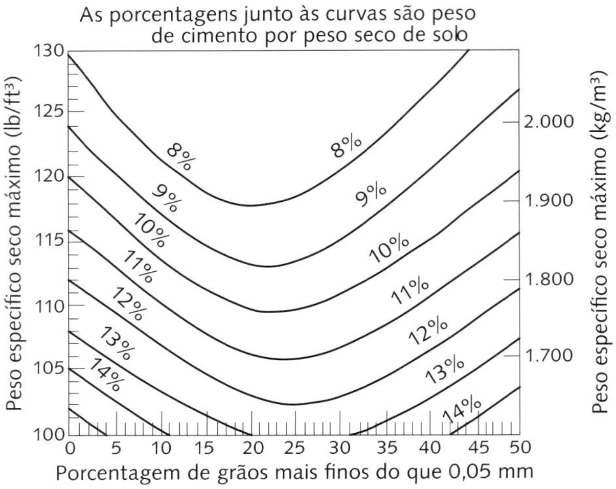

Fig. 7.4 *Gráfico para estimativa preliminar do teor de cimento para solo-cimento (solos sem grãos maiores do que 5 mm)*

7.2 Borda livre

As barragens devem ter uma altura acima do nível máximo de operação do reservatório, chamada de *borda livre* (ou revanche; em inglês, *freeboard*), que é obtida através da seguinte expressão (Marsal; Resendiz Nuñez, 1975):

$$H_{BL} = H_1 + H_2 + H_3 + \Delta H + H_S \qquad (7.4)$$

em que:
H_{BL} = borda livre, altura acima do nível máximo de operação;
H_1 = elevação do nível do reservatório causada pela maré de vento;
H_2 = altura da onda de projeto;
H_3 = altura de subida da onda de projeto no talude, contada a partir da crista da onda;
ΔH = contraflecha para compensação de recalques, após o fim da construção, do aterro e de sua fundação;
H_S = acréscimo de segurança na altura da borda livre.

A seguir são apresentados comentários e procedimentos relativos a cada um desses componentes da borda livre:

- *Maré de vento* (H_1) (em inglês, *wind tide* ou *wind set-up*). Durante uma ventania, a superfície do reservatório é submetida a uma tensão cisalhante horizontal na direção em que o vento sopra. Essa tensão cisalhante causa uma "inclinação" do nível da água a sotavento, de maneira que a elevação da água fica mais alta na extremidade do reservatório para onde o vento sopra. Essa altura adicional, contada acima do nível do reservatório sem vento junto ao ponto em estudo (talude da barragem ou outro), é a chamada maré de vento, que só é importante em reservatórios rasos. Como a profundidade do reservatório é, em geral, grande (digamos, maior do que 10 m) junto ao talude de montante das barragens, o aumento de nível devido à maré de vento costuma ser muito pequeno, não excedendo 15 cm a 30 cm, mesmo para os maiores ventos (Saville Jr.; McClendon; Cochran, 1962).

- *Altura da onda* (H_2). A altura da onda de projeto é obtida como explicado antes.
- *Altura de subida da onda* (H_3) (em inglês, *runup*). A obtenção rigorosa da altura de subida da onda de projeto requer estudos envolvendo a altura da onda, o comprimento de onda e a inclinação do talude. O comprimento de onda é determinado em função do período, que, por sua vez, é função do alcance (*fetch*) e da velocidade do vento. Além disso, a altura de subida varia com a rugosidade da proteção utilizada. Assim, raramente se justifica uma estimativa rigorosa de H_3. Estimativas simples da altura de subida podem ser obtidas na Fig. 7.5 em função da altura da onda de projeto e da inclinação do talude.
- *Contraflecha de recalques* (ΔH). A estimativa precisa dos recalques após a conclusão da construção não é enfocada aqui. Como valor envoltório, pode-se considerar que os recalques em longo prazo em aterros bem compactados e construídos com os solos comuns são de 0,5% da altura da barragem. Os recalques da fundação em longo prazo devem ser computados à parte.
- *Altura de segurança* (H_S). O acréscimo de segurança na borda livre, que pode variar entre 0,50 m e mais do que 4,00 m, resulta de considerações conjuntas de risco hidráulico, geotécnico e ambiental (em particular, o que existe a jusante). Esse assunto foge ao escopo do presente texto.

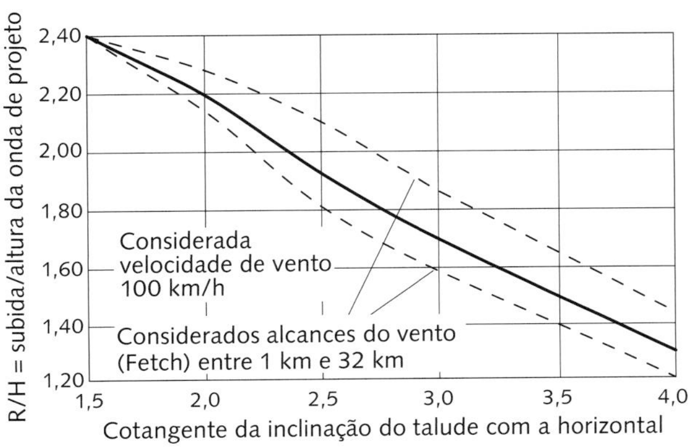

Fig. 7.5 *Exemplos de subida de onda*

Uma borda livre insuficiente pode resultar na passagem de água do reservatório por cima da crista da barragem, caracterizando um transbordamento ou galgamento. Responsável por algo como 30% de todos os desastres em barragens grandes de terra, o galgamento, mesmo por pouco tempo (horas) e com lâmina d'água modesta (decímetros), leva à destruição do maciço em quase todos os casos.

Os galgamentos, em princípio, devem-se à insuficiência das obras de alívio de cheias e, portanto, a estimativas hidrológicas incorretas ou anacrônicas. No caso de barragens de menor porte, nas quais algo como 50% dos desastres resultam de galgamento (Sowers, 1977), os estudos hidrológicos costumam ser menos precisos (em particular por falta de dados específicos). Nas barragens maiores, porém, o galgamento muitas vezes se associa a hesitações de operação, ao mau funcionamento ou ao emperramento de comportas ou válvulas, a dificuldades de acesso justamente no período de chuvas mais intensas e, ainda, à obstrução das estruturas de alívio. O anacronismo das estimativas de vazão, que resulta da modificação ambiental da área da bacia hidráulica (aumento do *runoff* por desmatamento, por exemplo), é outro fator de peso. Desastres em barragens a montante podem produzir ondas de cheia que redundam em galgamento.

No Brasil, já ocorreram galgamentos de maciços terrosos grandes tanto durante a operação – por exemplo, Euclides da Cunha-Limoeiro (SP) e Mãe

D'Água-Santa Cruz-Trairi (RN) – como durante a construção – Orós (CE), Norte (SC) e Candiota (RS). Ocorreram ainda inúmeros galgamentos com destruição de barragens de pequeno porte.

7.3 Erosão no talude de jusante

Os taludes de jusante ficam expostos à ação erosiva das águas superficiais. Devem ser implantadas proteções, em geral vegetação e sistemas de canaletas em bermas (tipicamente, a cada 10 m de altura) e rápidos de descida para drenagem das águas das chuvas. Os procedimentos de projeto da drenagem das águas superficiais são aqueles rotineiramente utilizados para taludes urbanos e de estradas.

Registraram-se alguns casos em que "tubos" em forma de meia-lua são formados no talude de jusante pela percolação de águas pluviais. Eventos desse tipo estão, em geral, ligados a solos sem capacidade de autofiltragem. Esse fenômeno, em princípio, não representa maior ameaça à integridade da obra, salvo se houver completo descaso e ele ocorrer de forma intensa e generalizada. Esses "tubos" em meia-lua foram observados em algumas barragens, tomando-se como medida de reparo apenas o enchimento deles conforme ocorriam.

7.4 Erosão em estruturas de descarga

É bastante comum a ocorrência de erosões de diversos tipos e intensidades a jusante de estruturas de descarga. No Brasil podem ser citados: Jurumirim (SP), Chavantes (SP), Ilha Solteira (SP), Marimbondo (SP/MG), Jupiá (SP/MT), Água Vermelha (SP/MG), Piabanha (RJ) e Itá (RS) (arquivos; CBGB, 1982; Miguez de Mello, 1981a). Há, ainda, casos de problemas de erosão no rápido do vertedouro – por exemplo, Três Marias (MG) – e de acidentes na bacia de impacto de saltos de esqui – por exemplo, Jaguara (SP/MG) e Itaipu (Brasil/Paraguai) – tanto por erosão dos taludes vizinhos como por excesso de aprofundamento da fossa da área de impacto. Os detalhes desses temas pertencem à interface entre a geotecnia e a hidráulica e fogem ao escopo do presente texto.

Muitas vezes, é necessária a proteção dos taludes de solo ou rocha contra erosão causada pelo fluxo de água em velocidade nos trechos de entrada e saída de estruturas hidráulicas (vertedouros, galerias de adução, tomadas de água, casas de força etc.). Esse assunto também foge ao escopo do presente texto.

Tem-se conhecimento de um caso de "erosão puramente geotécnica" em estruturas de descarga. Trata-se do vertedouro com gabiões posicionado sobre o talude de jusante da barragem de Guariroba (MS), mostrado na Fig. 7.6. Nesse caso, as transições filtrantes (brita e areia) mal protegidas (bidim não cobriu todo o trecho que deveria) foram ejetadas através dos intervalos entre gabiões.

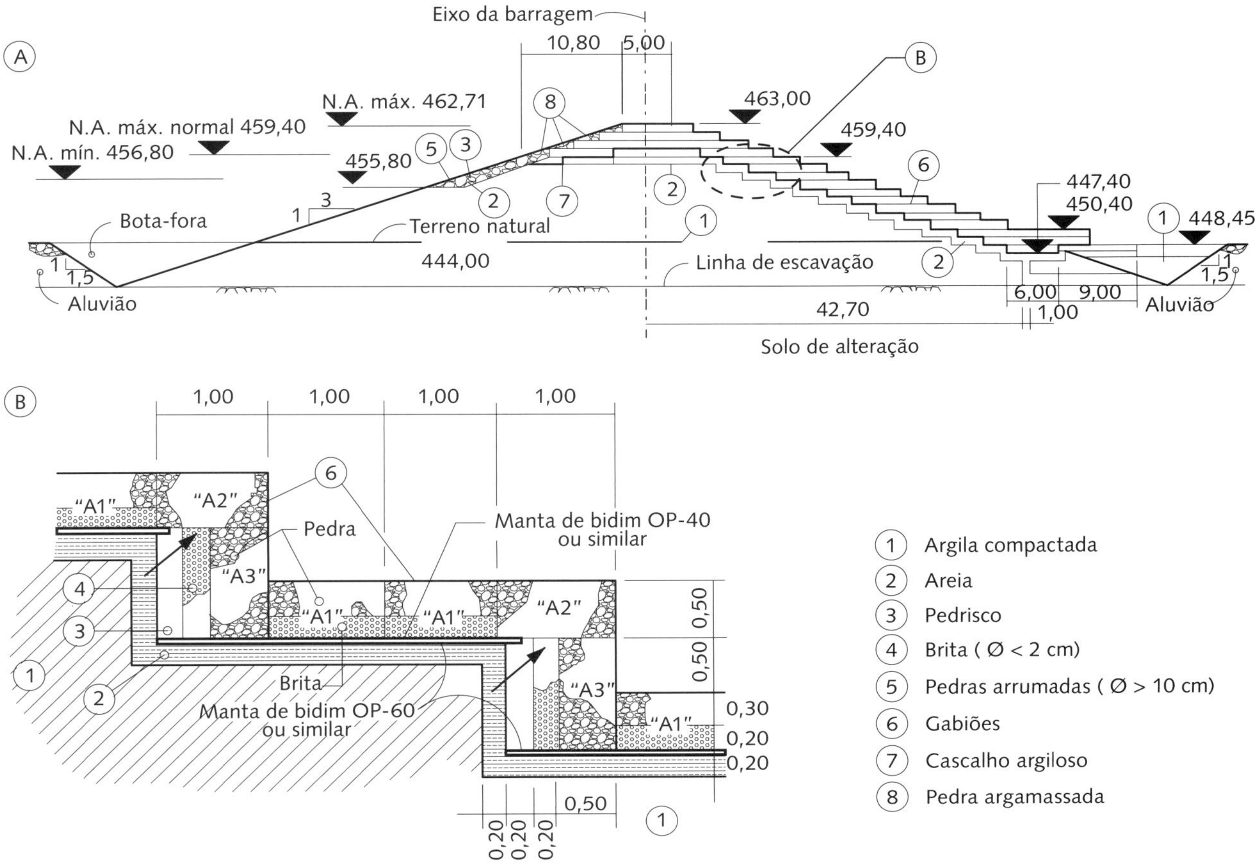

Fig. 7.6 *Barragem de Guariroba: (A) seção e (B) detalhe "C"*

8 Geologia aplicada às barragens

Os princípios que norteiam a interação do projeto de barragens de terra e/ou enrocamento (BTEs) com a fundação são bem conhecidos do meio técnico e têm sido aprimorados ao longo do tempo. Caso se tome como marco de referência o livro de Maurice Lugeon editado em 1932, de título *Barrages et Géologie*, primeira grande obra de divulgação dos procedimentos recomendados na interface barragem/fundação, constata-se que a "moderna" engenharia de barragens tem acumulado quase uma centena de anos de experiência, adquirida e aperfeiçoada através da realização de dezenas de milhares de barragens de todos os tipos e tamanhos, em todos os continentes (com exceção, talvez, da Antártica).

Em outras palavras, um eventual acidente que vá atingir uma barragem de construção recente, projetada e construída dentro dos cânones atualmente em vigor, provavelmente será consequência de algum aspecto geológico e/ou geotécnico que não tenha sido avaliado e/ou interpretado de forma correta e/ou cuja importância tenha sido subestimada.

Peck, em sua apresentação no 5º Bjerrum Memorial Lecture, em 1980, assim se expressou:

> Eu me arriscaria a dizer que nove entre dez colapsos recentes ocorreram não por inadequação do nível de conhecimento, mas por descuidos que poderiam e deveriam ter sido evitados, ou por falha de comunicação entre os que participavam do projeto e da construção das barragens, ou por interpretações demasiadamente otimistas das condições geológicas. O nível de conhecimento necessário existia; não foi usado. (Peck, 1980, tradução nossa).

Assim se manifestando, Peck se alinhava com o que Terzaghi havia defendido em seu trabalho clássico *Efeito de detalhes geológicos secundários na segurança das barragens*, publicado em 1929 e traduzido pelo Instituto de Pesquisas Tecnológicas do Estado de São Paulo (IPT) em 1950.

Partindo do pressuposto de que o leitor já esteja familiarizado com os aspectos usuais de interação entre projeto de barragens e fundação, ao longo do presente capítulo procura-se seguir a linha de raciocínio traçada por Peck e Terzaghi, com ênfase na identificação de aspectos geológicos às vezes pouco significativos, mas de relevância para a segurança das obras em que se manifestam.

Nessa busca foram permitidas algumas superposições e repetições de assuntos abordados em capítulos anteriores.

8.1 As barragens são condicionadas pelo contexto geológico local

A extrema diversidade de seção das barragens de terra e/ou enrocamento, resguardados os fatores predisponentes de projeto (objetivos, finalidade, dimensionamento), é condicionada pelo contexto geológico local, que abrange tanto as condições de fundação do sítio selecionado quanto a disponibilidade local de materiais de construção.

É nisto que reside a "arte" do projeto de barragens: conceber e desenvolver um arranjo capaz de atender simultaneamente aos requisitos de segurança e viabilidade técnica e econômica empregando ao máximo os recursos que a natureza do sítio oferece, de modo a minimizar a necessidade de importação de subsídios externos.

No caso de barragens de terra e/ou enrocamento, a disponibilidade de solos e rochas em um raio considerado economicamente viável irá orientar a escolha da seção, sempre levando em conta o aproveitamento máximo e a reutilização dos materiais escavados para a implantação da estrutura.

A "alma" de uma barragem de terra e/ou enrocamento é o elemento impermeabilizante, responsável por conter o líquido a ser represado, geralmente a água em seu estado natural. Esse elemento de vedação costuma ser provido por solos de mais baixa permeabilidade possível dentre os disponíveis no sítio. Quando ausentes os solos ou em virtude de ponderações de natureza econômica, o elemento impermeabilizante poderá ser uma laje de concreto ou um diafragma de asfalto ou, ainda, uma membrana plástica. Os demais elementos que integram a seção da barragem são essenciais para prover estabilidade e, ao mesmo tempo, garantir que eventuais escapes de água não coloquem em risco a integridade da estrutura.

De tudo isso decorre a importância da programação das investigações geológicas de campo de modo que, já nas etapas preliminares de inventário e dos estudos de viabilidade, seja possível elaborar um quadro da disponibilidade de materiais naturais de construção.

8.2 Qualidade das sondagens mecânicas

A ferramenta básica de investigação direta no subsolo em rocha foi e continua sendo a sondagem rotativa. Introduzida no país na década de 1930, tornou-se rapidamente obrigatória como meio de determinação dos parâmetros geotécnicos de apoio a projeto e execução de uma grande variedade de obras, entre as quais as barragens.

A época de "ouro" das investigações por sondagens mecânicas teve a duração de algumas décadas, entre os anos 1960 e 1990, aproximadamente. Sondagens eram executadas não apenas para identificação e caracterização geotécnica do maciço rochoso pela análise dos testemunhos, mas incorporavam também a adoção de técnicas especiais, quais a amostragem integral, ou a realização de ensaios *in situ* (tais como dilatometria e permeabilidade) com sonda hidráulica multiteste.

Embora esses recursos tenham, em grande parte, caído em desuso por razões diversas, a sondagem rotativa continua suprindo as necessidades básicas de conhecimento do maciço de fundação de barragens.

Cabe, entretanto, atentar para a perda de qualidade dos equipamentos frequentemente encontrados em campanhas de investigação, consistindo em sondas obsoletas, dotadas de acessórios que não mais atendem aos requisitos mínimos, o que se reflete na obtenção de resultados pobres em qualidade. A principal deficiência diz respeito à recuperação dos testemunhos de rocha, que cai com facilidade para níveis muito baixos, inviabilizando a reconstituição do perfil do terreno.

Uma perda de recuperação de, digamos, 10% equivale a uma extensão de 10 cm perdidos em 1 m de sondagem, provavelmente representados pelo material de mais baixa resistência, justamente aquele cuja análise seria tão ou mais importante do que nos 90% recuperados. Veja-se, como exemplo, a diferença entre uma sondagem bem executada, com recuperação alta, e outra em que o nível de recuperação caiu para níveis inaceitáveis. A primeira corresponde a um livro aberto, enquanto da segunda somente se leem trechos esparsos (Fig. 8.1).

Por mais detalhadas que sejam a programação e a especificação das sondagens a serem executadas em determinado sítio de barragem e por melhores que sejam os equipamentos mobilizados, de nada adiantarão se caírem nas mãos de um sondador inexperiente ou apressado, preocupado somente com produção e sem compromisso com a qualidade.

Fig. 8.1 *Diferenças entre sondagens executadas na mesma litologia, brecha vulcânica, (A) por sondador inexperiente e (B) por sondador de alta experiência*
Fonte: ABGE (2013).

8.3 Tipificação de um perfil de intemperismo

De início, pode-se colocar como tarefa primordial a adequada caracterização geológica do perfil de intemperismo do sítio de barragem selecionado. Para tanto, lança-se mão dos procedimentos usuais de investigação, que abrangem desde o mapeamento geológico regional e local, passando pela realização de investigações de campo com os métodos diretos e indiretos adequados e disponíveis, até o necessário complemento da caracterização laboratorial dos materiais locais disponíveis, solos e rochas.

Um perfil de intemperismo completo, descrito a partir da superfície do terreno, inicia-se pelo capeamento de solo superficial, seguido em profundidade por horizontes de materiais em níveis de alteração progressivamente decrescentes, até atingir o maciço rochoso praticamente intocado, ainda, pelos agentes do intemperismo. O horizonte superficial costuma ser constituído por uma camada com forte conteúdo de matéria orgânica, percorrida por cavidades de origem vegetal e/ou animal, das mais variadas dimensões e seguida por solos coluviais (coluvionares) e/ou residuais, frequentemente de difícil distinção.

Em meio tropical úmido o processo de intemperização das rochas tende a se completar com a produção de solos denominados maduros, que se caracterizam por possuir uma fração de argilominerais mais acentuada em relação aos chamados solos de alteração, ou solos residuais jovens (ou, ainda, solos saprolíticos), que representam um degrau intermediário na escala evolutiva, nestes predominando as frações arenosas ou arenossiltosas.

Dependendo da litologia, o horizonte de solo residual maduro pode adquirir espessura da ordem de 1 m ou mais e, em virtude de sua constituição mineralógica, exibir menor permeabilidade comparativamente aos horizontes de solos de alteração a ele sotopostos, caracterizados por maior índice de vazios e, consequentemente, por condutividade hidráulica mais elevada. Frequentemente, esse solo residual aparece capeado por solo coluvionar poroso, em transição possivelmente assinalada pela presença de uma linha de seixos. Ambos os horizontes são invariavelmente recobertos pelo denominado solo superficial, de espessura modesta, métrica ou submétrica, com teores variáveis de matéria orgânica e marcado por intensa atividade animal e vegetal.

Para fins de exemplificação, apresenta-se na Fig. 8.2 o perfil de intemperismo de uma rocha ígnea metamórfica, comum no embasamento cristalino do escudo brasileiro. Trata-se do perfil de um gnaisse bandeado (com alternância de faixas claras e escuras), com distinção esquemática entre sucessivos horizontes. O horizonte superficial é representado pela presença de solo orgânico, seguido por solo coluvionar e residual maduro.

8.4 Reflexos do contraste de permeabilidade

Em termos de permeabilidade, o contraste entre o horizonte de solo residual maduro e o horizonte sotoposto de solo de alteração jovem pode alcançar a casa da dezena de vezes ou até da centena, dependendo, entre outros fatores, da maior ou menor interferência de agentes quais as atividades orgânicas animais e vegetais. Tipicamente, pode-se atribuir a um horizonte de solo residual maduro próximo à superfície do terreno uma permeabilidade de 10^{-4} cm/s, enquanto ao horizonte sotoposto de solo residual jovem pode-se conferir 10^{-3} cm/s. Esse contraste relativamente modesto terá implicações relevantes em termos de estabelecimento da rede de fluxo para uma barragem de terra homogênea ou de seção mista implantada nesse terreno, uma vez que a água que escoa pela fundação irá preferencialmente caminhar ao longo do horizonte mais permeável, que se encontra confinado (Fig. 8.3).

Uma situação aparentemente simples pode desencadear cenários complexos, dependendo das providências que forem ou deixarem de ser tomadas. A rede de fluxo confinada irá exercer pressões sob a camada superficial menos permeável, até conseguir se dissipar em algum ponto mais a jusante ou, então, até abrir caminho rumo à superfície do terreno, onde poderá ressurgir com pressão suficiente para trazer consigo partículas do horizonte confinado, dando origem aos conhecidos cones de areia. A presença desses cones sinaliza uma condição de risco potencial para a barragem, visto que pode evoluir para um processo de erosão regressiva (*piping*), como a Fig. 8.4 pretende mostrar de forma esquemática.

Horizonte	Descrição
Colúvio/solo residual maduro **COL/SRM**	Um horizonte superficial formado de solo orgânico está sempre presente, geralmente com espessura da ordem de algumas dezenas de centímetros. A ele se segue um horizonte formado de solos homogêneos e porosos, argilosos e siltosos ou argilosos e arenosos, coloração avermelhada ou amarelada, de média plasticidade, evidenciando a nítida atuação de processos de evolução pedológica e de laterização. A distinção entre o colúvio e o solo residual maduro é normalmente difícil, pois os aspectos visuais e as características geotécnicas são semelhantes, e está condicionada à presença de indícios, quais linhas de seixos, concreções limoníticas etc. A estrutura do solo coluvionar pode ser muito porosa e colapsível.
Solo residual jovem **SRJ**	Preserva as características reliquiares da rocha-mãe e reflete o processo de intemperismo gradualmente decrescente com a profundidade. Apresenta coloração variada, geralmente amarelada ou acinzentada, granulometria também variada, em função da herança genética, geralmente constituído por areias siltosas pouco argilosas e siltes caulínicos e arenosos, abundante presença de mica, plasticidade decrescente e resistência crescente com a profundidade. Pode conter núcleos de material rochoso (blocos ou matacões).
Saprolito **SAP**	Trata-se de um horizonte de transição entre os maciços de solo e de rocha. É composto por porções de rocha geralmente em estágio avançado de alteração e porções de solo residual jovem. O solo tende a se desenvolver ao longo de descontinuidades remanescentes, onde a percolação d'água é mais facilitada, e em faixas de rocha mais sensíveis aos mecanismos de alteração. Conserva integralmente a estrutura original do maciço rochoso. Contém núcleos de rocha (blocos ou matacões) em abundância. Sua espessura é irregular, podendo estar ausente em certas áreas do maciço.
Maciço rochoso descontínuo **Maciço "A"**	Consiste na alternância de camadas (de espessura decimétrica a métrica) de rocha em diversos graus de alteração, até mesmo sã e solos residuais jovens estruturados, siltosos/arenosos, micáceos (solos saprolíticos). Dentro do maciço de gnaisse bandeado, os estratos de rochas claras coincidem com bandas quartzíticas ou feldspáticas, mais resistentes ao intemperismo, enquanto os estratos mais escuros revelam a baixa resistência ao intemperismo das concentrações de minerais máficos, apresentando-se, via de regra, mais intensamente alterados. Esse horizonte não é adequado como fundação das estruturas de concreto principais, podendo porém servir de suporte para estruturas secundárias. Para uma classificação de detalhe, aplicam-se os parâmetros geológico-geotécnicos preconizados para o maciço rochoso.
Maciço rochoso contínuo **Maciço "B"**	Consiste em rocha sã a pouco alterada (gnaisse bandeado), ocasionalmente cortada por delgadas camadas (centimétricas a decimétricas) intemperizadas de solo e/ou rocha muito alterada, normalmente correspondendo a juntas de alívio. Esse horizonte é adequado como fundação das estruturas de concreto. Para uma classificação de detalhe, aplicam-se os parâmetros geológico-geotécnicos preconizados para o maciço rochoso.

Fig. 8.2 *Perfil esquemático de intemperismo de maciço de rocha gnáissica bandeada*

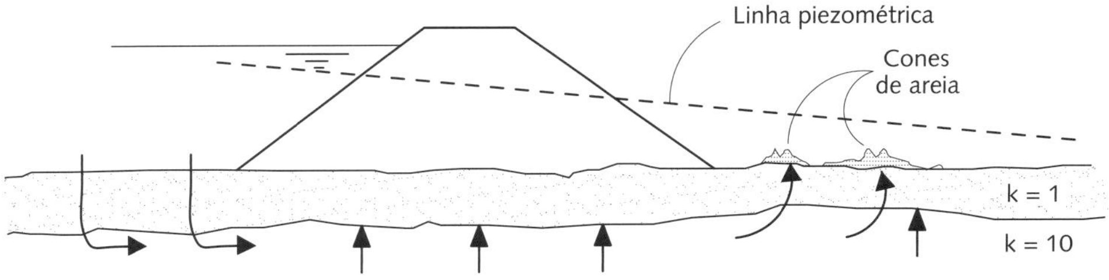

Fig. 8.3 *Confinamento do fluxo no horizonte de maior permeabilidade e suas eventuais sequelas*

A percepção de situação similar em um projeto de barragem de terra e/ou enrocamento pode requerer que se opte, como explicado em capítulo anterior, pela implantação de um sistema de proteção junto ao pé de jusante da barragem, por meio de trincheira ou por poços de alívio, ou por ambos, atravessando o horizonte superficial de mais baixa permeabilidade. Desse modo, aliviam-se as pressões de percolação confinadas, de forma ordenada, eliminando a possibilidade de se instalarem processos erosivos não passíveis de controle.

8.5 Contraste de permeabilidade em condições fisiográficas peculiares

Ocorre com certa frequência que uma barragem seja ladeada por um ou mais diques, que se destinam a auxiliar a delimitação do contorno da área do reservatório a ser formado. Tais diques costumam ser considerados obras secundárias, nem mesmo merecendo a denominação de barragem, reservada à principal estrutura que intercepta o curso do rio.

Os diques ocupam geralmente uma posição fisiográfica peculiar, apoiados em selas topográficas, e, nessa situação, dão margem ao surgimento de uma condição geométrica particular, uma vez que a base de apoio não é mais plana, como no caso de uma barragem de fundo de vale, mas encurvada (Fig. 8.5).

Nesse contexto, a rede de fluxo que se estabelece pela fundação do dique, sempre se admitindo o modelo de fluxo confinado, tende a desenvolver pressões de percolação que persistem e até mesmo crescem a jusante do dique, dando margem ao aparecimento de surgências localizadas com mais alto potencial erosivo, visto que o gradiente hidráulico se acentuou. Essa situação, longe de ser um mero exercício geométrico, reflete uma condição encontrada com frequência no projeto e na construção de diques apoiados sobre selas topográficas e tem exigido a adoção de medidas capazes de inibir o aparecimento de erosão progressiva retrocedente.

As soluções comumente adotadas têm sido no sentido de proteger porções significativas ou até mesmo toda a área a jusante do dique contra os eventuais efeitos danosos já referidos, através de implantação de filtros invertidos, dimensionados para neutralizar subpressões e forças de percolação. Exemplo típico é um dos numerosos diques que delimitam o reservatório intermediário da UHE Belo Monte (PA), retratado na Fig. 8.6. Uma faixa de terreno a jusante do dique foi inteiramente revestida com um filtro invertido, de modo a inibir o surgimento de processos de erosão regressiva (*piping*) e, ao mesmo tempo, exercer uma sobrecarga no terreno, para combater a subpressão exercida pela rede de percolação confinada no subsolo.

8.6 Situação fisiográfica peculiar conjugada a uma geologia complexa

A situação em que uma barragem ou dique ocupa um alto topográfico, a curta distância de uma encosta de

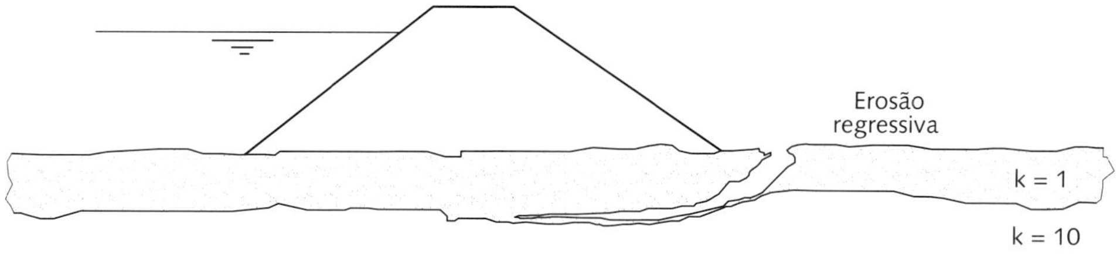

Fig. 8.4 *Evolução para processo de erosão regressiva* (piping)

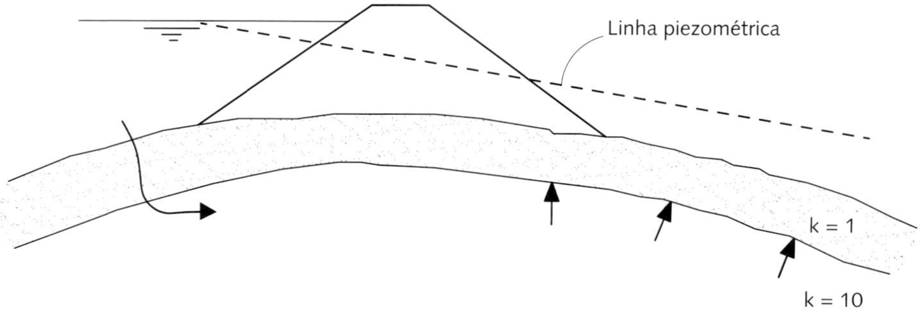

Fig. 8.5 *Fluxo confinado na fundação de dique sobre sela topográfica*

declividade acentuada, representa a fórmula certa para criar condições de difícil controle no que diz respeito à rede de fluxo subterrânea que se estabelece, nessa situação, com o enchimento do reservatório. A forte atração que a proximidade da encosta exerce sobre a rede de fluxo dificulta a adoção de medidas de projeto e de dispositivos de controle do fluxo a jusante da barragem ou do dique, sendo mais provável que as águas imponham sua própria preferência quanto aos caminhos a serem percorridos rumo ao fundo do vale adjacente.

Nessas circunstâncias, todos os esforços devem ser concentrados em prever os possíveis caminhos e os locais de ressurgência das águas e, nesse contexto, adquire particular importância o mapeamento geológico da encosta e a identificação e a diferenciação das diversas unidades estruturais quanto às características de condutividade hidráulica, visto que a tendência das águas será no sentido de se concentrar nas faixas de terreno (subsolo) de maior permeabilidade.

O caso da PCH São Domingos (GO) serve de exemplo. O projeto tira partido do forte desnível que o curso do rio apresenta no espaço de poucas centenas de metros. A barragem se situa logo a montante de um trecho encachoeirado e fortemente encaixado do rio. A tomada d'água é constituída por uma estrutura isostática imersa no reservatório, imediatamente a montante da barragem. A partir da tomada d'água, dois condutos metálicos cruzam o corpo da barragem envelopados por concreto e mergulham, em seguida, rumo à casa de força (Fig. 8.7).

A situação geológica local é complexa. Na área compreendida entre o dique da tomada d'água e a casa de força predominam filitos, com intrusões e ramificações de tonalito (rocha ígnea plutônica) em corpos com espessura de alguns metros a algumas dezenas de metros. As camadas de filito apresentam mergulho próximo da vertical e direção transversal à dos condutos forçados, favorecendo o fluxo d'água rumo ao fundo do vale. Por outro lado, as feições estruturais mais marcantes no tonalito são os falhamentos praticamente paralelos à direção dos condutos forçados.

Cerca de 50 dias após o término do enchimento do reservatório ocorreu um escorregamento ao longo da encosta que abriga os condutos forçados. A área afetada pelo escorregamento se situava a meia encosta, do lado esquerdo hidráulico dos condutos. A massa escorregada era formada por entulho e solos de alteração de filito e tonalito. Após o destaque, a massa cumpriu um percurso de aproximadamente 15 m na vertical e 30 m na horizontal, indo parar junto à estrada de acesso à casa de força, após ter danificado levemente a galeria de cabos que acompanha os dutos e encostado no conduto forçado esquerdo, embora sem danificá-lo. O escorregamento envolveu um volume de cerca de 1.000 m³ de material.

A mecânica do processo registra, provavelmente, uma primeira etapa de infiltração das águas do reservatório, pelo fundo do canal de adução e adjacências,

Fig. 8.6 *Vista de um dique na UHE Belo Monte, com destaque ao filtro invertido de areia, brita e enrocamento implantado em toda a extensão a jusante*
Fonte: imagem de drone da Norte Energia.

e seu deslocamento rumo a jusante, através de caminhos preferenciais de percolação, provavelmente planos de xistosidade do filito, indo acumular-se de encontro à massa de solos superficiais pouco permeáveis que recobria parte da encosta dos condutos forçados (Fig. 8.8).

As poropressões na encosta devem ter se elevado gradualmente, até ultrapassar a resistência do horizonte de solo superficial, desencadeando o escorregamento.

Uma vez identificadas as causas do evento, percebeu-se que a expectativa de que a rede de fluxo se estabelecesse através do sistema de drenagem interna do dique e dos demais dispositivos de projeto estava equivocada, sendo que o projeto de drenagem não chegou a exercer sua função. As águas opta-

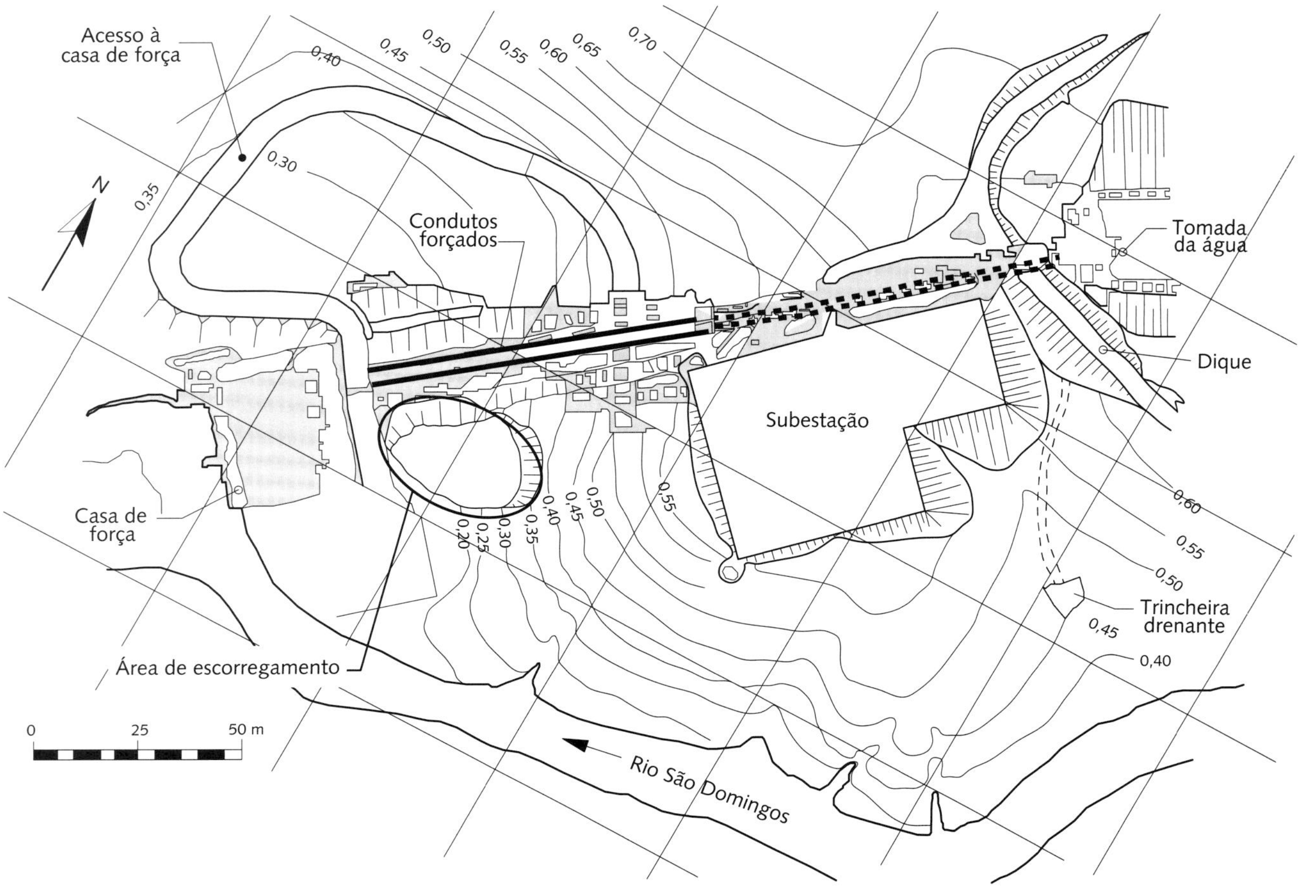

Fig. 8.7 *Localização do escorregamento (assinalada) na PCH São Domingos*
Fonte: Guidicini e Lousa (1994).

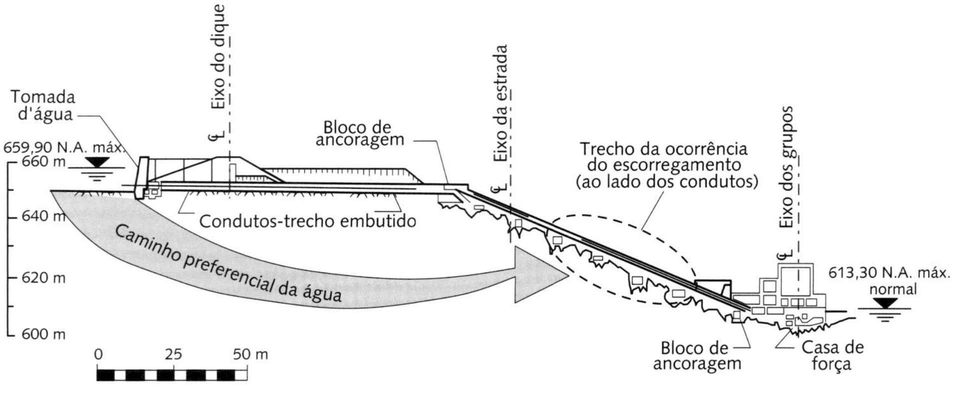

Fig. 8.8 *Corte vertical ao longo do circuito de adução na PCH São Domingos*
Fonte: Guidicini e Lousa (1994).

ram por percorrer outros caminhos mais propícios, de sua própria escolha, rumo ao fundo do vale, indo desencadear o escorregamento descrito.

8.7 Caminhos preferenciais de percolação em maciço de fundação rochosa

O fato de uma barragem de terra ou terra/enrocamento estar assente sobre rocha sã, de boas características geomecânicas, é certamente auspicioso, mas não impede que determinadas estruturas internas ao maciço rochoso possam se constituir em elementos predisponentes para criar situações de risco. Juntas de alívio em maciços graníticos ou granito-gnássicos, assim como juntas-falhas sub-horizontais ou contatos entre derrames em maciços basálticos, podem dar margem ao aparecimento de quadros que requerem a adoção de medidas preventivas ou corretivas para fins de segurança.

Na fundação da barragem de terra da margem esquerda da UHE Ibitinga, rio Tietê (SP), constatou-se a presença de uma extensa junta-falha sub-horizontal, no meio do basalto denso de um derrame de grande espessura. As escavações das estruturas de concreto da casa de força interceptaram a junta-falha, que foi integrada ao sistema de drenagem da fundação. A casa de força passou então a atuar como uma grande área de convergência do fluxo subterrâneo e alívio de pressões (ver linha 1 na Fig. 8.9). Quando da finalização da obra e do enchimento do reservatório, a subida das águas teve reflexos imediatos na junta-falha, elevando-se as pressões piezométricas ao longo dela de maneira intensa e quase uniforme (ver linha 2 na Fig. 8.9).

Na fundação da barragem de terra da margem esquerda (ver Fig. 8.9), a intensidade da resposta piezométrica ao longo da junta-falha chamou a atenção dos projetistas, que, temerosos de que as pressões pudessem se propagar para planos superiores do maciço rochoso, próximos ao contato aterro-fundação, colocando em risco a segurança da obra, resolveram implantar um sistema de poços de alívio ao longo do pé da barragem. Os 24 poços de alívio, perfurados com sonda rotativa, com diâmetro de 102 mm, espaçados a cada 10 m a 40 m e alcançando em profundidade a junta-falha, causaram uma redução intensa e imediata das subpressões (linha 3 na Fig. 8.9).

A Fig. 8.10 apresenta uma seção transversal típica da barragem de terra de Ibitinga e indica a evolução dos níveis de piezometria no plano da junta-falha. A situação 2 retrata as pressões medidas após o enchimento do reservatório. Já a situação 3 assinala a redução alcançada após a abertura dos poços de alívio a jusante da barragem.

8.8 O risco da presença de canalículos na fundação da barragem

Uma peculiaridade em diversas fundações de barragens construídas na região amazônica é a presença de canalículos na área de assentamento em solo das estruturas. O registro de valores elevados e erráticos de permeabilidade nos ensaios realizados no solo de fundação tem induzido a investigar a questão através da abertura de poços e trincheiras, que tem constatado a associação das perdas de água à presença de extensas cavidades tubulares de diâme-

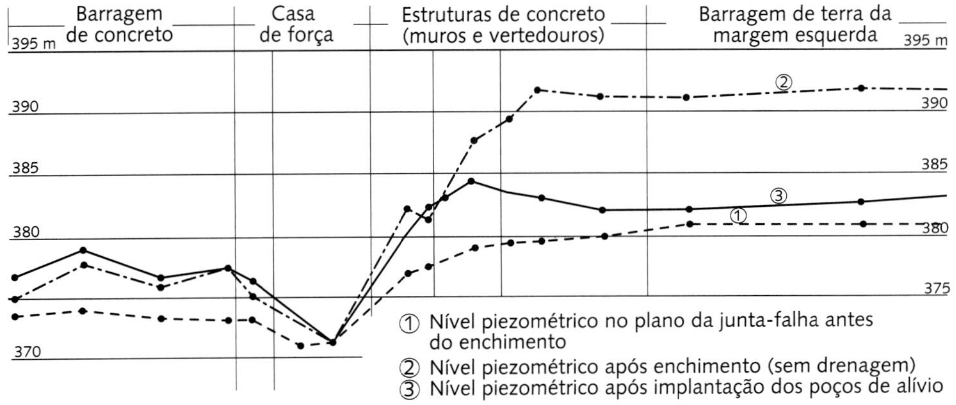

Fig. 8.9 *Evolução das subpressões no plano da junta-falha da barragem de Ibitinga*
Fonte: Guidicini, Oliveira e Matuoka (1970).

tros variados, desde poucos milímetros até vários centímetros, intercomunicáveis e desenvolvidas em direções aleatórias.

Há um consenso de que a origem dessas cavidades decorre, em muitos casos, da ação de térmitas, não mais presentes, que teriam atuado no passado sob condições climáticas mais severas do que as atuais, em ambiente de cerrado. Na construção da UHE Tucuruí, no rio Tocantins (PA), o projeto de barragem de terra da margem direita teve que ser adaptado à presença das referidas cavidades, que no caso alcançaram dimensões de maior porte, com até dezenas de centímetros de diâmetro e profundidade de várias dezenas de metros. Ocorrências similares foram registradas nas hidrelétricas de Samuel (RO), Balbina (AM) e, mais recentemente, em Belo Monte.

O risco trazido pela presença de canalículos é que, devido a sua intercomunicabilidade e extensão, podem desenvolver caminhos diretos e preferenciais de fluxo pela fundação em solo da barragem, até alcançar o terreno a jusante, podendo assim dar início a processos de retroerosão. A Fig. 8.11 documenta a preparação de um ensaio de permeabilidade, para averiguar a capacidade de escoamento da água pelas cavidades interceptadas.

Na construção da UHE Belo Monte, no rio Xingu, em diversos diques de terra que delimitam o reservatório intermediário, foi identificada a presença de canalículos na fundação. A constatação da ocorrência dessas cavidades, de menor (milímetros) a maior diâmetro (até a dezena de centímetros), induziu o projeto a adotar sistematicamente a execução de uma trincheira exploratória longitudinal, com alguns metros de profundidade, para inspeção e tratamento. Nos trechos onde foram encontrados canalículos, a trincheira foi aprofundada e as cavidades com diâmetro superior a 2 cm foram injetadas com calda de cimento densa.

Na face jusante da referida trincheira foi implantado um filtro de areia, denominado dreno cego, com 40 cm de espessura, para distribuição dos gradientes ocasionados pelo fluxo através dos canalículos de menor diâmetro, não injetados (Fig. 8.12). Essa providência foi adotada em caráter sistemático em todos os diques.

8.9 Contato aterro-fundação rochosa em barragens de núcleo delgado

Em barragens de seção mista, em que o núcleo é ladeado por espaldares de enrocamento ou de materiais de

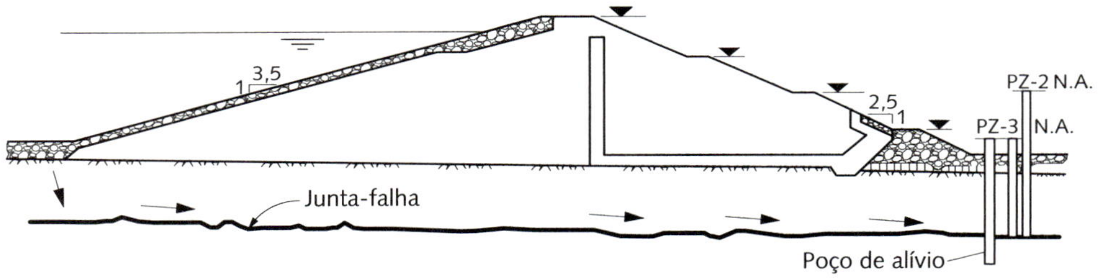

Fig. 8.10 *Evolução das subpressões com a abertura dos poços de alívio a jusante (de 2 para 3, na figura)*

Fig. 8.11 *Preparação de ensaio de permeabilidade em cava na presença de significativo número de canalículos*

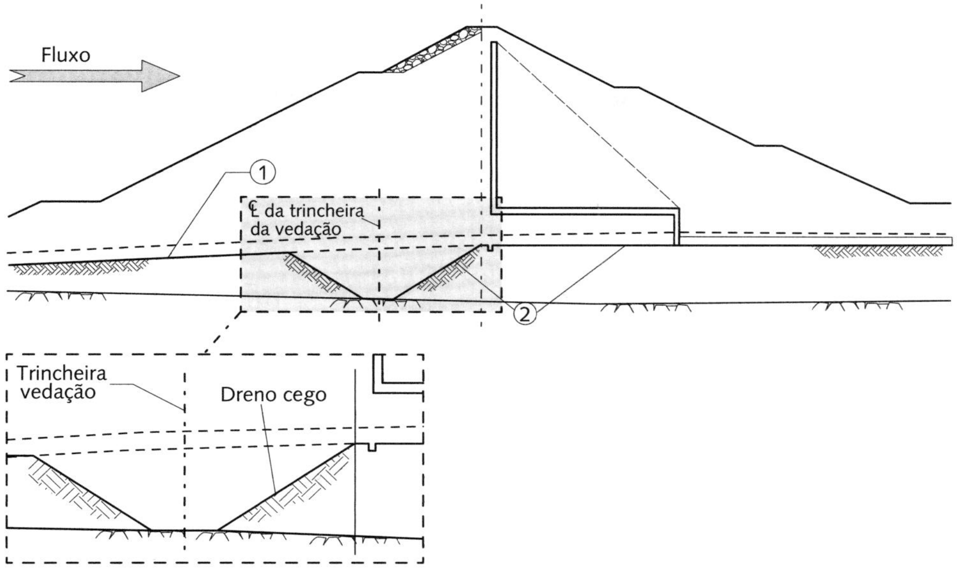

Fig. 8.12 *Providências para combate aos canalículos: trincheira longitudinal sistemática, injeção dos canalículos de maior diâmetro e dreno cego na face jusante da trincheira*
Fonte: Bandeira, Silveira e Leite (2017).

maior permeabilidade, a qualidade da superfície de assentamento do aterro é determinante para decidir se o solo poderá, ou não, apoiar-se diretamente sobre a fundação rochosa, ou se será conveniente ou necessário proceder-se à adoção de medidas protetivas. A preocupação decorre da possibilidade de o aterro vir a ser paulatinamente lixiviado para eventuais fraturas da superfície rochosa de apoio, pela rede de fluxo pós-enchimento do reservatório, afetando a qualidade da interface solo/rocha, podendo até mesmo evoluir para um processo regressivo de erosão, após ultrapassar os dispositivos de proteção instalados a jusante do núcleo.

O mapeamento geológico/geomecânico da fundação rochosa irá responder a essa questão. Caso a superfície de apoio seja percorrida por um sistema de fraturas verticais ou inclinadas que se articulam com juntas ou fraturas sub-horizontais, a opção pela selagem das descontinuidades com concreto irá trazer os benefícios desejados. No caso da Fig. 8.13, a selagem das descontinuidades foi efetivada sem dificuldades, pois estas se apresentavam como traços contínuos e individualizáveis, de fácil recobrimento.

Casos há, entretanto, em que, apesar de a superfície rochosa de apoio ser considerada adequada, o fraturamento é generalizado, o que requer a adoção de medida mais abrangente, envolvendo toda a superfície de apoio do núcleo argiloso, como no exemplo da Fig. 8.14, que retrata uma fundação em rocha basáltica intensamente fraturada. Os tubos que sobressaem da superfície do estrato de concreto foram deixados para injetar posteriormente uma descontinuidade subvertical particularmente permeável, sendo que alguns tubos devem ser utilizados para injeção, enquanto outros servem como respiro e comprovação do alcance da calda de cimento injetada.

8.10 Surgências em ombreiras

O histórico de observação e acompanhamento do comportamento de barragens evidencia que grande parte dos problemas de estanqueidade do reservatório se concentra nas ombreiras. Costuma-se entender que as ombreiras, por constituírem o ponto de engaste lateral da barragem, não são tão merecedoras de atenção em suas características de permeabilidade quanto a fundação da barragem. Isso pode derivar do fato de que os gradientes hidráulicos aparentam ser menores nas ombreiras, pela menor altura da carga d'água, quando na verdade conservam a mesma relação do restante da barragem.

As ombreiras constituem uma condição natural de barramento e é recomendável que sejam sempre entendidas como uma extensão da barragem, com o agravante de que suas condições estruturais e características geotécnicas (resistência, deformabilidade, permeabilidade) não foram ditadas pelo homem, mas sim pela própria natureza, o que exige especial atenção.

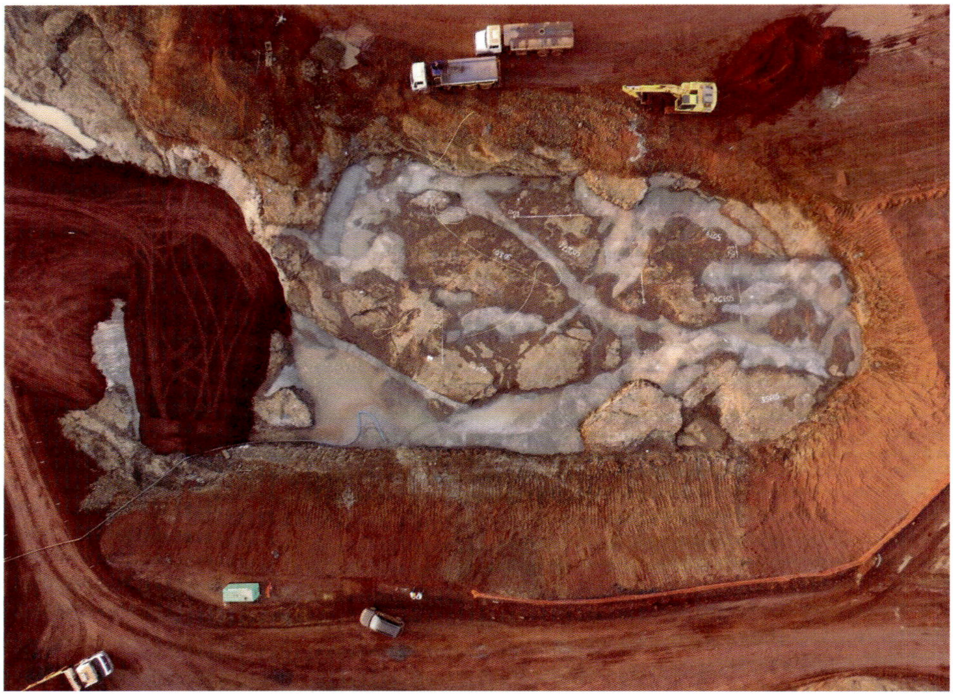

Fig. 8.13 *Tratamento por selagem das fraturas claramente identificáveis presentes na superfície rochosa de apoio do núcleo argiloso de uma barragem de seção mista*

Fig. 8.14 *Superfície de apoio do núcleo argiloso recoberta por delgada camada de concreto, devido ao fraturamento generalizado da rocha*

Surgências na base das ombreiras ou a meia encosta têm se manifestado com frequência, o que reforça o conceito de que as ombreiras de uma barragem integram o arranjo, isto é, elas próprias fazem parte do barramento.

Casos há em que a estruturação geológica das ombreiras tem favorecido o fluxo d'água através delas, a despeito da implantação de trincheiras de vedação ou de cortina de injeções para fins de impermeabilização do maciço de fundação ou, mesmo, de tapete impermeável a montante.

Esse é o caso, por exemplo, da barragem de Jaburu I (CE), onde a ocorrência de arenitos com intercalações de siltitos de baixa coerência tem propiciado a lixiviação destes últimos, com a consequente formação de cavidades, mesmo de dimensões relevantes, como na ombreira esquerda, a mais afetada. Sucessivas campanhas de injeções de cimento, conjugadas à injeção de asfalto líquido (aquecido), têm conseguido estancar momentaneamente o fluxo d'água pela ombreira, num embate contínuo para preservar a segurança da barragem. A Fig. 8.15 ilustra a ocorrência da caverna, em registro que data de 2010.

O combate à ameaça representada pelas surgências d'água na base ou no meio de ombreiras tem sido orientado, em geral, para a implantação de filtros invertidos, capazes de reter os sólidos deixando a água escoar. Evidentemente, cavidades como a de

Jaburu I merecem tratamento diferenciado. A Fig. 8.16 documenta a implantação de filtro invertido na base da ombreira direita de um dique no reservatório intermediário da UHE Belo Monte. No caso, a estrutura teve dupla finalidade, servindo também como berma de estabilização.

8.11 Geometria da fundação e recalques diferenciais

Na avaliação das condições de segurança de uma barragem de terra e/ou terra/enrocamento, um capítulo à parte é representado pela ocorrência de trincas longitudinais e/ou transversais no corpo da barragem, manifestando-se geralmente ao longo da crista, percebidas ao final da construção ou logo após o carregamento exercido pelo reservatório. Mais comumente, as trincas se posicionam paralelamente ao eixo da barragem e podem estar relacionadas em sua origem tanto a aspectos construtivos internos quanto a possíveis recalques envolvendo a fundação. Trincas orientadas transversalmente ao eixo, na direção montante-jusante, refletem comumente irregularidade e desníveis presentes na superfície de fundação capazes de induzir recalques diferenciais. Essa ocorrência desperta cuidados, pois pode chegar a favorecer o fluxo d'água através do corpo

Fig. 8.15 *(A) Vista da caverna na ombreira esquerda a jusante da barragem Jaburu I e (B) vista parcial do interior da caverna*
Fonte: SRH (2010 apud Sousa, 2014).

Fig. 8.16 *Implantação de filtro invertido (e berma de estabilização) a jusante da ombreira direita de um dique na UHE Belo Monte*

da barragem, com alto potencial de desencadear uma situação crítica em termos de segurança.

Na barragem de Piaus, no semiárido do Piauí, pouco após o final da construção constataram-se trincas transversais ao longo da crista em ambas as ombreiras, com uma carga de água equivalente à metade do nível do reservatório previsto (Fig. 8.17). Surgiram três trincas do lado direito e duas do lado esquerdo, com abertura variável entre 1 cm e 5 cm.

O histórico de construção da barragem registra dois aspectos que podem estar na origem dessas trincas. Na ombreira esquerda foi aberta uma extensa trincheira no sentido montante-jusante para a inserção do conduto metálico de adução que, saindo da tomada d'água, localizada no interior do reservatório, iria conduzir as águas para a casa de válvulas, situada a jusante da barragem. A Fig. 8.18 ilustra a presença da referida trincheira, que penetrou em rocha e foi escavada com paredes íngremes. Dada a forte declividade das paredes da trincheira, seu processo de preenchimento por aterro compactado pode ter causado recalques diferenciais, ultrapassando a resistência do aterro, que foi compactado no lado seco, e dando margem ao surgimento das trincas transversais ao eixo do barramento naquela ombreira.

Na base da ombreira direita, ocorreu o oposto: a trincheira para a implantação do *cut-off* longitudinal da barragem teve que ser aprofundada, de modo a eliminar sedimentos fluviais recentes, arenosos e permeáveis, ao longo de uma depressão, possivelmente um paleocanal, incluindo um horizonte de solo proveniente da decomposição das rochas gnáissicas, o que ocasionou o aparecimento de uma cavidade de altura da ordem da dezena de metros, em relação ao terreno circundante. A Fig. 8.19 documenta o aprofundamento da trincheira de vedação na base da ombreira direita.

Medidas corretivas foram tomadas para eliminar a situação de risco em ambas as ombreiras.

Em ombreiras de barragens de terra e/ou enrocamento, recalques diferenciais são com frequência reflexo de desníveis bruscos e acentuados na fundação, quando a resistência do aterro da barragem foi ultrapassada. Independentemente das características geológicas do local de implantação da barragem, é sempre recomendável que a superfície de assentamento do aterro evite a criação de desníveis bruscos em curtas distâncias horizontais, buscando-se soluções de projeto alternativas, capazes de eliminá-los. O emprego de solos compactados em condições de mais elevada plasticidade é um recurso a ser

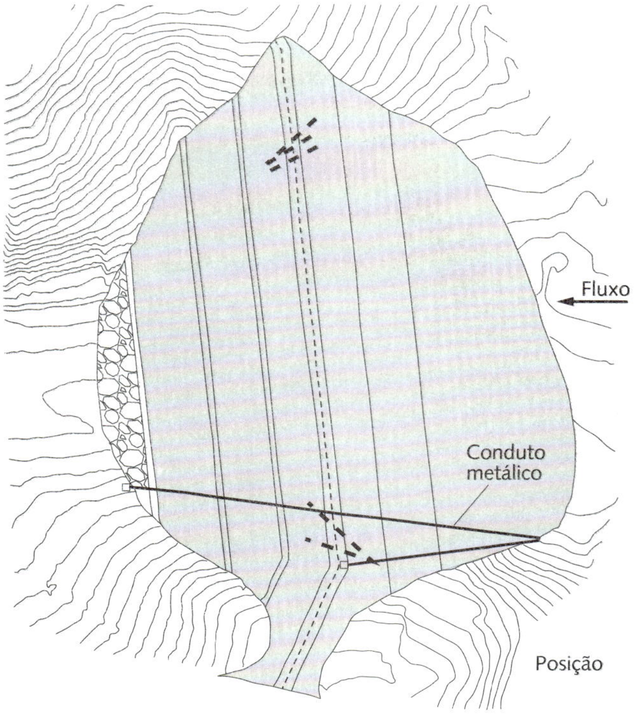

Fig. 8.17 *Trincas transversais ao eixo em ambos os lados da barragem de Piaus, com conduto metálico da adutora alojado em uma trincheira escavada no maciço rochoso da ombreira esquerda*
Fonte: Miranda, Malveira e Jardim (2011).

Fig. 8.18 *Trincheira aberta no maciço rochoso da ombreira esquerda da barragem de Piaus para implantação do duto de adução*

Fig. 8.19 *Trincheira aberta no aluvião e em rocha superficial intemperizada para o* cut-off *da barragem de Piaus, na base da ombreira direita*

considerado, com o propósito de permitir melhor assentamento do aterro em face das irregularidades da superfície de fundação.

8.12 Tratamento da fundação: diversidade de situações

Dentro da tríade resistência, deformabilidade e permeabilidade da fundação de uma barragem de terra e/ou enrocamento, a última se destaca pela extrema variedade de aspectos passíveis de serem encontrados, que cobrem um vasto leque de situações: desde uma fundação robusta e impermeável, possivelmente representada por um maciço rochoso são, até espessos depósitos de materiais recentes (leques aluvionares com blocos, cascalhos e areias), massas detríticas de escorregamentos ou *debris flows*, cinzas vulcânicas, sedimentos lacustres ou espessos horizontes de solos resíduo-coluvionares. Em todos os casos, uma vez equacionados os requisitos de resistência e deformabilidade, o fator permeabilidade passa a ser preponderante para preservar a integridade da obra e para resguardar a primordial missão de preservar o armazenamento da água em condições seguras.

No histórico recente de projeto e construção de barragens, os crescentes desafios impostos por obras cada vez mais altas, volumosas e ousadas têm estimulado a evolução de técnicas e equipamentos aptos a prover a fundação das barragens de elementos eficazes de estanqueidade e de proteção contra a erosão interna. Contínuas melhorias têm sido produzidas no campo do tratamento da fundação por injeções de produtos de alcance muito superior ao das tradicionais caldas de cimento (microcimento, sílica coloidal) e, principalmente, no campo da implantação de paredes estanques, através das técnicas de *jet grouting*, paredes diafragma, estacas secantes, implantadas com o emprego de equipamentos de perfuração especiais, como diafragmadoras, hidrofresas ou sondas rotativas de grande diâmetro.

O elemento tradicionalmente empregado para dificultar o fluxo d'água pela fundação tem sido a trincheira de vedação, que apresenta um conjunto de vantagens, entre as quais a eficiência, o baixo custo e a facilidade de implantação. Sua desvantagem consiste na limitação do alcance em profundidade, visto que os volumes de materiais escavados (e a preencher o espaço da trincheira) aumentam exponencialmente com o aprofundamento, implicando acréscimos de custos e dificuldades executivas. A Fig. 8.20 traz uma seção típica, em que a trincheira alcança o substrato rochoso a poucos metros de profundidade, permitindo a execução de uma cortina de injeções de vedação a partir de seu fundo.

Nesse caso, é recomendável executar os furos de injeção a partir de uma delgada capa de concreto lançada na superfície da rocha, com o propósito conjugado de dificultar surgências de calda nos arredores e permitir que o obturador se aloje na capa de concreto, possibilitando a injeção do horizonte superficial de rocha que, de outra forma, permaneceria sem ser injetado (por ter que abrigar o obturador).

A situação pode se tornar um pouco mais complexa se o topo da rocha se aprofundar, dificultando a execução da trincheira pelas razões já expostas. Nesse caso, é forte a tentação de realizar uma cortina

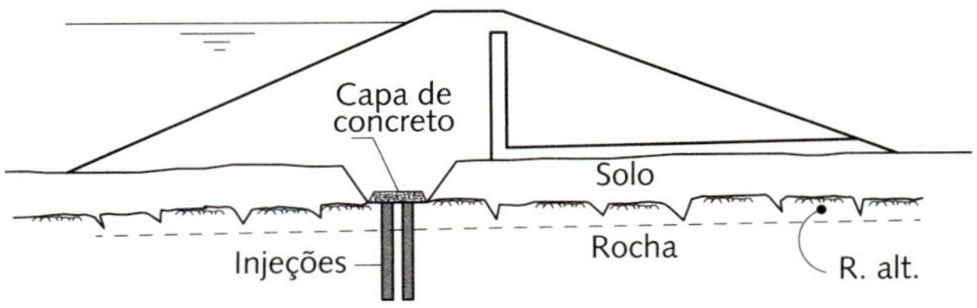

Fig. 8.20 *Esquema tradicional de emprego de trincheira de vedação*

de vedação a partir do fundo da trincheira, embora longe do topo do maciço rochoso, como no caso da Fig. 8.21.

Trata-se de uma situação provavelmente fadada ao insucesso, resultando na constituição de uma cortina de vedação ineficiente, uma vez que solos, de qualquer natureza e origem, não são passíveis de injeção com caldas de cimento convencionais. Mesmo o emprego de cimentos de granulação fina ou até de sílica coloidal, ou de outros compostos químicos que solidifiquem após a injeção, não garante que o anteparo ao fluxo assim implantado deixe de apresentar brechas por onde as águas possam escoar, revelando a insuficiência da pretendida barreira.

Nesse caso, é recomendável que se lance mão de técnicas alternativas, como ilustrado na Fig. 8.22, que mostra o uso conjugado de uma parede diafragma, cruzando o horizonte de solo, associada à execução de injeções convencionais limitadamente ao substrato rochoso. A parede diafragma ultrapassa a base da camada de solo e penetra 1 m ou 2 m no maciço rochoso. Numa segunda etapa, a partir do topo da parede diafragma é implantada a cortina de vedação por injeções convencionais no maciço rochoso.

A parede no solo pode ser executada com o emprego seja da técnica de *jet grouting*, seja de parede diafragma, dependendo das características do material *in situ*. A Fig. 8.23 documenta o aspecto de uma parede diafragma que intercepta um espesso depósito de aluvião conglomerático, com elevado teor de seixos de dimensões até decimétricas. A trincheira foi aberta para fins de inspeção visual, penetrando apenas parcialmente na camada de sedimentos, que se aprofunda até 7 m.

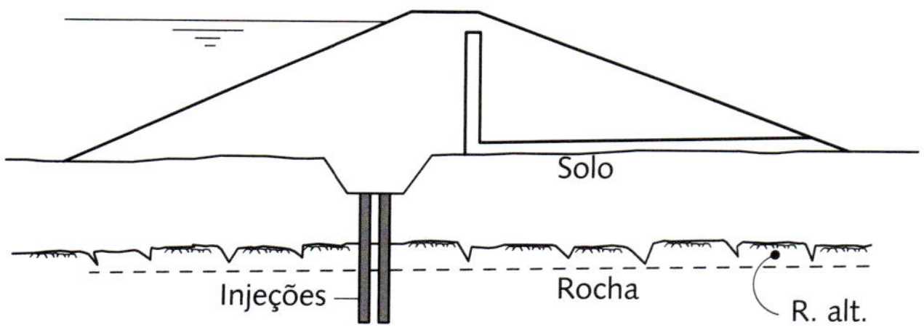

Fig. 8.21 *Esquema de injeção na fundação sem que a trincheira alcance o topo do maciço rochoso*

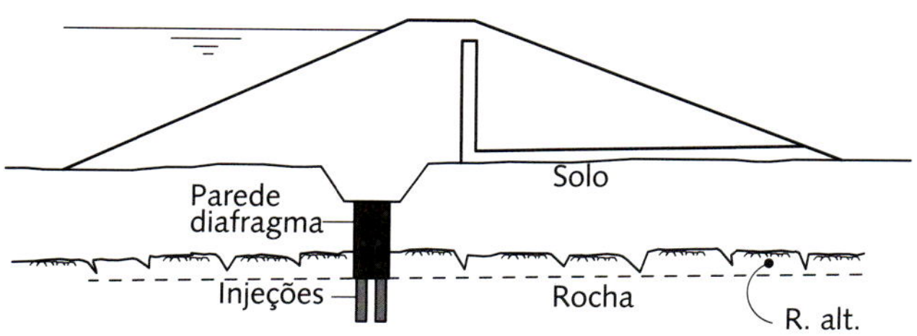

Fig. 8.22 *Conjugação de técnicas diversas para assegurar a eficiência da barreira ao fluxo pela fundação da barragem*

8.13 Permanência de sedimentos aluvionares na fundação da barragem

Embora a remoção de estratos e camadas de solos aluvionares recentes seja sempre desejável, podem ocorrer situações em que a permanência dos sedimentos na fundação da barragem se viabiliza e justifica. A viabilidade decorre da constatação de que tais sedimentos apresentam valores de densidade e resistência adequados, compatíveis com o aterro que irá encobri-los. A justificativa em deixá-los parte de dificuldades executivas para sua remoção, culminando em argumentos de natureza econômica. Cabe evidentemente ao projetista atestar a viabilidade técnica da medida, que deve atender a pelo menos dois requisitos: a) a permanência do aluvião não deve causar recalques no corpo da barragem e b) dispositivos de segurança internos à seção da barragem (filtros e transições) devem impedir a migração dos sedimentos.

A permanência de depósitos aluvionares arenosos na fundação é ideia antiga, incorporada a um número expressivo de barragens no Nordeste, por

Fig. 8.23 *Parede diafragma com cinta superior de concreto, escavada parcialmente (vai até 7 m de profundidade) para inspeção visual*

exemplo. A Fig. 8.24 traz o exemplo da barragem Estevam Marinho, do açude Curema, no rio Aguiar (PB), em que o aluvião permaneceu na fundação, a jusante do muro de pedra seca.

Outro exemplo é o caso da barragem da PCH Casca III, no rio da Casca (MT), em fundação arenítica. A jusante do eixo da barragem foi identificada uma depressão no topo rochoso, que atingia até 17 m abaixo do leito do rio, preenchida com areia fina e fofa (1 a 3 golpes/30 cm), com matacões. A área coberta pelas areias finas, contendo blocos, envolvia um volume de aproximadamente 30.000 m³ (Fig. 8.25). Resolveu-se, então, manter o depósito aluvionar no local, realizando-se um trabalho de adensamento da areia, por meio de vibrações provocadas com explosivos, de modo a minimizar os recalques diferenciais na estrutura durante e após a construção. Medidores permitiram estabelecer as linhas de igual recalque, que atingiu em alguns pontos 0,25 m, ou seja, aproximadamente 2% da espessura média do depósito. A resistência à penetração do barrilete amostrador, medida após os trabalhos de adensamento, variou entre 3 e 7 golpes/30 cm.

Outro exemplo, de maior porte, é dado pela barragem da UHE Itapebi, no rio Jequitinhonha (BA), construída sobre embasamento gnáissico. A barra-

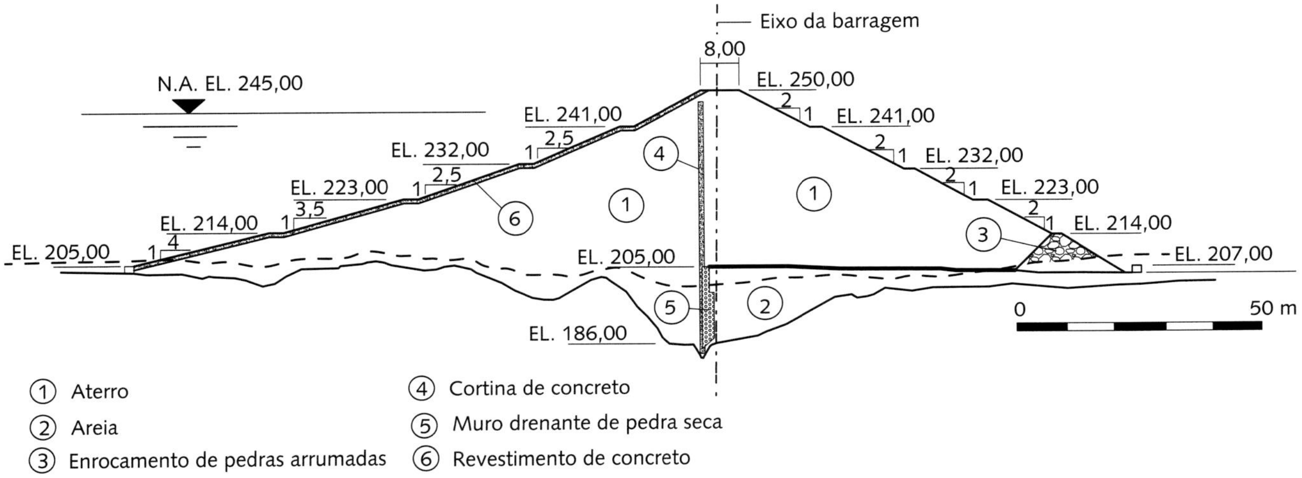

Fig. 8.24 *Seção transversal da barragem Estevam Marinho, onde o aluvião arenoso permaneceu na fundação sob o espaldar de jusante*
Fonte: adaptado de DNOCS (1982).

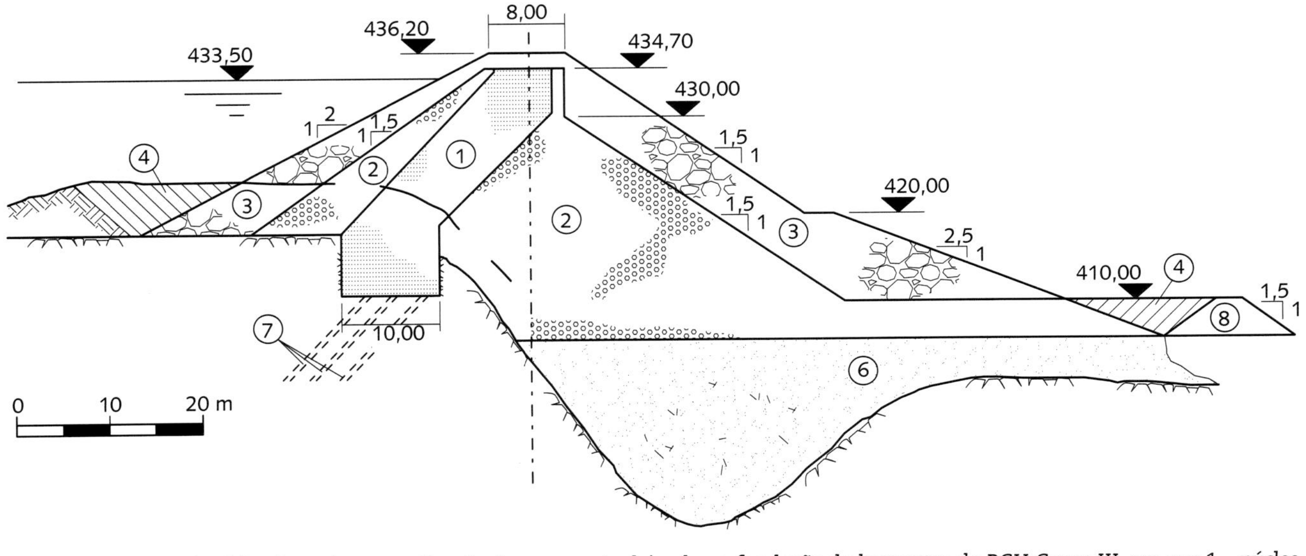

Fig. 8.25 *Espesso depósito de areia e cascalho aluvionar recente deixado na fundação da barragem da PCH Casca III, em que 1 – núcleo impermeável; 2 e 3 – enrocamento; 4 – aterros; 6 – aluvião: areia fofa com matacões; 7 – cortina de vedação em rocha; 8 – ensecadeira*
Fonte: Queiroz e Oliveira (1968).

gem, com altura de 100 m, tem seção de enrocamento com face de concreto. O projeto optou pela permanência do espesso depósito de areia, que ocupa uma forte depressão no perfil longitudinal do talvegue do rio (Fig. 8.26).

Finalmente, deve-se mencionar que barragens podem incorporar em sua seção até mesmo massas de tálus, desde que satisfaçam os já expostos requisitos de resistência e confinamento. Esse é o caso da barragem de Euclides da Cunha, no rio Pardo (SP), projetada e construída na década de 1960, cuja seção na ombreira direita contém e envolve uma volumosa massa de tálus (Fig. 8.27).

Nessa seção, vale a pena atentar ao detalhe da presença de uma galeria de injeção, drenagem e instrumentação na base da barragem, próxima à fundação. Usualmente encontrados em projetos de barragens de terra em outros países, raros são os casos de incorporação de galerias na seção de barragens de terra construídas no Brasil.

8.14 Paleocanais na fundação da barragem

No histórico de construção de barragens, um evento relativamente frequente tem sido o encontro casual de paleocanais em leitos de rios ou soterrados nas margens, em correspondência a depressões preenchidas por sedimentos e ocupando estreitas porções da calha atual ou antiga, mas estendendo-se no sentido montante-jusante por dezenas ou centenas de metros. O referido caráter casual decorre da dificuldade em identificar tais feições previamente às etapas de ensecamento do leito ou escavação nas margens, uma vez que a investigação por meio

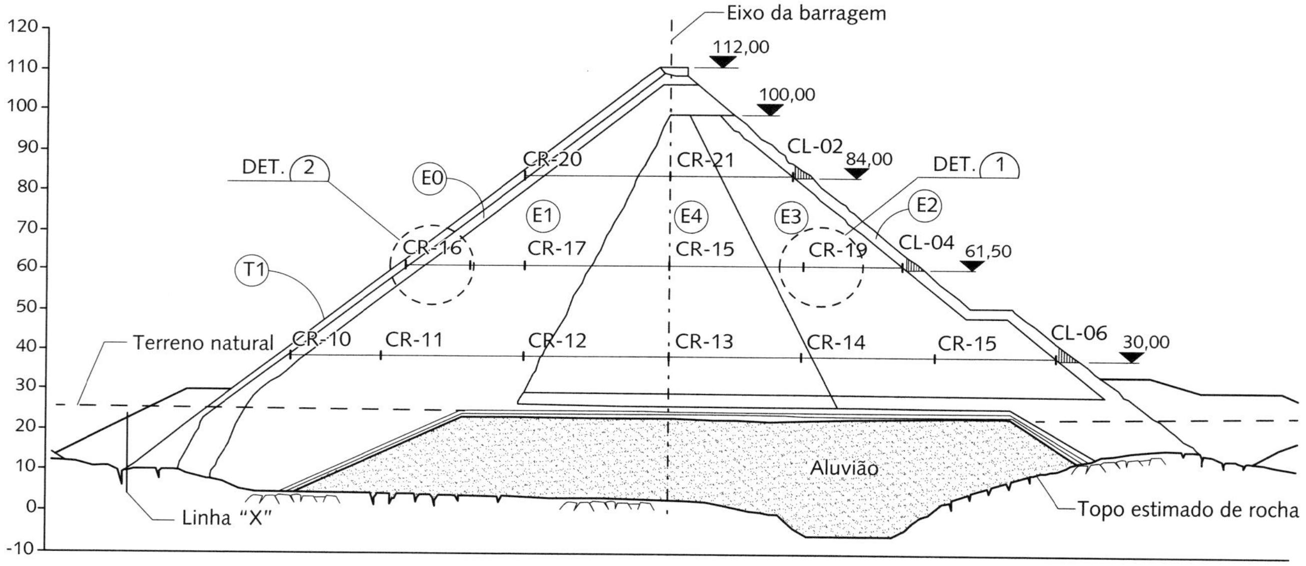

Fig. 8.26 *Seção esquemática da barragem da UHE Itapebi, mostrando a permanência de espesso depósito de areia aluvionar*

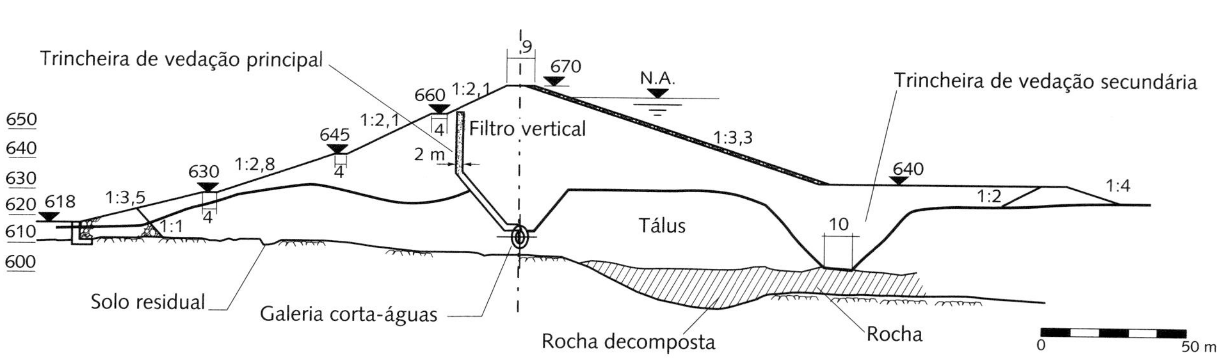

Fig. 8.27 *Barragem de Euclides da Cunha, no rio Pardo, com a incorporação de uma volumosa massa de tálus em sua seção na ombreira direita*

Fonte: adaptado de Vargas (1963).

de sondagens pontuais apresenta dificuldades na identificação de tais estruturas, seja por questões executivas (necessidade de flutuantes, existência de correntezas e riscos), seja por se tratar de feições lineares, de pequena largura em planta. Mesmo quando realizadas em seco nas margens, sondagens mecânicas espaçadas dezenas de metros umas das outras dificilmente identificam a presença dessas estruturas, que costumam ser percebidas somente após o início das escavações.

Técnicas geofísicas de investigação indireta do subsolo têm sido a ferramenta de maior auxílio e resolução na interceptação de paleocanais, servindo de orientação para a locação de sondagens mecânicas *a posteriori*. A Fig. 8.28 traz o resultado de uma seção geofísica obtida por sísmica de reflexão subaquática, onde é assinalada a presença de alinhamentos geológico-estruturais, responsáveis prováveis pela delimitação e pelo condicionamento de canais, parcialmente preenchidos por sedimentos recentes.

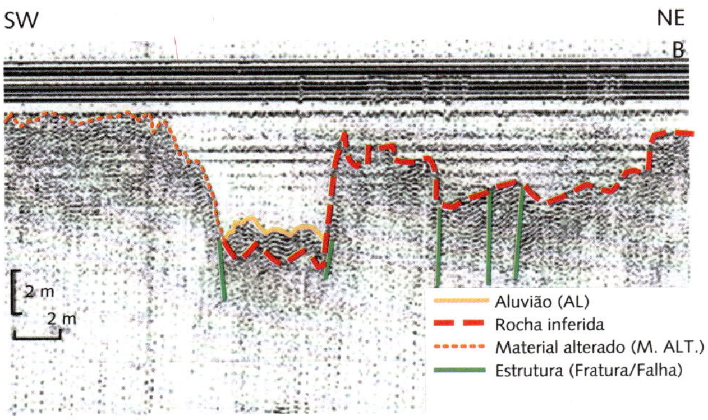

Fig. 8.28 *Resultados de uma seção de sísmica de reflexão subaquática, indicando a presença de canais parcialmente preenchidos por sedimentos, bem como de estruturas geológicas*

Fig. 8.29 *Paleocanal no leito do rio Comemoração, no sítio da PCH Apertadinho. Após limpeza, a cavidade foi preenchida com concreto (foto da obra, 2006)*

Uma vez identificados, os paleocanais, preenchidos total ou parcialmente por sedimentos de natureza diversificada, passam a representar um elemento de destaque no processo construtivo da barragem, visto que exigem um tratamento diferenciado que pode acarretar atrasos, além de custos adicionais na implementação das soluções adotadas. A Fig. 8.29 documenta o paleocanal existente no leito do rio Comemoração, no sítio da PCH Apertadinho (RO), que foi limpo e preenchido por concreto, de modo a reconstituir o fundo do talvegue e regularizar a superfície de assentamento da barragem de seção homogênea.

A solução adotada depende, evidentemente, do tipo de projeto e da forma, das dimensões e do aspecto do paleocanal. Caso a barragem possua uma seção mista com núcleo impermeável, o preenchimento do paleocanal com concreto pode se limitar, por exemplo, ao trecho de apoio do núcleo. Nesse caso, do lado jusante as paredes do paleocanal se tornam local de convergência da rede de fluxo subterrânea, podendo requerer a adoção de um sistema de filtragem reforçado (Fig. 8.30).

8.15 Erosão regressiva (*piping*)

O mecanismo de erosão regressiva (*piping*) é um processo que existe na natureza desde muito antes de as barragens de terra começarem a ser erguidas, sendo responsável, juntamente com outras causas e agentes exógenos, pela evolução das formas de relevo. Dado um perfil de intemperismo ao longo de um declive, toda vez que a erosão superficial (por ravinamento) se

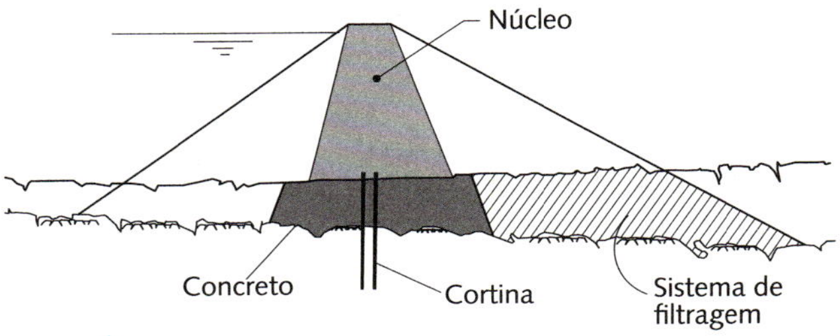

Fig. 8.30 *Reconstituição da base do núcleo da barragem com preenchimento parcial do paleocanal por concreto*

aprofundar, aproximando-se do nível freático, surgem condições para que se desencadeie um mecanismo de erosão regressiva. Nas encostas naturais, esse momento assinala a conversão de uma ravina em vossoroca. A partir do momento em que a ravina atinge o nível freático, as linhas de fluxo subterrâneo convergem para aquele local, dando início ao arraste de partículas sólidas do solo, expulsando-as de sua posição original. Forma-se aos poucos uma cavidade. Com a aceleração do processo, a cavidade progride, até descalçar a parede lateral da ravina e causar seu tombamento. Em outros casos, a parede pode permanecer onde está, mas na base da parede surge um duto de erosão interna. Instala-se assim a vossoroca, que irá evoluir e ramificar rumo a montante, causando modificações na paisagem. Volumes significativos de solo serão removidos, lixiviados e arrastados ao longo da encosta, indo se acumular no sopé da elevação.

Taludes de escavação, executados para a construção de estradas e de barragens, ou para a implantação de edifícios ou pátios industriais, constituem os locais mais propícios ao desencadeamento desse mecanismo de erosão, e sua preservação e integridade estão intimamente na dependência da capacidade de se prever tal ocorrência, adotando-se tempestivamente medidas de proteção e/ou contenção.

Na construção de barragens, a possibilidade de se instalar um processo erosivo retrocedente (*piping*) está sempre presente, pela diversidade de situações que se sucedem com rapidez e pelo caráter provisório de grande parte das escavações. O conhecimento da hidrogeologia do sítio, adquirido através de sondagens, mapeamento geológico de superfície e instalação de medidores de nível d'água, mesmo provisórios, é a principal ferramenta à disposição de projetistas e construtores para a previsão de possíveis situações críticas de desencadeamento de processos erosivos retrocedentes.

Obviamente, a própria barragem, bem como o conjunto barragem-fundação, deve ser dotada de dispositivos aptos a inibir o surgimento de situações potenciais de *piping*.

Citam-se, a seguir, dois casos em que a erosão regressiva teve importantes reflexos na construção e no desempenho das obras. No primeiro caso, relatado por Kanji (2017), durante a abertura da cava para a implantação da casa de força de uma PCH, em aluvião sobreposto a arenito brando, o alto gradiente estabelecido pela nova geometria levou à formação de um processo de *piping*, que resultou na inundação do recinto. As Figs. 8.31 e 8.32 documentam o ocorrido.

Em outra PCH, também em arenitos brandos, as escavações para a implantação das estruturas, tanto de terra quanto de concreto, aprofundaram-se bem abaixo da posição original do lençol freático. A ausência de qualquer tipo de proteção dos taludes escavados permitiu que se desencadeasse um processo generalizado de *piping*, com consequências desastrosas (Fig. 8.33).

8.16 Rebaixamento do lençol freático

Em barragens, a técnica de rebaixamento do lençol freático tem sido empregada durante a realização de escavações que ultrapassam a cota de ocorrência do lençol freático, quando passa a se manifestar a convergência das linhas de fluxo d'água para a cavidade aberta. Em materiais pouco coesivos, a acentuação dos gradientes hidráulicos à medida que a rede de fluxo se aproxima da cavidade pode induzir o arraste de partículas sólidas, expulsando-as e dando, assim, origem a um processo de erosão regressiva, como já descrito na seção anterior. Em tais casos, a implantação prévia de um sistema de rebaixamento do lençol freático evita que a rede de fluxo se aproxime das paredes da escavação em andamento, eliminando ou reduzindo substancialmente a possibilidade de desencadear o citado processo erosivo e garantindo a permanência da escavação na geometria planejada.

Em sítios de barragens, as escavações mais profundas costumam coincidir com as áreas de implantação das estruturas de concreto, principalmente da casa de força em usinas hidrelétricas. Em barragens de terra, a técnica de rebaixamento tem sido empregada em auxílio à abertura de trincheiras de vedação, com menor frequência.

Casos há, entretanto, em que o custo e a dimensão da tarefa de remoção de volumosos depósitos de areias aluvionares, preenchendo parcial ou totalmente a calha do rio, induzem a se cogitar em não

Fig. 8.31 *Inundação do recinto de escavação da casa de força em uma PCH, em arenito brando capeado por sedimentos recentes: (A) antes e (B) depois*
Fonte: Kanji (2017).

Fig. 8.32 *Cavidades de* piping *no contorno da área escavada*
Fonte: Kanji (2017).

Fig. 8.33 *Desencadeamento de* piping *em talude escavado para implantação da estrutura do vertedouro*
Fonte: Nieble, Mello e Kanji (2009).

removê-los, incorporando-os à seção da barragem, aspecto já abordado na seção 8.13. Ainda assim, as dificuldades executivas podem ser enormes. Esse é o caso da barragem da UHE Estreito, no rio Tocantins (MA/TO), onde espessos depósitos de areia aluvionar recente preenchiam toda a calha do rio. As próprias ensecadeiras de montante e jusante tiveram que receber um tratamento na fundação por *jet grouting*, para assegurar a capacidade de esvaziamento da área ensecada. O depósito de areia permaneceu na fundação da barragem. Para viabilizar as operações construtivas, foi necessário recorrer ao rebaixamento do lençol freático, obtido com a implantação de duas linhas de poços de bombeamento, assinaladas na Fig. 8.34.

A Fig. 8.35 documenta parcialmente o espesso depósito de areia aluvionar que permaneceu na fundação da barragem.

8.17 Entupimento progressivo dos dispositivos de drenagem

Filtros e drenos de barragens de terra têm evidenciado a ocorrência de um mecanismo de colmatação química progressiva causada pela deposição de óxidos e hidróxidos de ferro, em processo similar ao de laterização, típico de regiões de clima equatorial, tropical e subtropical. A obstrução do sistema de drenagem se inicia pela mobilização do ferro em meio redutor, a partir de fontes que podem ser o próprio aterro compactado ou a fundação. Transportados em solução pelas águas percolantes, ao passar de um meio redutor para outro oxidante, em contato com o meio externo a jusante da barragem, os elementos perdem sua solubilidade e precipitam, preenchendo gradativamente os vazios dos materiais granulares que compõem filtros e drenos, reduzindo a permeabilidade do meio. Com isso, a capacidade de

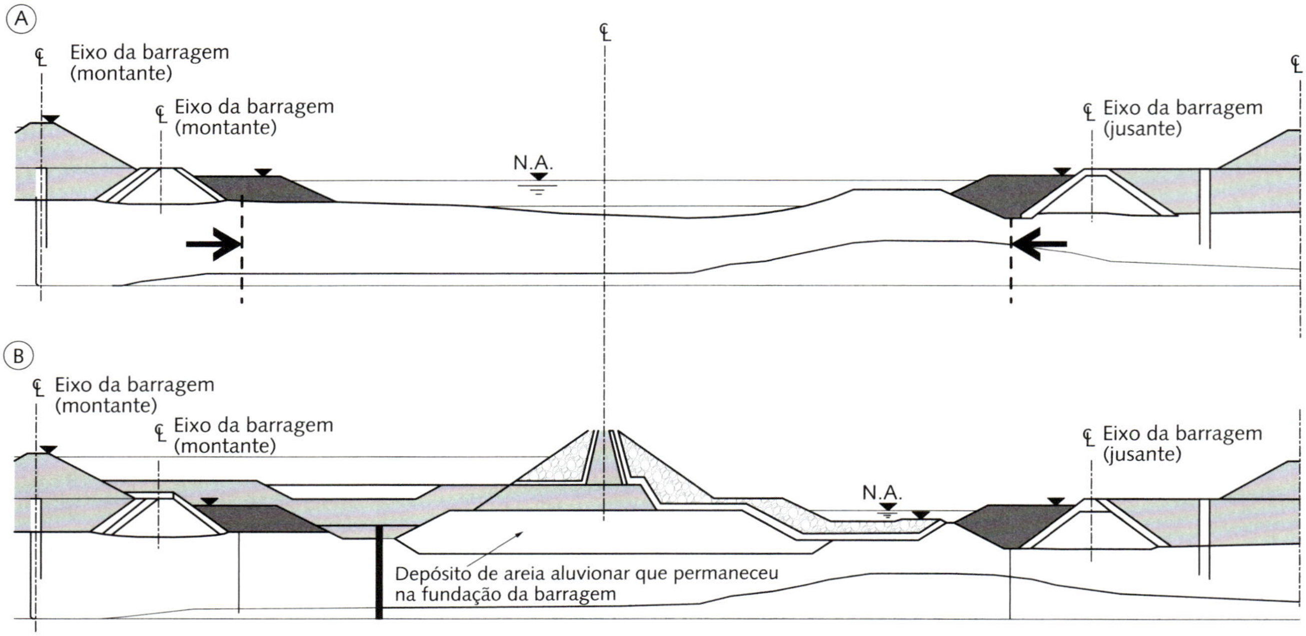

Fig. 8.34 *Duas linhas de poços de bombeamento para rebaixamento do lençol freático (assinaladas) garantiram a construção da barragem da UHE Estreito a seco e permitiram a preservação de volumoso depósito de areia na fundação: (A) antes de novembro de 2009 – construção de bermas e instalação de poços de bombeamento e (B) 1º de maio a 30 de junho de 2010 – construção da barragem e tapete vedante*

Fonte: Ceste, Intertechne e CNEC (2009).

Fig. 8.35 *Vista parcial do volumoso depósito de areia aluvionar que permaneceu na fundação da barragem. Ao fundo a ensecadeira de montante (foto da obra)*

escoamento das águas drenadas diminui, tendendo à retenção e refletindo-se na elevação das pressões internas ao corpo da barragem. Caso existam dispositivos de monitoramento interno na barragem, ou em sua fundação, o aumento das subpressões será revelado pela resposta gradual da piezometria à progressiva perda da capacidade drenante do sistema.

Segundo Nogueira Jr. (1988), quanto maior é o grau de aeração do sistema de drenagem, mais rápido e intenso se torna o fenômeno, sendo que barragens com drenos tubulares e filtros tipo sanduíche tendem a apresentar colmatação mais acentuada e evolução mais rápida do que aquelas que possuem tapetes ou filtros arenosos, quando em contato com o ar. A intensidade do processo aparenta estar relacionada à natureza do substrato rochoso, sendo mais efetiva em barragens construídas sobre rochas ácidas do que sobre rochas básicas ou alcalinas, pois nestas últimas a presença de cátions de metais alcalinos ou alcalino-terrosos tende a manter os íons ferrosos em solução, dificultando sua precipitação.

A Fig. 8.36 documenta a contaminação em poço de alívio a jusante de uma barragem de terra. A saída da água ocorre através de rasgos horizontais na base do tubo plástico, que podem aos poucos ir sendo obstruídos, acarretando reflexos nas pressões hidrostáticas do meio barragem/fundação.

Ao processo físico-químico soma-se a contribuição de compostos orgânicos, na forma de substâncias coloidais de consistência gelatinosa, com presença intensiva de micro-organismos, quais ferrobactérias e sulfobactérias, que participam do processo de colmatação de sistemas de drenagem.

Considerando que a colmatação por compostos de ferro se manifesta na faixa de oscilação do lençol freático, as soluções para o enfrentamento do problema consistem em evitar a aeração do filtro (Maciel Filho, 1982), seja por afogamento, seja por um sistema de caixas com anteparos que impeçam a entrada de ar para o interior do tubo de drenagem.

O caso da barragem de Piau (MG) foi revelador da complexidade do processo no sistema interno de drenagem, uma vez que mostrou a participação de agentes biodegradantes (bactérias, fungos ou outros micro-organismos) até mesmo na deterioração dos materiais componentes do próprio sistema. Em determinado momento, o monitoramento por piezômetros no corpo da barragem passou a acusar níveis gradativamente crescentes, sem aparentes causas externas (Fig. 8.37), indicando que os níveis de alerta haviam sido alcançados.

A investigação direta por trincheiras abertas a partir de jusante para desobstrução mostrou que, além da colmatação dos filtros e dos tubos de concreto

Fig. 8.36 *Contaminação de um sistema de drenagem de fundação de uma barragem de terra, manifestando-se na saída de um poço de alívio*

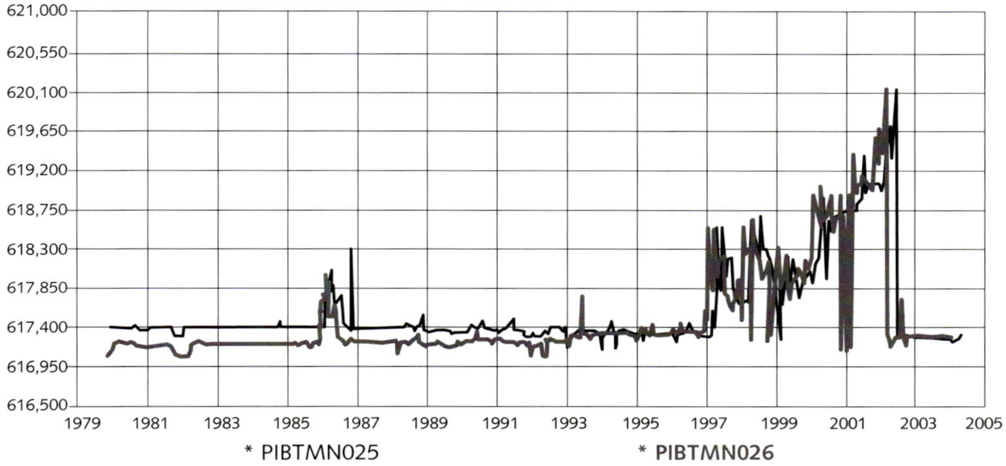

Fig. 8.37 *Evolução dos níveis d'água nos PZ-025 e PZ-026*
Fonte: Cruz, Dias e Balbi (2006).

poroso encarregados de escoar as águas, os próprios componentes do sistema (manilhas, tubos) haviam sido deteriorados. A deterioração dos componentes de concreto foi identificada como biodegradação e atribuída à atuação de micro-organismos, capazes de realizar a dissolução de compostos hidratados do cimento através da produção de ácidos em meio anaeróbico.

Durante a desobstrução, iniciada com a introdução de uma ferramenta tipo *roto-rooter* na manilha coletora da drenagem do filtro, surgiu um material gelatinoso e escuro nos primeiros metros (Fig. 8.38). Aos 18 m de extensão houve resistência à introdução da sonda, quando começou a sair grande quantidade de material gelatinoso juntamente com areia que envolvia o sistema de drenagem. A vazão do dreno aumentou instantaneamente cerca de dez vezes. Por meio de um poço, constatou-se que a manilha de concreto havia sido desagregada.

Os reflexos do desentupimento nos níveis piezométricos foram imediatos (Fig. 8.37).

O caso da barragem de Piau reafirma a importância do acompanhamento e da interpretação tempestiva do comportamento da instrumentação em uma barragem. O gradual aumento dos níveis d'água internos, sem interveniência de fatores externos, pode ser o reflexo de um processo de colmatação do sistema de drenagem, pela conjugação de fatores físico-químicos e agentes biológicos. O estudo do caso despertou a atenção sobre o mecanismo de biodegradação do concreto e de deterioração de materiais minerais outros, quais rocha, cerâmica ou vidro.

Fig. 8.38 *Desobstrução da tubulação de drenagem*
Fonte: Cruz, Dias e Balbi (2006).

9 Barragens de rejeitos de mineração

9.1 Tipos de barragens de rejeitos de mineração

Há dois tipos básicos de barragens para reservatórios de rejeitos de mineração, alteada para jusante e alteada para montante, como ilustrado nas Figs. 9.1 e 9.2. O tipo *alteada para jusante*, no qual a barragem é alteada sobre base sólida e com materiais compactados, é mais seguro, mais caro e ocupa área maior a jusante do reservatório. No tipo *alteada para montante* a barragem cresce para dentro do reservatório, com os diques de alteamento (em geral constituídos por rejeitos selecionados) apoiados em rejeitos anteriormente lançados, o que é mais barato, porém menos seguro. Define-se um terceiro tipo, denominado *barragem de centro*, no qual a barragem sobe parte a jusante e parte a montante, com custo intermediário, mas com nível de risco semelhante ao das alteadas para montante.

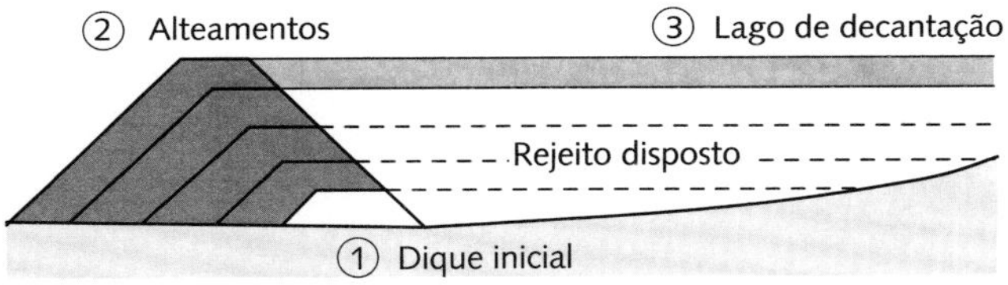

Fig. 9.1 *Barragem de rejeitos alteada para jusante*

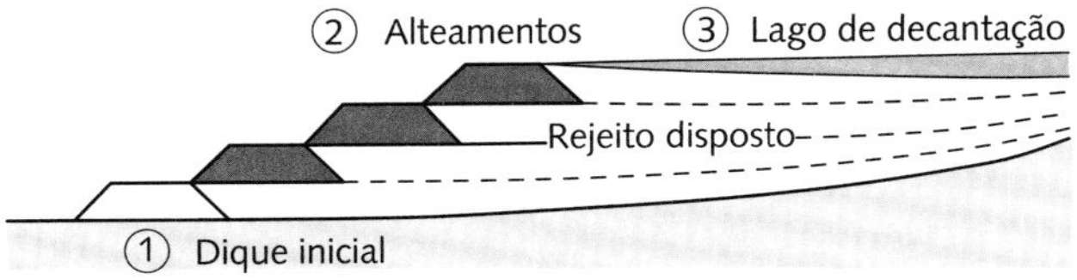

Fig. 9.2 *Barragem de rejeitos alteada para montante*

9.2 Alteamento das barragens e dos reservatórios de rejeitos

As barragens (e os reservatórios) de rejeitos de mineração são alteadas à medida que os rejeitos resultantes do processo de separação do minério são transportados para o reservatório. Na maioria dos casos, os rejeitos se encontram em estado fluido e são transportados por bombeamento em tubulações. O alteamento pode levar décadas, dependendo do volume de rejeitos produzidos e do espaço disponível no reservatório. Ao longo desse extenso período de alteamento, diferentes equipes de projeto e de fiscalização tomam decisões sobre a barragem. Por esse motivo (principal), as barragens de rejeito não se encaixam, rigorosamente falando, no conceito de BTE utilizado neste livro. Contudo, as rupturas ocorridas em Mariana (2015) e em Brumadinho (2019) e as questões e dúvidas que essas rupturas trouxeram para o meio técnico motivaram a inclusão deste capítulo adicional. Essas duas barragens eram do tipo alteada para montante.

9.3 Características dos rejeitos de mineração de ferro

O processo de separação do minério por via úmida gera resíduos líquidos com sólidos em suspensão. O resíduo líquido gerado em mineração de ferro pode ser separado em duas parcelas:

- *Resíduo arenoso* (*sand tailing*), com a maior parte dos grãos de tamanho areia fina (diâmetro de 0,075 mm, não excedendo 1,0 mm), e, em menor proporção, de tamanho silte (diâmetro, tipicamente, entre 0,02 mm e 0,075 mm), constituídos, principalmente, por minerais como quartzo, como mostrado nas Figs. 9.3A e 9.4A.
- *Lama ou resíduo fino* (*slimes*), com grãos menores do que 0,075 mm (silte e argila, incluindo quantidades variáveis de minério de ferro), conforme se vê nas Figs. 9.3B e 9.4B.

9.4 Disposição de rejeitos de mineração de ferro em reservatórios

O minério de ferro é separado dos rejeitos (ou resíduos) em usinas que utilizam muita água (por meio da chamada *separação por via úmida*). Os rejeitos líquidos são transportados através de tubulações e lançados em reservatórios. Três formas de disposição de rejeito líquido em reservatórios estão apresentadas nas Figs. 9.5 a 9.7: disposição com tubo aberto, disposição por espigotamento, também denominada disposição por canhão, e disposição com barra de aspersão (*spray bar*).

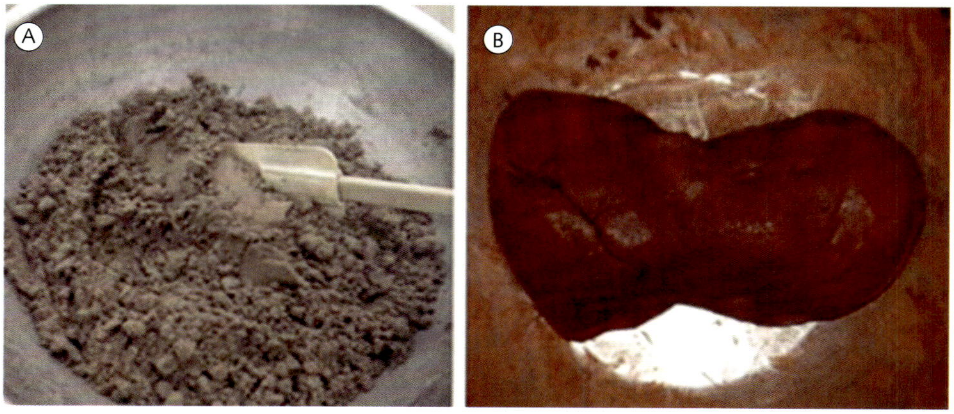

Fig. 9.3 *Aparência dos resíduos (A) arenoso e (B) fino*

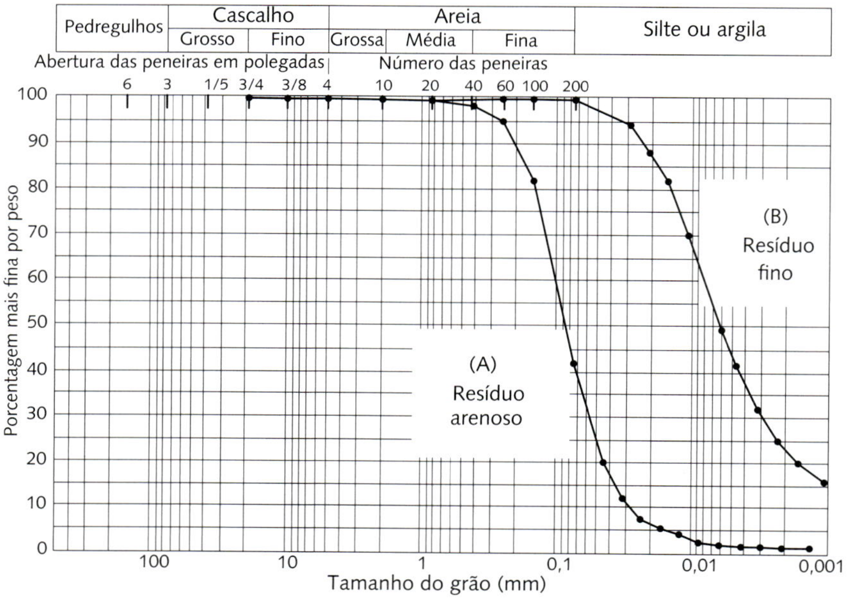

Fig. 9.4 *Granulometria dos resíduos (A) arenoso e (B) fino*

Em princípio, com o lançamento de rejeito líquido, ocorre uma separação gravitacional, ficando os grãos mais grossos próximos do ponto de lançamento, como esquematicamente indicado na Fig. 9.8. No entanto, na maioria dos casos (e, em particular, na mineração de ferro), os grãos mais grossos são mais leves (constituídos tipicamente por quartzo) e os grãos mais finos são mais pesados (possuem uma quantidade de minério de ferro). Assim, a separação gravitacional costuma ser pobre.

Quando o processo industrial produz separação entre os rejeitos arenosos e os rejeitos finos, pode-se fazer o lançamento em áreas separadas do reservatório. A fração arenosa é lançada na parte da frente e a parte fina é lançada no fundo do reservatório.

Fig. 9.5 *Disposição de rejeitos líquidos em tubo aberto – mina de alumínio*
Fonte: CBDB (2012).

Fig. 9.6 *Disposição de rejeitos líquidos por espigotamento (canhão) – mina de ferro*
Fonte: Pirete (2010).

9.5 Geometria e evolução dos reservatórios do Fundão e de Brumadinho

A barragem do Fundão, da mina de Germano, em Mariana (MG), está mostrada em vista aérea na Fig. 9.9. Uma seção esquemática dessa barragem e de seu reservatório se encontra na Fig. 9.10. Nessa seção se destaca o tapete drenante na elevação 826 m. Esse tapete foi necessário porque o sistema drenante inferior, construído sobre a fundação, revelou-se ineficiente. Em longo prazo esse tapete drenante chegou ao seu limite de vazão, como comentado adiante. A

Fig. 9.7 *Disposição de rejeitos líquidos por barra de aspersão (spray bar) – mina de ferro*
Fonte: Pirete (2010).

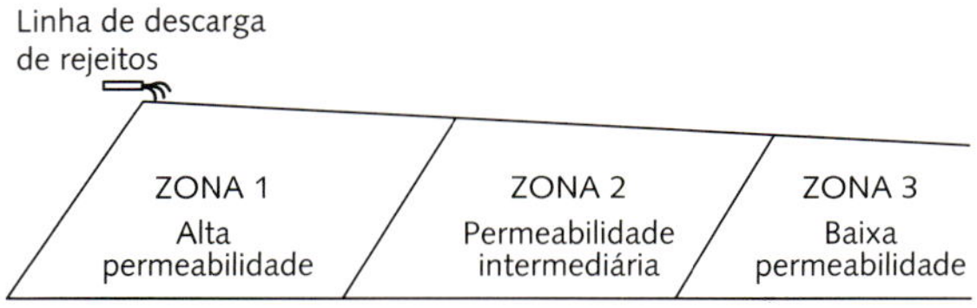

Fig. 9.8 *Separação gravitacional hipotética do rejeito líquido*

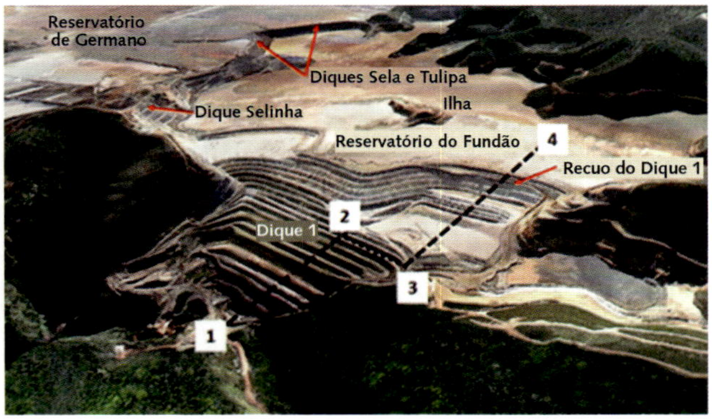

Fig. 9.9 *Fundão: vista aérea geral da barragem e do reservatório*

evolução com o tempo do alteamento do Fundão está esquematicamente mostrada na Fig. 9.11.

A barragem 1, da mina do Córrego do Feijão, em Brumadinho (MG), está apresentada em planta na Fig. 9.12. Uma seção típica dessa barragem se encontra na Fig. 9.13. A evolução com o tempo do alteamento de Brumadinho está esquematicamente mostrada na Fig. 9.14.

9.6 Descrição da ruptura do Fundão

A barragem do Fundão, da mina de ferro de Germano, situada no município de Mariana (MG), foi

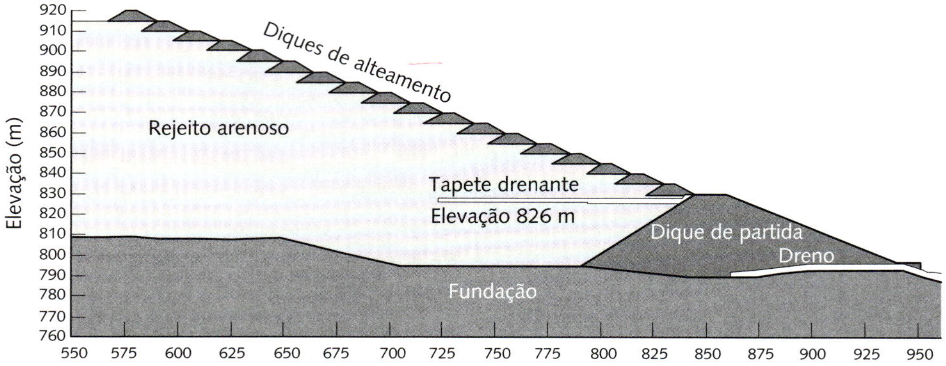

Fig. 9.10 *Fundão: seção esquemática da barragem e do reservatório, segundo alinhamentos 1-2-3-4 da Fig. 9.9 (com tapete drenante na elevação 826 m e sem a plataforma de recuo na elevação 850 m)*

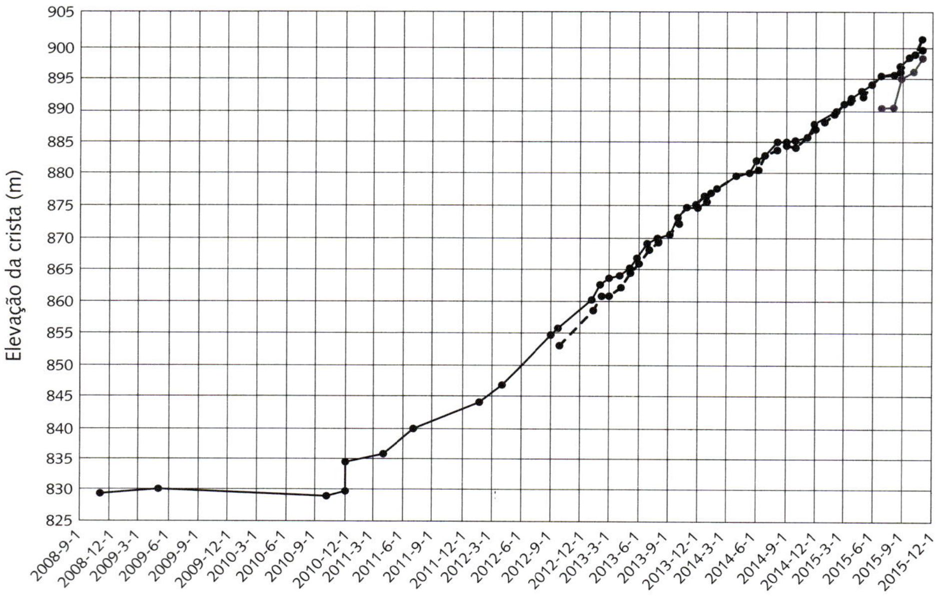

Fig. 9.11 *Fundão: evolução do alteamento com o tempo*
Fonte: Morgenstern et al. (2016, apêndice B, p. 18).

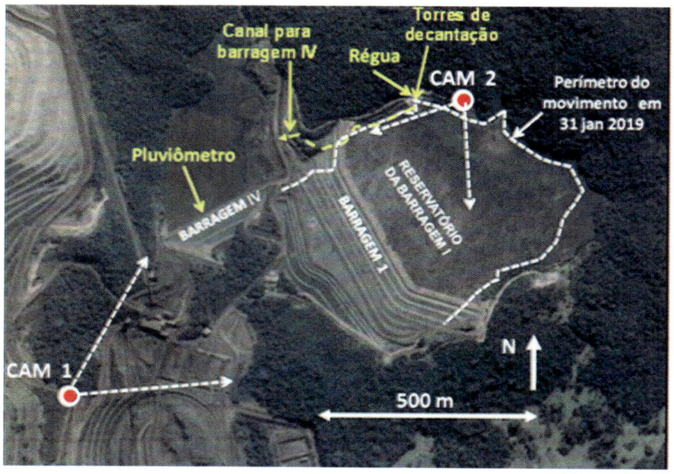

Fig. 9.12 *Brumadinho: planta da barragem, do reservatório e das estruturas e equipamentos próximos (em 14 de dezembro de 2018)*

iniciada em meados da década de 1970 e rompeu em 5 de novembro de 2015, à tarde, causando a morte de 19 pessoas. A ruptura gerou uma onda de lama que, alimentando-se de águas de lagos de barragens e do rio Doce e seus afluentes, fluiu por centenas de quilômetros e chegou ao oceano Atlântico. Do ponto de vista ambiental, esse desastre é considerado um dos maiores que já ocorreram.

Imagens de satélite da área da ruptura estão apresentadas na Fig. 9.15 (antes da ruptura, em 20 de julho de 2015) e na Fig. 9.16 (depois da ruptura, em 11 de novembro de 2015).

A sequência de eventos que ocorreram na fase inicial da ruptura, baseada em depoimentos de testemunhas, está mostrada na Fig. 9.17.

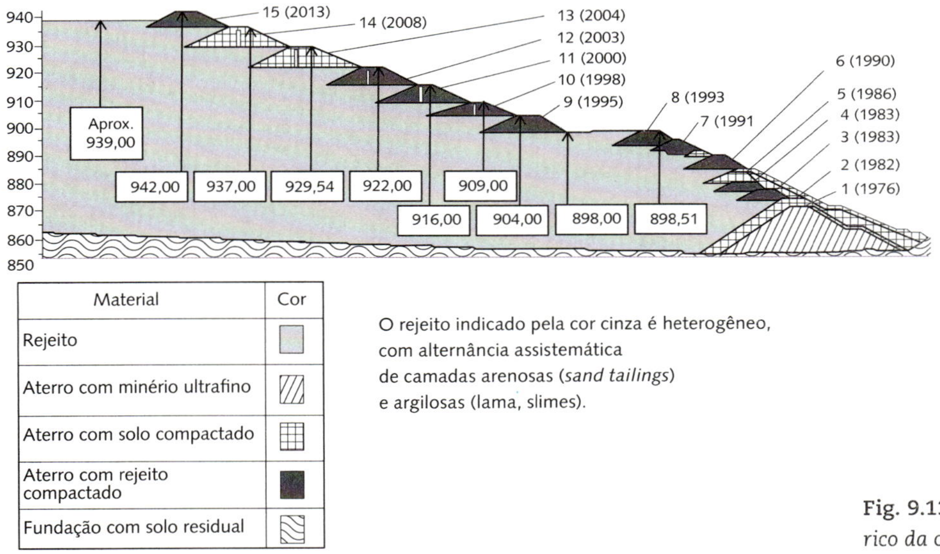

Fig. 9.13 *Brumadinho: seção típica com histórico da construção*

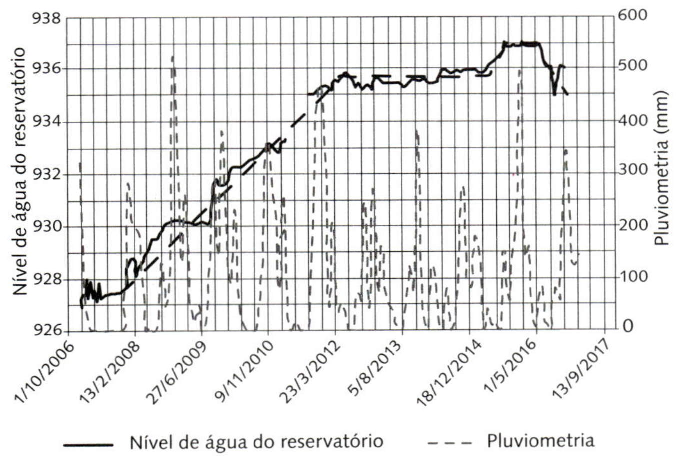

Fig. 9.14 *Brumadinho: evolução do alteamento com o tempo*
Fonte: Robertson et al. (2019).

Fig. 9.15 *Fundão: imagem de satélite antes da ruptura*

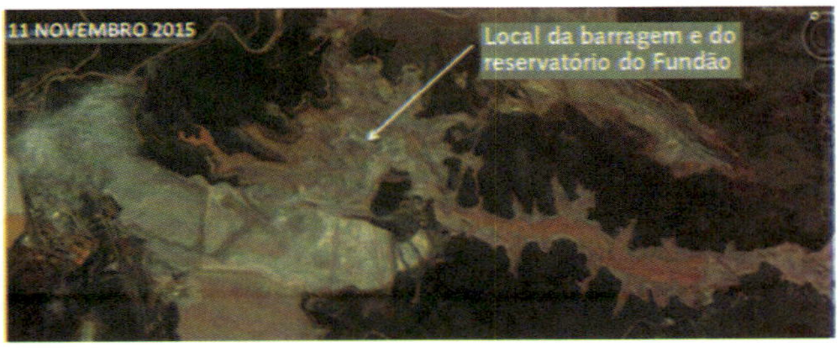

Fig. 9.16 *Fundão: imagem de satélite depois da ruptura*

Uma seção representativa do trecho que rompeu está ilustrada na Fig. 9.18, podendo-se notar a presença assistemática e interdigitada de rejeitos finos (*slimes*) e de rejeitos arenosos fofos (*loose sand tailings*).

O movimento foi rápido e não deu sinais prévios perceptíveis. As 13 pessoas que estavam trabalhando na barragem e faleceram só perceberam a ruptura quando ela já estava em andamento.

9.7 Descrição da ruptura de Brumadinho

A denominada barragem 1, da mina de ferro do Córrego do Feijão, situada no município de Brumadinho (MG), foi iniciada em 1976 e rompeu em 25 de janeiro de 2019. A ruptura foi seguida por uma onda de lama que invadiu pátios de minério, prédios industriais e residências e resultou em 270 mortes, incluindo oito pessoas desaparecidas. Constitui-se no desastre de barragem de rejeito com o maior número de vítimas de que se tem notícia.

Um aspecto único da ruptura de Brumadinho é que ela foi filmada por duas câmeras de segurança da obra. Imagens da câmera 1 (cuja posição está na Fig. 9.12) em quatro momentos do início do movimento estão mostradas na Fig. 9.19.

Uma seção representativa do trecho que rompeu está apresentada na Fig. 9.20. Cabe destacar a presença de rejeitos finos (em laranja) e de rejeitos arenosos (em amarelo), distribuídos de forma assistemática e interdigitada (semelhante ao que foi mostrado antes para o caso do Fundão).

O movimento de Brumadinho foi extremamente rápido. Algo como 8 s transcorreram entre uma situação de (aparente) estabilidade e a ocorrência de uma ruptura violenta. Não houve sinais prévios perceptíveis.

9.8 Susceptibilidade à liquefação nos reservatórios do Fundão e de Brumadinho

Tanto no Fundão como em Brumadinho o reservatório apresentava rejeitos finos e rejeitos arenosos distribuídos de maneira heterogênea. Em ambos os casos havia predomínio de rejeitos arenosos saturados, susceptíveis à liquefação, como sugerem os estudos de susceptibilidade apresentados nas Figs. 9.21 e 9.22. O valor $Q_{tn,cs}$ utilizado nessas duas figuras está explicado na seção 5.9.

Os rejeitos finos são, em geral, moles e fluem com a massa rompida quando os rejeitos arenosos se liquefazem.

9.9 Monitoramento geotécnico no Fundão

O sistema de monitoramento geotécnico existente no Fundão não ofereceu sinais claros da iminên-

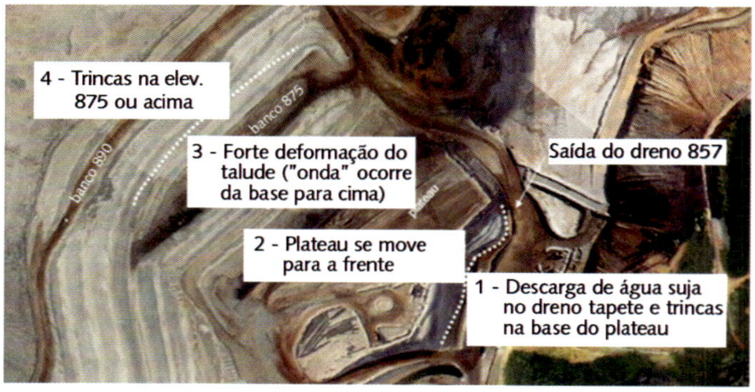

Fig. 9.17 *Fundão: sequência de eventos da ruptura segundo testemunhas*
Fonte: Morgenstern et al. (2016, p. 30).

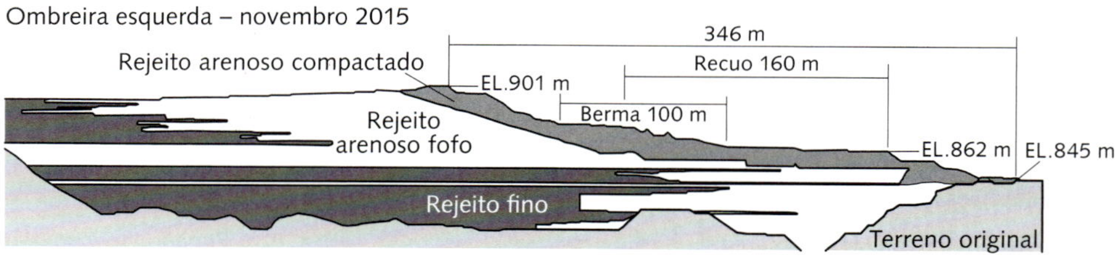

Fig. 9.18 *Fundão: seção de análise de estabilidade na ombreira esquerda. FS = 1,48 para φ = 33° (acima do NA) e S_u/σ'_v = 0,31 (abaixo do NA)*
Fonte: Morgenstern et al. (2006, apêndice H, p. 10-11).

Fig. 9.19 *Ruptura de Brumadinho: (A) tempo t = 0 (início do movimento), (B) t = 6 s, (C) t = 8 s e (D) t = 16 s*

cia da ruptura. Não existiam instrumentos para a medição de deslocamentos. Havia instrumentação piezométrica (piezômetros e medidores de nível de água) no trecho que veio a romper (ver Fig. 9.23), a qual mostrou que o nível piezométrico estava subindo entre janeiro e setembro de 2014 (ver Figs. 9.24 e 9.25). Essa subida, que poderia ser considerada possível gatilho para a ruptura, pode ter sido uma consequência do fato (ver Fig. 9.26) de o tapete drenante na elevação 826 m ter chegado à sua capacidade máxima de drenagem.

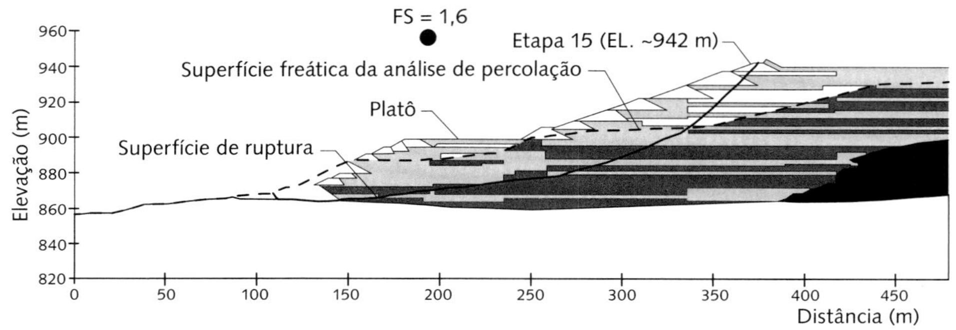

Fig. 9.20 *Brumadinho: análise de estabilidade na ruptura*
Fonte: Robertson et al. (2019, apêndice H).

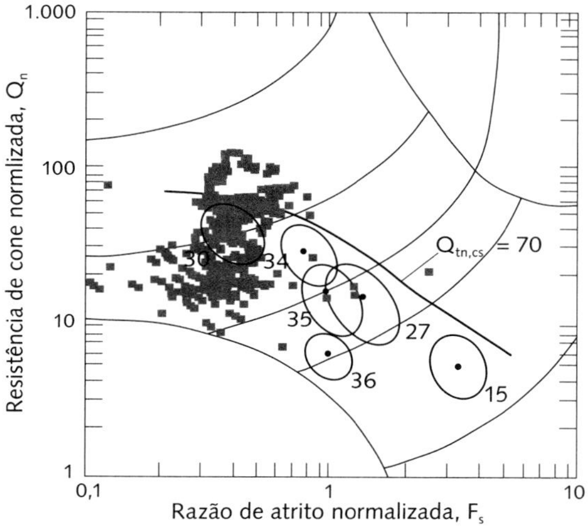

Fig. 9.21 *Fundão: exemplo de estudo de susceptibilidade à liquefação – ensaio de piezocone 15B realizado em junho de 2015*
Fonte: Morgenstern et al. (2016, apêndice C, anexo C1).

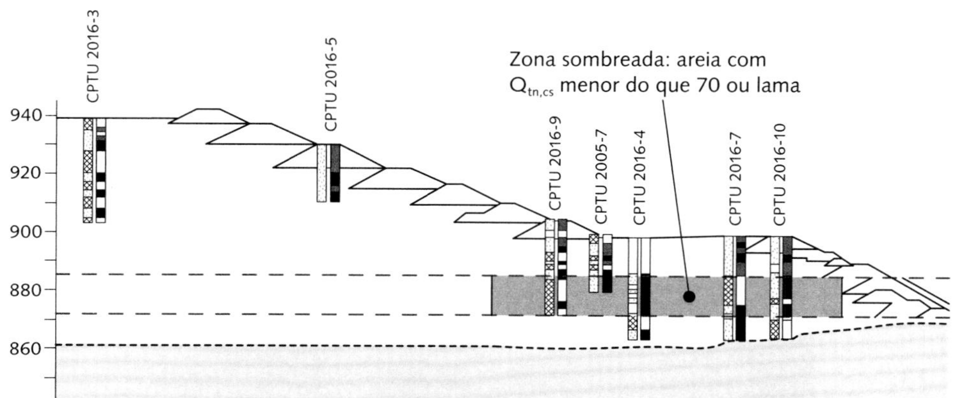

Fig. 9.22 *Brumadinho: exemplo de estudo de susceptibilidade à liquefação – ensaios de piezocone. Estudo dos autores com o procedimento de Robertson (2010b) e baseado em dados de Robertson et al. (2019)*

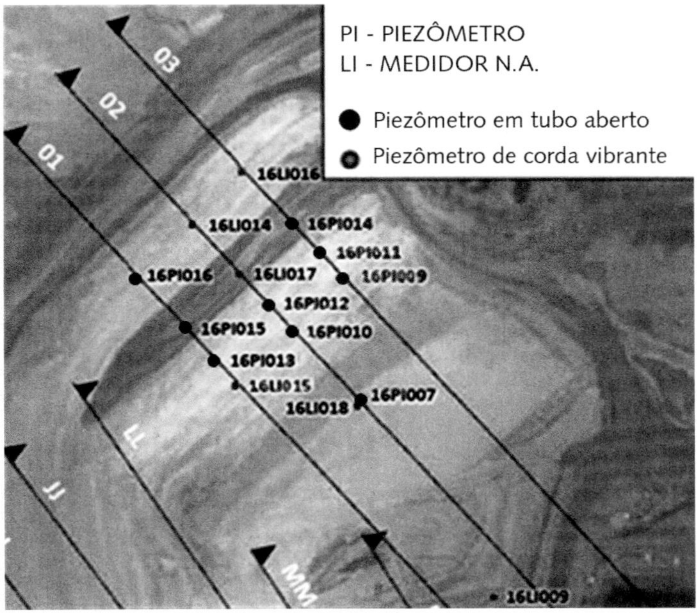

Fig. 9.23 *Fundão: instrumentação piezométrica na área da ruptura*
Fonte: modificado de Morgenstern et al. (2016, apêndice E, anexo E1).

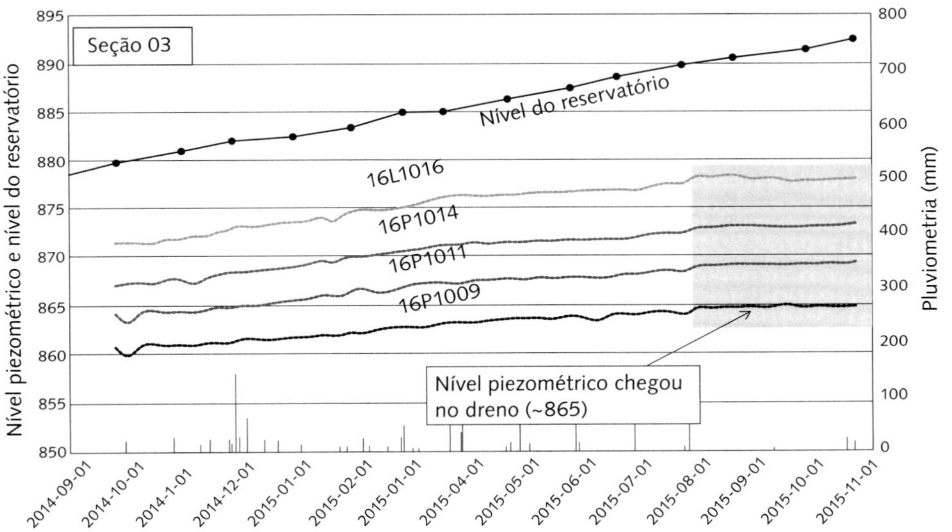

Fig. 9.24 *Fundão: piezometria na seção 03 – setembro de 2014 a novembro de 2015*
Fonte: modificado de Morgenstern et al. (2016, apêndice K).

9.10 Monitoramento geotécnico em Brumadinho

O sistema de monitoramento geotécnico existente em Brumadinho era constituído por cerca de 140 piezômetros e medidores de nível de água (cobrindo a área da barragem, em diferentes profundidades), além de mais do que 50 pontos de medição de vazão (a maioria na saída de drenos e canaletas). A medição de deslocamentos se resumia a sete marcos topográficos e dois inclinômetros, nas posições mostradas na Fig. 9.27.

Os marcos (situados na beira da parte alta do talude da barragem, ver Fig. 9.27) indicam que os deslocamentos verticais, depois de apresentarem recalques de dezenas de centímetros entre 2011 e 2014 (atribuíveis ao adensamento dos rejeitos), mostraram-se estáveis a partir da segunda metade de 2014 (ver exemplo do marco MT-04, apresentado na Fig. 9.28). É de se destacar que foi por essa época que o lançamento de rejeitos no reservatório foi encerrado. Assim, mesmo descontando a baixa precisão das medições nos marcos (feitas por nivelamento topográfico convencional), é razoável acreditar que, nos cerca de quatro anos que antecederam a ruptura, os deslocamentos foram pequenos.

Os deslocamentos horizontais (medidos nos marcos ou com inclinometria) apresentaram comportamento similar ao dos deslocamentos verticais.

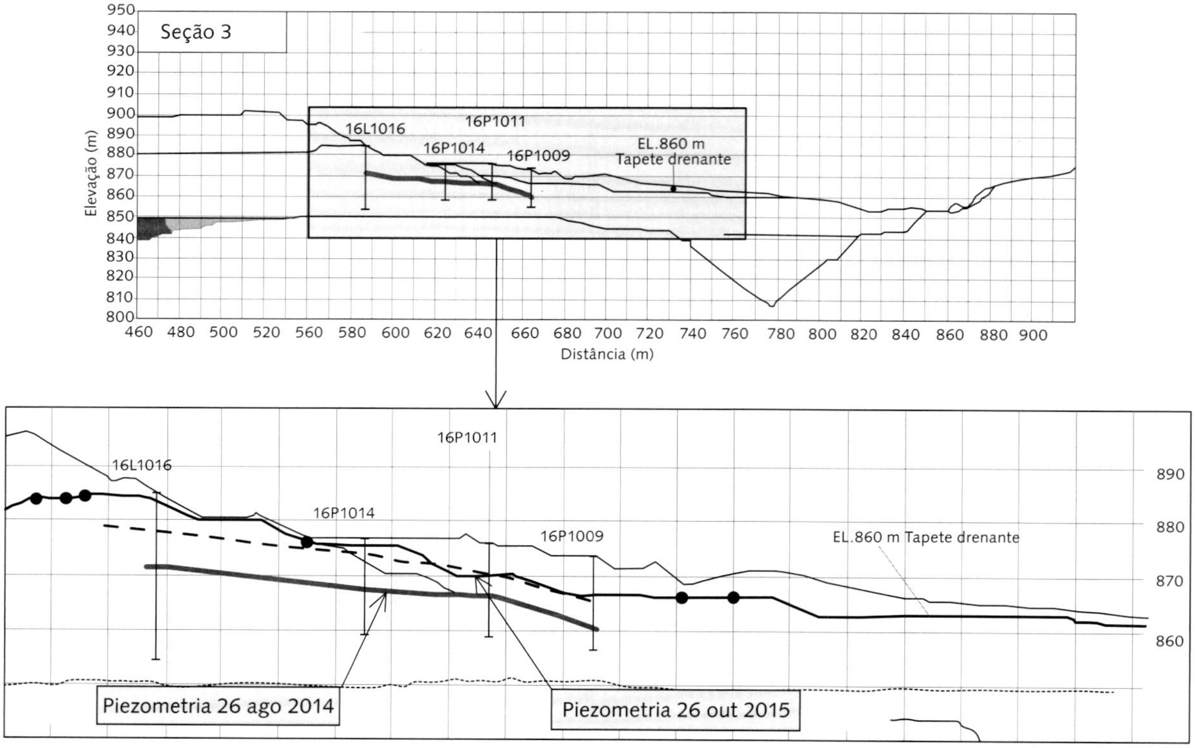

Fig. 9.25 *Fundão: seção 03 – níveis piezométricos entre 2014 e 2015*
Fonte: modificado de Morgenstern et al. (2016, apêndice B).

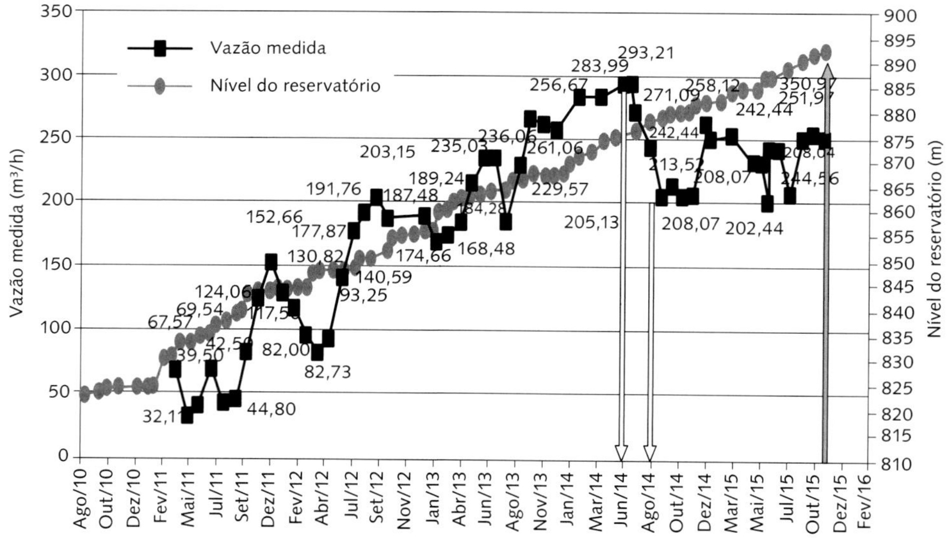

Fig. 9.26 *Fundão: vazões no dreno da elevação 826*
Fonte: modificado de Polícia Federal (2019).

Foram reportados deslocamentos superficiais centimétricos, obtidos com satélite, no ano que antecedeu a ruptura. As Figs. 9.29 e 9.30 mostram tais deslocamentos, os quais foram considerados possíveis agentes deflagradores (gatilhos) da ruptura. Cabe notar, contudo, que não parece ter havido aceleração deles antes do desastre, como sugerem os pontos de janeiro de 2019, destacados na Fig. 9.29.

O monitoramento piezométrico em Brumadinho indicou o seguinte:

- Na parte baixa, sob o *plateau* da elevação 898 m (ver Fig. 9.13), a piezometria se manteve praticamente estável, não sentindo a variação do nível do reservatório nem a instalação dos drenos horizontais profundos (DHPs), como mostrado na Fig. 9.31, que enfoca, a título de

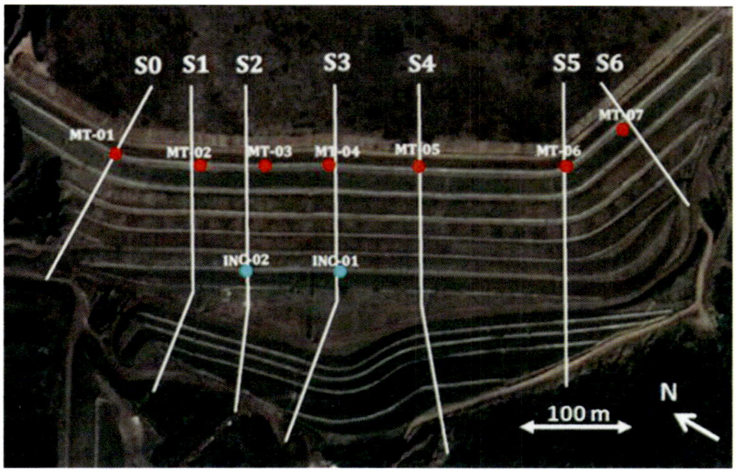

Fig. 9.27 *Brumadinho: instrumentos de medição de deslocamentos*
Fonte: modificado de Polícia Federal (2019).

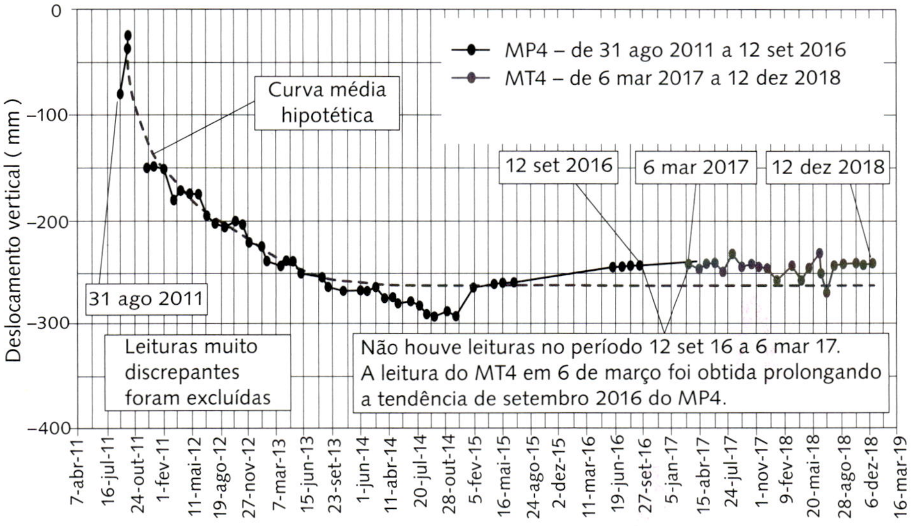

Fig. 9.28 *Brumadinho: deslocamentos verticais no marco MT-04*

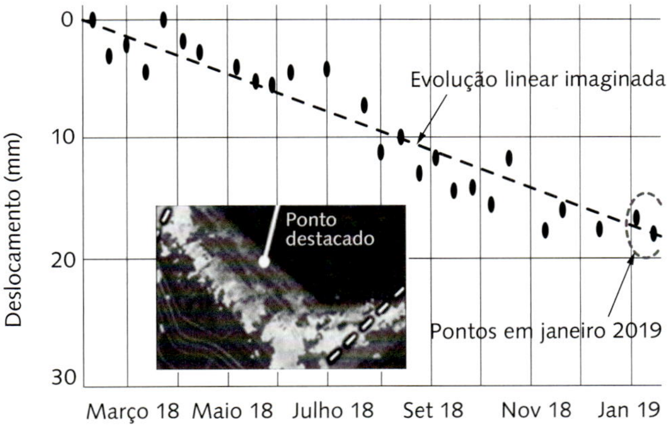

Fig. 9.29 *Brumadinho: deslocamentos verticais, obtidos com satélite TerraSAR-X, da Airbus, no ponto destacado*
Fonte: Brasil (2019, p. 115).

exemplo, os níveis observados no piezômetro PZ-71 entre 2000 e 2019.

- Na parte alta os piezômetros se mantiveram estáveis por mais do que uma década (exceto por pequenas variações nos períodos de chuvas) e, a partir de 2012, passaram a apresentar períodos de queda e de estabilidade, como ilustra a Fig. 9.32, na qual, como exemplo, estão os níveis medidos no piezômetro PZ-11 entre 2000 e 2019.

Em resumo, a instrumentação não ofereceu indícios da iminência da ruptura.

Uma detalhada filmagem dos taludes, das bermas e das canaletas de drenagem superficial da barragem, feita com *drone* cerca de um mês antes da ruptura, não mostrou trincas nem outros indícios do movimento que estava para acontecer.

9.11 COMENTÁRIOS FINAIS SOBRE FUNDÃO E BRUMADINHO

Tanto o reservatório do Fundão como o de Brumadinho foram executados por alteamento para

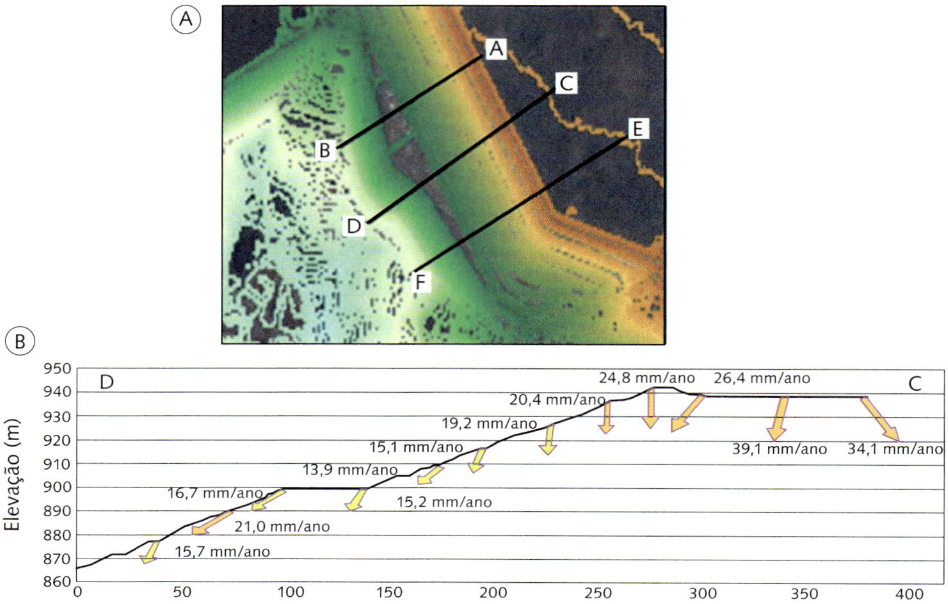

Fig. 9.30 *Brumadinho: deslocamentos via satélite, com (A) seções e (B) magnitudes e direções em pontos da seção CD*
Fonte: modificado de Robertson et al. (2019).

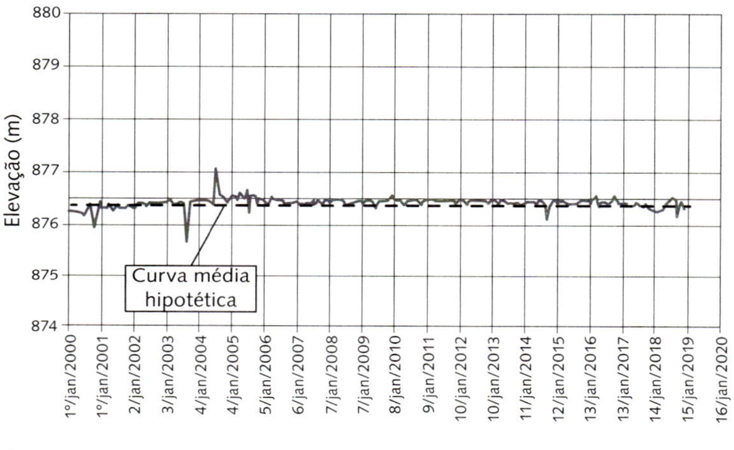

Fig. 9.31 *Brumadinho: dados do piezômetro PZ-71, situado sob o plateau*

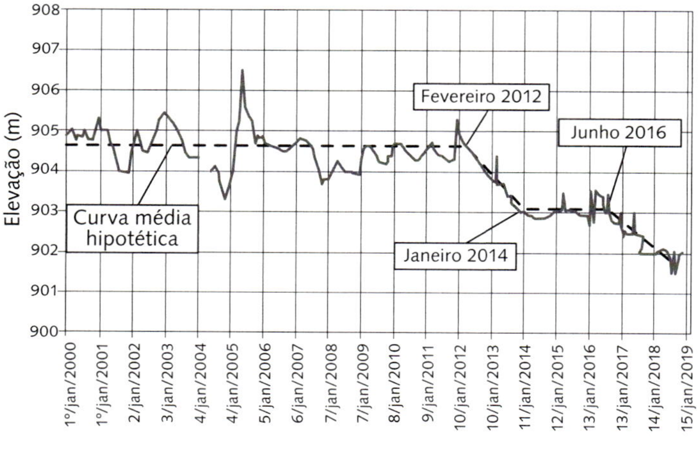

Fig. 9.32 *Brumadinho: dados do piezômetro PZ-11, situado na parte alta*

montante. Ambos continham grandes volumes de rejeito arenoso saturado e susceptível à liquefação. Suas rupturas foram rápidas e sem sinais prévios nítidos.

Mesmo se a instrumentação fosse perfeita e avisasse sobre a iminência da ruptura, teria que haver tempo para tomar providências, que, considerando a rapidez dos movimentos, é pouco provável que pudessem ter sido implementadas.

Mesmo se houvesse convicção de que ocorreriam essas rupturas, as atitudes que teriam que ser tomadas (remoção das populações, proteção dos patrimônios atingíveis e interrupção do lançamento de rejeitos, entre outras) trariam consequências operacionais e financeiras gigantescas. Por consequência, é difícil imaginar que haveria alguma instância capaz de impor tais posturas.

Nessa medida, parece correta a proibição de continuar a construção de sistemas de acumulação de rejeitos saturados e passíveis de liquefação pelo método de alteamento para montante (bem como a proibição, decretada pelas autoridades, de construção de novos sistemas com essas características). Da mesma forma, a exigência de que sejam reforçadas ou desativadas as obras com essas características também faz sentido.

Recentemente foi emitido (Vale, 2021) o relatório final do Comitê Independente de Assessoramento Extraordinário de Segurança de Barragens (CIAESB), que teve a participação, como membros externos independentes, dos Profs. Willy Alvarenga Lacerda, Flávio Miguez de Mello e Pedro Cesar Repetto e foi apoiado pelos especialistas Luciano Jacques de Moraes (Engenheiro Geotécnico), Fernando Pires de Camargo (Geólogo), Wanderley Guimarães Corrêa (Engenheiro de Tecnologia de Materiais), Luiz César da Veiga Pires (Engenheiro Hidráulico) e Carlos Abreu (Especialista em Tecnologia da Informação). Esse comitê teve o objetivo fundamental de assessorar o Conselho de Administração quanto às condições de segurança, à mitigação dos riscos e ao reforço da segurança das barragens da Vale. No relatório se constata que a postura adotada, em diversos casos, compreendeu a criação de reservatórios (em áreas despovoadas ou evacuadas) para reter todo o material fluido de uma eventual ruptura de barragens de rejeito. Esses reservatórios são contidos por barragens construídas em locais distantes o suficiente para que, no caso de uma ruptura, os trabalhadores possam buscar abrigo antes de serem atingidos pela lama.

Referências bibliográficas

ABGE – ASSOCIAÇÃO BRASILEIRA DE GEOLOGIA DE ENGENHARIA E AMBIENTAL. *Manual de sondagens*. 5. ed. Boletim nº 3. São Paulo, 2013. 203 p.

ABNT – ASSOCIAÇÃO BRASILEIRA DE NORMAS TÉCNICAS. *NBR 13028*: mineração – elaboração e apresentação de projeto de barragens para disposição de rejeitos, contenção de sedimentos e reservação de água – requisitos. Rio de Janeiro, 2017.

ABNT – ASSOCIAÇÃO BRASILEIRA DE NORMAS TÉCNICAS. *NBR 15421*: projeto de estruturas resistentes a sismos – procedimento. Rio de Janeiro, 2006.

ABRAHAM, T. J.; LUNDIN, L. W. TVA's Design Practices and Experiences in Dam and Foundation Drainage Systems. In: ICOLD, 12., Q.45, R.7, Mexico, 1976.

AMBRASEYS, N. N. On the Seismic Behaviour of Earth Dams. In: WORLD CONFERENCE ON EARTHQUAKE ENGINEERING, 2., Tokyo, 1960. *Proceedings*... v. 1, p. 331.

AMBRASEYS, N. N. The Seismic Stability Analysis of Earth Dams. In: SYMPOSIUM ON EARTHQUAKE ENGINEERING, University of Roorkee, Roorkee, India, 1962.

ASCE – AMERICAN SOCIETY OF CIVIL ENGINEERS. Review of Slope Protection Methods: Report of the Subcommittee on Slope Protection of the Committee on Earth Dams of the Soil Mechanics and Foundations Division. *Proceedings of the American Society of Civil Engineers*, v. 74, n. 6, p. 845-866, 1948.

ASCE – AMERICAN SOCIETY OF CIVIL ENGINEERS. Uplift in Masonry Dams: Final Report of the Subcommittee on Uplift in Masonry Dams of the Committee on Masonry Dams of the Power Division, 1951. *Transactions of the American Society of Civil Engineers*, v. 117, n. 1, p. 1218-1252, 1952.

ASCE – AMERICAN SOCIETY OF CIVIL ENGINEERS; USCOLD – UNITED STATES COMMITTEE ON LARGE DAMS. *Lessons from Dam Incidents, USA*. New York, 1975.

BANDEIRA, O. M.; SILVEIRA, J. F.; LEITE, D. T. Segurança de barragens da UHE Belo Monte. *Revista Brasileira de Engenharia de Barragens*, edição especial Belo Monte, CBDB, ano IV, n. 4, p. 39-51, maio 2017.

BASSEL, B. *Earth Dams*. Engineering News Publishing Co., 1907.

BAZZET, D. J. Written Discussion. In: CONFERENCE ON PORE PRESSURE AND SUCTION IN SOILS, ICE, London, 1961. p. 134.

BERTRAM, G. E. *An Experimental Investigation on Protective Filters*. Harvard Graduate School of Engineering, 1940. Pub. n. 267.

BISHOP, A. W. *The Stability of Earth Dams*. Thesis (Doctor of Philosophy) – Imperial College, University of London, London, 1952.

BISHOP, A. W. The Use of Pore Pressure Coefficients in Practice. *Géotechnique*, v. 4, 1954.

BISHOP, A. W.; BLIGHT, G. E. Some Aspects of Effective Stress in Saturated and Partly Saturated Soils. *Géotechnique*, v. 13, 1963.

BJERRUM, L.; KRINGSTAD, S.; KUMENEJE, O. The Shear Strength of Fine Sand. In: INTERNATIONAL CONFERENCE ON SOIL MECHANICS AND FOUNDATION ENGINEERING, 5., Paris, 1961. v. 1, p. 29-37.

BLIGH, W. G. *Practical Design of Irrigation Works*. 2nd ed. New York: Van Nostrand, 1910.

BLIND, H. The Safety of Dams. *Water Power & Dam Construction*, May 1983.

BRAHTZ, J. H. A.; ZANGAR, C. N.; BRUGGEMAN, J. R. *Notes on Analytical Soil Mechanics*. Technical Memorandum n. 592. USBR, 1939.

BRANDT, J. R. T. *Behaviour of Soil-Concrete Interfaces*. Thesis (Ph.D.) – University of Alberta, Edmonton, Canada, 1985.

BRASIL. Câmara dos Deputados. Comissão Parlamentar de Inquérito – Rompimento da Barragem de Brumadinho. *Relatório da CPI*. Brasília, out. 2019.

BROMS, B. B.; INGELSON, I. Earth Pressure Against the Abutments of a Rigid Frame Bridge. *Géotechnique*, v. 21, n. 1, 1971.

BROMS, B. B.; INGELSON, I. Lateral Earth Pressure on a Bridge Abutment. In: EUROPEAN CONFERENCE ON SOIL MECHANICS AND FOUNDATION ENGINEERING, 5., Madrid, 1972.

CAPRONI Jr., N.; D'ARMADA, J. C. R.; DALESSANDRO, P. R. Barragem de enrocamento do AHE Corumbá – relato de um pequeno incidente. In: SEMINÁRIO NACIONAL DE GRANDES BARRAGENS, 22., São Paulo, 1997.

CARMANY, R. M. Formulas to Determine Stone Size for Highway Embankment Protection. *Highway Research Record*, n. 30, p. 41, 1963.

CASAGRANDE, A. Characteristics of Cohesionless Soils Affecting the Stability of Earth Fills. *Journal of the Boston Society of Civil Engineers*, v. 23, p. 257-276, 1936.

CASAGRANDE, A. Control of Seepage through Foundations and Abutments of Dams. First Rankine Lecture. *Géotechnique*, v. 11, n. 3, p. 161-182, Sept. 1961.

CASAGRANDE, A. Discussion of "Security from Under-Seepage: Masonry Dams on Earth Foundations", by E. W. Lane. *Transactions of the American Society of Civil Engineers*, v. 100, p. 1289, 1934.

CASAGRANDE, A. Notes on the Design of Earth Dams. *Journal of the Boston Society of Civil Engineers*, v. 37, n. 4, 1950.

CASAGRANDE, A. Role of Calculated Risk in Earthwork and Foundation Engineering. *Journal of the American Society of Civil Engineers*, v. 91, n. SM4, 1965.

CASAGRANDE, A. Seepage through Dams. *Journal of the New England Water Works Association*, v. LI, n. 2, 1937. Existe tradução deste trabalho feita por Milton Vargas e publicada no *Manual do Engenheiro Globo*, v. 5, tomo 2.

CASAGRANDE, A.; HIRSCHFELD, R. C. Stress-Deformation and Strength Characteristics of a Clay Compacted to a Constant Dry Unit Weight. In: RESEARCH CONFERENCE ON SHEAR STRENGTH OF COHESIVE SOILS, ASCE, Boulder, 1960.

CASTRO, G. *Liquefaction of Sands*. 127 p. Thesis (Ph.D.) – Harvard University, Cambridge, 1969. (Harvard Soil Mechanics Series, n. 81).

CAVALCANTI, M. C. R.; SANDRONI, S. S. Estudos pseudo-tridimensionais das tensões em galerias no interior de barragens de terra utilizando o método dos elementos finitos. In: SEMINÁRIO NACIONAL DE GRANDES BARRAGENS, 20., Curitiba, 1992.

CBDB – COMITÊ BRASILEIRO DE BARRAGENS. *Barragens de rejeitos no Brasil*. Rio de Janeiro, 2012. 310 p.

CBGB – COMITÊ BRASILEIRO DE GRANDES BARRAGENS. *Main Brazilian Dams*: Design, Construction and Performance. 1982. 653 p.

CESTE – CONSÓRCIO ESTREITO ENERGIA; INTERTECHNE; CNEC. *Apresentação do estudo de alternativas da barragem*. ago. 2009. PowerPoint. 29 slides.

CHARLES, J. A.; BODEN, J. B. The Failure of Embankment Dams in the United Kingdom. *Proceedings of the Symposium on Failures in Earthworks*, London, 1985.

CHRISTIAN, J. T.; LADD, C. C.; BAECHER, G. B. Reliability Applied to Slope Stability Analysis. *Journal of Geotechnical Engineering*, ASCE, v. 120, n. 12, Dec. 1994.

COSTA FILHO, L. M.; ORGLER, B.; CRUZ, P. T. Algumas considerações sobre a previsão de pressões neutras no final de construção de barragens por ensaios de laboratório. In: CONGRESSO BRASILEIRO DE MECÂNICA DOS SOLOS E ENGENHARIA DE FUNDAÇÕES, 7., Recife, 1982. v. 4.

COYLE, H. M.; BUTLER, H. D. Field Measurements of Lateral Earth Pressures on a Cantilever Retaining Wall. *Transportation Research Board*, n. 517, 1974.

CRUZ, J. F.; DIAS, G. G.; BALBI, D. A. F. Monitoramento na prevenção de acidentes: caso da UHE Piau. In: SIMPÓSIO SOBRE INSTRUMENTAÇÃO DE BARRAGENS, 3., São Paulo, set. 2006. 14 p.

CRUZ, P. T. *100 barragens brasileiras*. São Paulo: Oficina de Textos, 1996.

CRUZ, P. T. *Propriedades de engenharia de solos residuais compactados da região centro-sul do Brasil*. DLP/EPUSP, 1967.

CRUZ, P. T.; BARBOSA, J. A. Critérios de cálculo para subpressões e análises de estabilidade ao escorregamento em barragens de concreto gravidade. In: SEMINÁRIO NACIONAL DE GRANDES BARRAGENS, 16., Recife, 1981.

CRUZ, P. T.; MASSAD, F. O parâmetro B em solos compactados. In: CONGRESSO BRASILEIRO DE MECÂNICA DOS SOLOS E ENGENHARIA DE FUNDAÇÕES, 3., Belo Horizonte, 1966. v. 1.

DAVIS, F. J.; GRAY, E. W.; JONES, C. W. The Use of Soil-Cement for Slope Protection. In: ICOLD, 11., Q.42, R.14, 1973.

DE GROOT, G. Seepage through Soil-Cement Facings. In: CONFERENCE ON PERFORMANCE OF EARTH

AND EARTH-SUPPORTED STRUCTURES, ASCE, Lafayette, 1972.

DNOCS – DEPARTAMENTO NACIONAL DE OBRAS CONTRA AS SECAS. *Barragens no Nordeste do Brasil*. Coordenador: J. A. A. Araujo. Fortaleza, 1982. 160 p.

DUNCAN, J. M. Factors of Safety and Reliability in Geotechnical Engineering. *Journal of Geotechnical and Geoenvironmental Engineering*, ASCE, v. 126, n. 4, Apr. 2000.

ELETRONORTE. *Arquivos da UHE Tucuruí*. 1988.

ELETRONORTE. *UHE Tucuruí*: projeto de engenharia das obras civis – consolidação da experiência. Diretoria Técnica. Brasília, 1987. 363 p.

FEMA – FEDERAL EMERGENCY MANAGEMENT AGENCY. *Federal Guidelines for Dam Safety*: Earthquake Analyses and Design of Dams. US Department of Homeland Security, 2005. 75 p.

FRAZÃO, E. B. *Tecnologia de rochas na construção civil*. São Paulo: ABGE, 2002. 132 p.

FREDLUND, D. G.; WILSON, G. W.; BARBOUR, S. L. Unsaturated Soil Mechanics and Property Assessment. In: ROWE, R. K. (Ed.). *Geotechnical and Geoenvironmental Engineering Handbook*. Kluwer Academic Publishers, 2001. Chap. 5.

GILBERT, O. H. *The Influence of Negative Pore Water Pressures on the Strength of Compacted Clays*. Thesis (Master of Science) – Massachusetts Institute of Technology, MIT, 1959.

GLOVER, R. E.; GIBBS, H. J.; DAEHN, W. W. Deformability of Earth Materials and its Effect on the Stability of Earth Dams Following a Rapid Drawdown. In: INTERNATIONAL CONFERENCE ON SOIL MECHANICS AND FOUNDATION ENGINEERING, 2., Rotterdam, 1948. v. 5.

GOUBET, A. Risques associés aux barrages. *La Houille Blanche*, n. 8, 1979.

GOULD, J. P. Lateral Pressures on Rigid Permanent Structures. In: SPECIALTY CONFERENCE ON LATERAL STRESS, ASCE, Ithaca, NY, 1971.

GRILLO, O. Acidentes em barragens. *Revista Sanevia*, ano 18, n. 26, 1964. Trabalho apresentado no II Seminário Nacional de Grandes Barragens, Rio de Janeiro.

GUERRA, M. O. Ação química e biológica na colmatação de filtros e drenos: implicações no comportamento de barragens no Rio Grande. In: SEMINÁRIO NACIONAL DE GRANDES BARRAGENS, 13., Rio de Janeiro, 1980.

GUIDICINI, G.; ANDRADE, R. M. Considerações sobre o tratamento das fundações de estruturas hidráulicas em basaltos. In: SIMPÓSIO SOBRE A GEOTECNIA DA BACIA DO ALTO PARANÁ. *Anais*... São Paulo: ABMS; ABGE; CBMR, 1983. v. 1A, p. 319-350.

GUIDICINI, G.; LOUSA, J. Lições de um caso de escorregamento decorrente do enchimento de um reservatório. In: CONGRESSO BRASILEIRO DE MECÂNICA DOS SOLOS E ENGENHARIA DE FUNDAÇÕES, 10., 1994, Foz do Iguaçu. *Anais*... Associação Brasileira de Mecânica dos Solos, 1994. v. 4, p. 1077-1084.

GUIDICINI, G.; OLIVEIRA, A. M. S.; MATUOKA, Y. Uplift Pressures and Deformations at Ibitinga Dam Foundations, Tietê River, Southern Brazil. In: CONGRESS OF THE INTERNATIONAL ASSOCIATION FOR ENGINEERING GEOLOGY, 1., 1970, Paris. *Annals*... Paris: International Association for Engineering Geology, 1970. v. 2, p. 1235-1246. (Publicação IPT, n. 883).

GUIDICINI, G.; SANDRONI, S. *Acidentes em barragens brasileiras*. 2021. Em preparo.

GUIDICINI, G.; SANDRONI, S.; MIGUEZ DE MELLO, F. *Acidentes e incidentes em barragens e obras anexas no Brasil*. 2021. Livro virtual encontrável no site do CBDB.

HARR, M. E. *Groundwater and Seepage*. New York: McGraw-Hill, 1962.

HARZA, L. F. The Best Means of Preventing Piping. In: ICOLD, 2., Washington, 1936.

HERKENHOFF, C. S.; DIB, P. S. UHE Tucuruí: percolação de água nas interfaces aterros/muros de concreto. In: CONGRESSO BRASILEIRO DE MECÂNICA DOS SOLOS E ENGENHARIA DE FUNDAÇÕES, 8., Porto Alegre, 1986. v. 4.

HILF, J. Estimating Construction Pore Pressures in Rolled Earth Dams. In: INTERNATIONAL CONFERENCE ON SOIL MECHANICS AND FOUNDATION ENGINEERING, 2., Rotterdam, 1948. v. 4.

HUDSON, R. Y. Laboratory Investigations on Rubble Mound Breakwaters. *Journal of the Waterways and Harbors Division*, ASCE, v. 85, n. WW3, Sept. 1959. Publicado novamente em *Transactions of the American Society of Civil Engineers*, v. 126, part IV, 1961.

HUMES, C. *Considerações sobre a determinação da distribuição de vazios de filtros de proteção de obras geotécnicas*. Tese (Doutorado) – Escola Politécnica da Universidade de São Paulo, São Paulo, 1995.

HUMES, C. Um critério para dimensionamento da espessura de filtros e transições. In: SIMPÓSIO BRASILEIRO SOBRE PEQUENAS CENTRAIS HIDRELÉTRICAS, 1., Poços de Caldas, 1998.

ICMM – INTERNATIONAL COUNCIL OF MINING AND METALS. *Global Tailing Standard*. Draft for Public Consultation. 2019. 33 p.

ICOLD – INTERNATIONAL COMMISSION ON LARGE DAMS. *Lessons from Dam Incidents*. Paris, 1974.

ICOLD – INTERNATIONAL COMMISSION ON LARGE DAMS. *Soil-Cement for Embankment Dams*. Bulletin n. 54. Paris, 1986.

INFANTI, N. Comments on Geotechnical Clogging of Dam Filters and Drains. In: INTERNATIONAL CONFERENCE ON GEOMECHANICS IN TROPICAL LATERITIC AND SAPROLITIC SOILS – TropicaLS'85, 1., Brasília, 1985. v. 4.

INFANTI, N.; KANJI, M. Preliminary Considerations on Geochemical Factors Affecting the Safety of Earth Dams. In: CONGRESS OF THE INTERNATIONAL ASSOCIATION FOR ENGINEERING GEOLOGY, 2., São Paulo, 1974.

JAMIOLKOWSKI, M. *Research Applied to Geotechnical Engineering*. 81° James Forrest Lecture. Institution of Civil Engineers, 1986.

JAMIOLKOWSKI, M.; LADD, C. C.; GERMAINE, J. T.; LANCELLOTTA, E. R. New Developments in Field and Laboratory Testing of Soils. In: INTERNATIONAL CONFERENCE ON SOIL MECHANICS AND FOUNDATION ENGINEERING, 11., San Francisco, 1985. v. 1, p. 57-153.

JEFFERIES, M.; BEEN, K. *Soil Liquefaction*: A Critical State Approach. 2. ed. Boca Raton: CRC Press, 2016. 713 p.

JOHNSON, S. J. *Analysis and Design Relating to Embankments*: A State-of-the-Art Review. Miscellaneous Paper S-75-3. Vicksburg: U.S. Army Engineer Waterways Experiment Station, 1975.

JONES, C. J. F. P.; SIMS, F. A. Earth Pressure Against the Abutments and Wing Walls of Standard Motorway Bridges. *Géotechnique*, v. 25, n. 4, 1975.

JUSTIN, J. D. *Earth Dam Projects*. New York: John Wiley & Sons, 1932.

KANJI, M. A. *Obras em rocha*: influência da Geologia. PEF 2507 (USP). São Paulo, 2017. 126 p.

LAMBE, T. W. Residual Pore Pressures in Compacted Clay. In: INTERNATIONAL CONFERENCE ON SOIL MECHANICS AND FOUNDATION ENGINEERING, 5., Paris, 1961. v. 1.

LANE, E. W. Security from Under-Seepage: Masonry Dams on Earth Foundations. *Transactions of the American Society of Civil Engineers*, paper n. 1919, 1934.

LINELL, K. A.; SHEA, H. F. Strength and Deformation Characteristics of Various Glacial Tills in New England. In: RESEARCH CONFERENCE ON SHEAR STRENGTH OF COHESIVE SOILS, ASCE, Boulder, 1960.

LINS, A. H. P. *Resistência e poro-pressões desenvolvidas em um solo compactado não saturado em laboratório*. Tese (Doutorado) – COPPE, Universidade Federal do Rio de Janeiro, Rio de Janeiro, 1991.

LINS, A. H. P.; SANDRONI, S. S. The Development of Pore-Water Pressure in a Compacted Soil. In: INTERNATIONAL CONFERENCE ON SOIL MECHANICS AND FOUNDATION ENGINEERING, 13., New Delhi, India, 1994. v. 1.

LOWE, J. Stability Analysis of Embankments. *Journal of the Soil Mechanics and Foundations Division*, ASCE, v. 93, n. 4, 1967.

LOWE, J.; JOHNSON, S. J. Use of Back Pressure to Increase Degree of Saturation of Triaxial Test Specimens. In: RESEARCH CONFERENCE ON SHEAR STRENGTH OF COHESIVE SOILS, ASCE, Boulder, 1960.

LOWE, J.; KARAFIATH, L. Stability of Earth Dams Upon Drawdown. In: PAN-AMERICAN CONFERENCE ON SOIL MECHANICS AND FOUNDATION ENGINEERING, 1., Mexico, 1959.

LUGEON, M. *Barrages et géologie*. Paris: Dunod, 1932. 136 p.

MACIEL FILHO, C. L. *Estudo do processo geoquímico de obstrução de filtros de barragens*. 151 f. Tese (Doutorado) – Instituto de Geociências, Universidade de São Paulo, São Paulo, 1982.

MANSUR, C. I.; KAUFMAN, R. I. Control of Underseepage Mississippi River Levees, St. Louis District. *Journal of the Soil Mechanics and Foundations Division*, ASCE, v. 82, n. 1, 1956.

MARSAL, R. J.; RESENDIZ NUÑEZ, D. *Presas de tierra y enrocamiento*. Mexico: Editorial Limusa, 1975.

MELLIOS, G.; SVERZUT Jr., H. Observações de empuxos de terra sobre os muros de ligação – Ilha Solteira. In: SEMINÁRIO NACIONAL DE GRANDES BARRAGENS, 10., Curitiba, 1975.

MELLO, V. F. B. Algumas experiências brasileiras e contribuições à engenharia de barragens. *Revista Latinoamericana de Geotecnia*, Caracas, v. 3, n. 2, 1976.

MELLO, V. F. B. Reflections on Design Decisions of Practical Significance to Embankment Dams (17th Rankine Lecture). *Géotechnique*, v. 27, n. 3, 1977.

MENDONÇA, M. B. *Avaliação da formação do ocre no desempenho de filtros geotêxteis*. Tese (Doutorado) – COPPE, Universidade Federal do Rio de Janeiro, Rio de Janeiro, 2000.

MIDDLEBROOKS, T. A. Earth Dam Practice in the United States. *Transactions of the American Society of Civil Engineers*, Centennial Volume, p. 697, 1953.

MIGUEZ DE MELLO, F. Acidentes em barragens brasileiras. In: SEMINÁRIO NACIONAL DE GRANDES BARRAGENS, 1981a.

MIGUEZ DE MELLO, F. Segurança de barragens. In: SEMINÁRIO NACIONAL DE GRANDES BARRAGENS, 16., Recife, 1981b.

MIRANDA, A. N.; MALVEIRA, V.; JARDIM, W. F. Correção de trincas transversais na barragem Piaus. In: SEMINÁRIO NACIONAL DE GRANDES BARRAGENS, 28., Rio de Janeiro, 2011. T103 A04. PowerPoint. 23 p.

MORGENSTERN, N. R. Stability Charts for Earth Slopes During Drawdown. *Géotechnique*, v. 13, 1963.

MORGENSTERN, N. R.; VICK, S. G.; VIOTTI, C. B.; WATTS, B. D. *Fundão Tailings Dam Review Panel*: Report on the Immediate Causes of the Failure of the Fundão Dam. 25 ago. 2016. 88 p. Este documento possui milhares de páginas de anexos incluindo: glossário, apêndices A até J, relatório de sismologia e vídeo explicativo apresentado por N. R. Morgenstern. Disponível em: <fundaoinvestigation.com>.

MUHS, H. Erddruckmessungen an einer 24 m hohen starren Wand. *Bauplanung und Bautechnik*, v. 1, n. 1, 1947.

NAKAO, H. Pressões de terra na superfície de muros de concreto em contato com barragens de terra. In: SEMINÁRIO NACIONAL DE GRANDES BARRAGENS, 14., Recife, 1981.

NIEBLE, C. M.; MELLO, L. G.; KANJI, M. *Relatório de diagnóstico do sinistro na PCH Apertadinho*. Parecer arrolado na Câmara dos Deputados e citado na Proposta de Fiscalização e Controle n. 71. 2009. 108 p.

NOGUEIRA Jr., J. *Possibilidades de colmatação química dos filtros e drenos da barragem de Porto Primavera (SP) por compostos de ferro*. 247 f. Dissertação (Mestrado) – Universidade de São Paulo, São Paulo, 1988.

NRC – NATIONAL RESOURCES COMMITTEE. *Low Dams*. Washington D.C., 1938.

NUNES, A. J. C.; MELLO, V. F. B. Barragem de Açu: estudo sobre deslizamento em período construtivo. *Revista Andrade Gutierrez*, 1982.

OLSON, S. M.; STARK, T. D. Use of Laboratory Data to Confirm Yield and Liquefied Strength Ratio Concepts. *Canadian Geotechnical Journal*, v. 40, p. 1164-1184, 2003a.

OLSON, S. M.; STARK, T. D. Yield Strength Ratio and Liquefaction Analysis of Slopes and Embankments. *Journal of Geotechnical and Geoenvironmental Engineering*, ASCE, v. 129, n. 8, p. 629-647, 2003b.

PARRA, P. C. Previsão e análise do comportamento tensão-deformação da barragem de emborcação. In: SEMINÁRIO NACIONAL DE GRANDES BARRAGENS, 16., Belo Horizonte, 1985. v. 2.

PATON, J.; SEMPLE, N. G. Investigation of the Stability of an Earth Dam Subjected to Rapid Drawdown Including Details of Pore Pressure Recorded During a Controlled Drawdown Test. In: CONFERENCE ON PORE PRESSURE AND SUCTION IN SOILS, ICE, London, 1961.

PECK, R. B. Advantages and Limitations of the Observation Method in Applied Soil Mechanics. *Géotechnique*, v. 19, n. 2, 1969.

PECK, R. B. "Where Has All the Judgement Gone?" Fifth Laurits Bjerrum Memorial Lecture. *Canadian Geotechnical Journal*, v. 17, n. 4, p. 584-590, Nov. 1980. Existe tradução deste trabalho feita por Guido Guidicini com o título "Onde foi parar o senso crítico?" e publicada pela Associação Brasileira de Geologia de Engenharia (ABGE), Tradução n. 4, 14 p., 1982.

PESSOA, J. C. C. Acidentes em barragens. *Revista Sanevia*, ano 18, n. 26, 1964. Trabalho apresentado no II Seminário Nacional de Grandes Barragens, Rio de Janeiro.

PIRETE, W. S. *Estudo do potencial de liquefação estática de uma barragem de rejeito alteada para montante aplicando a metodologia de Olson (2001)*. 141 f. Dissertação (Mestrado) – Universidade Federal de Ouro Preto, Ouro Preto, 2010.

POLÍCIA FEDERAL. Superintendência Regional em Minas Gerais. *Laudo de Perícia Criminal Federal nº 1070/2019*. Setec/SR/PF/MG, jul. 2019. 216 p. Laudo sobre Brumadinho.

QUEIROZ, L. A.; OLIVEIRA, H. G. Medidas de recalques de fundações de barragens de terra e enrocamento. In: SEMINÁRIO NACIONAL DE GRANDES BARRAGENS, 5., 1968, Rio de Janeiro. *Anais*... Rio de Janeiro: CBGB, 1968. Tema 2.3. 8 p.

RAO, K. L. Earth Dams, Ancient and Modern, in Madras State. In: ICOLD, 4., Q.13, R.56, New Delhi, India, 1951. v. 1.

REINIUS, E. *The Stability of Upstream Slopes of Earth Dams*. Bulletin n. 12. Swedish State Committee for Building Research, 1948.

REINIUS, E. The Stability of the Slopes of Earth Dams. *Géotechnique*, v. 4, 1954.

RHODES, J. A.; DIXON, N. A. Performance of Foundation Drain Systems for Concrete Gravity Dams. In: ICOLD, 12., Q.45, R.5, Mexico, 1976.

ROBERTSON, P. K. Estimating In-Situ State Parameter and Friction Angle in Sandy Soils from CPT. In: INTERNATIONAL SYMPOSIUM ON CONE PENETRATION TESTING, 2., Huntington Beach, California, USA, 2010a. 8 p.

ROBERTSON, P. K. Evaluation of Flow Liquefaction and Liquefied Strength using the Cone Penetration Test. *Journal of Geotechnical and Geoenvironmental Engineering*, ASCE, v. 136, n. 6, 2010b.

ROBERTSON, P. K.; MELO, L.; WILLIAMS, D. J.; WILSON, G. W. *Main Report of Expert Panel on the Technical*

Causes of Failure of Feijão Dam I. 12 dez. 2019. 81 p. Este documento possui apêndices A até J com milhares de páginas, disponível no site da Vale.

ROWE, R. K. (Ed.). *Geotechnical and Geoenvironmental Engineering Handbook*. Kluwer Academic Publishers, 2001.

RUIZ, M. D. et al. Estudo e correção dos vazamentos e infiltrações pelas ombreiras e fundações da barragem de Saracuruna (RJ). In: SEMINÁRIO NACIONAL DE GRANDES BARRAGENS, 11., Fortaleza (CE), 1976.

SANDRONI, S. S. Aspectos geotécnicos de uma ruptura de maciço de barragem durante a construção. In: CONGRESSO BRASILEIRO DE MECÂNICA DE SOLOS, 8., Porto Alegre, 1986.

SANDRONI, S. S. Estimativa de poro-pressões positivas em maciços de terra compactada durante a construção. In: SEMINÁRIO NACIONAL DE GRANDES BARRAGENS, 16., Belo Horizonte, 1985.

SANDRONI, S. S.; SILVA, S. R. B. Estimativa de poro-pressões construtivas em aterros argilosos – os ensaios PN abertos. In: SIMPÓSIO SOBRE NOVOS CONCEITOS DE ENSAIOS DE LABORATÓRIO E CAMPO EM GEOTECNIA, Rio de Janeiro, 1989. v. 1.

SATO, T. *Comunicação pessoal*. 2003.

SAVILLE Jr., T.; McCLENDON, E. W.; COCHRAN, A. L. Freeboard Allowances for Waves in Inland Reservoirs. *Journal of the Waterways and Harbors Division*, ASCE, v. 88, n. WW2, May 1962. Publicado novamente em *Transactions of the American Society of Civil Engineers*, v. 128, Part IV, 1963.

SCHNAID, F. *In Situ Testing in Geomechanics*. Taylor & Francis, 2009. 329 p.

SCHNAID, F.; MELLO, L. G. F. S.; DZIALOSZYNSKI, B. S. Guidelines and Recommendations on Minimum Factors of Safety for Slope Stability of Tailing Dams. *Soils and Rocks*, v. 43, n. 3, p. 369-395, 2020.

SCHNITTER, N. J. *A History of Dams*: The Useful Pyramids. Balkema, 1994.

SEED, H. B. Soil Liquefaction and Cyclic Mobility Evaluation for Level Ground During Earthquakes. *Journal of the Geotechnical Engineering Division*, ASCE, v. 105, n. GT2, 1979.

SEED, H. B.; ALBA, P. Use of SPT and CPT Tests for Evaluating the Liquefaction Resistance of Sands. In: SPECIALTY CONFERENCE, IN SITU '86, ASCE, 1986.

SEED, H. B.; IDRISS, I. M. Simplified Procedure for Evaluating Soil Liquefaction Potential. *Journal of the Soil Mechanics and Foundations Division*, ASCE, v. 97, n. SM9, 1971.

SHERARD, J. L. Embankment Dam Cracking. In: HIRSCHFELD, R. C.; POULOS, S. J. (Ed.). *Embankment-Dam Engineering*: Casagrande Volume. New York: John Wiley & Sons, 1973.

SHERARD, J. L. *Influence of Soil Properties and Construction Methods on the Performance of Homogeneous Earth Dams*. Technical Memorandum n. 645. Denver: USBR, 1953.

SHERARD, J. L.; WOODWARD, R. J.; GIZIENSKI, S. F.; CLEVENGER, W. A. *Earth and Earth-Rock Dams*. New York: John Wiley & Sons, 1963.

SILVEIRA, A. *Algumas considerações sobre filtros de proteção*. Tese (Doutorado) – Escola Politécnica da Universidade São Paulo, São Paulo, 1964.

SILVEIRA, A. An Analysis of the Problem of Washing Through in Protective Filters. In: INTERNATIONAL CONFERENCE ON SOIL MECHANICS AND FOUNDATION ENGINEERING, 6., Montreal, Canada, 1965.

SILVEIRA, J. F. A. *Simpósio sobre Geotecnia da Bacia do Alto Paraná*. São Paulo: ABMS; ABGE, 1983.

SILVEIRA, J. F. A.; MACEDO, S.; MYIA, S. Observações de deslocamentos e deformações na fundação da barragem de terra de Água Vermelha. In: SEMINÁRIO NACIONAL DE GRANDES BARRAGENS, 12., São Paulo, 1978. v. 1.

SILVEIRA, J. F. A.; MYIA, S.; MARTINS, C. R. S. Análise das tensões medidas na interface solo-concreto dos muros de ligação da barragem de Água Vermelha. In: SEMINÁRIO NACIONAL DE GRANDES BARRAGENS, 13., Rio de Janeiro, 1980.

SKEMPTON, A. W. The Pore Pressure Coefficients A and B. *Géotechnique*, v. 4, n. 4, Dec. 1954.

SKEMPTON, A. W.; BISHOP, A. W. Soils. In: REINER, M. (Ed.). *Building Materials, Their Elasticity and Inelasticity*. Amsterdam: North Holland Publishing Company, 1954. Chap. 10.

SKEMPTON, A. W. et al. *Carsington Dam Failure*. London: Institution of Civil Engineers, 1985.

SOUSA, L. N. *Avaliação do comportamento da fundação de barragem em rocha arenítica*: estudo de caso da barragem Jaburu I. 79 f. Dissertação (Mestrado) – Universidade Federal do Ceará, Fortaleza, 2014.

SOWERS, G. F. Earth Dam Failures. In: WITTKE, W. (Ed.). *Lectures of the Seminar, Failures of Large Dams, Reasons and Remedial Measures*. Aachen: Institute for Foundation Engineering, Soil Mechanics, Rock Mechanics and Waterways Construction, 1977.

TAKASE, K. Statistic Study on Failure, Damage and Deterioration of Earth Dams in Japan. In: ICOLD, 9., Q.34, R.1, Istanbul, 1967.

TAYLOR, D. W. *Fundamentals of Soil Mechanics*. New York: John Wiley & Sons, 1948.

TAYLOR, K. V. Slope Protection on Earth and Rockfill Dams. In: ICOLD, 11., Q.42, R13, 1973.

TERZAGHI, K. *Effect of Minor Geologic Details on the Safety of Dams*. New York: American Institute of Mining and Metallurgical Engineers, 1929. Existe tradução deste trabalho feita por E. Pichler, do IPT, com o título "Efeito de detalhes geológicos secundários na segurança das barragens" e publicada em 1950.

TERZAGHI, K. *Erdbaumechanik auf Bodenphysikalischen Grundlagen*. Wien: Deuticke, 1925.

TERZAGHI, K. *First Memorandum Concerning Design and Construction of Vigário Dike*. Relatório para a Light. Rio de Janeiro, 1949.

TERZAGHI, K.; PECK, R. B. *Soil Mechanics in Engineering Practice*. New York: John Wiley & Sons, 1948.

TERZAGHI, K.; PECK, R. B. *Soil Mechanics in Engineering Practice*. 2. ed. New York: John Wiley & Sons, 1967.

TOKIMATSU, K.; YOSHIMI, Y. Empirical Correlation of Soil Liquefaction Based on SPT N-Values and Fines Content. *Soils and Foundations*, v. 23, n. 4, 1983.

TURNBULL, W. J.; MANSUR, C. I. Investigation of Under Seepage: Mississippi River Levees. *Transactions of the American Society of Civil Engineers*, Paper n. 3247, 1959.

USACE – UNITED STATES ARMY CORPS OF ENGINEERS. *Earth and Rockfill Dams*: General Design and Construction Considerations. EM1110-2-2300. Washington, 1971.

USBR – UNITED STATES BUREAU OF RECLAMATION. *Design of Small Dams*. Washington, 1977.

VALE. *Relatório final do Comitê Independente de Assessoramento Extraordinário de Segurança de Barragens (CIAESB)*. 2021. 100 p.

VARGAS, M. Projeto e comportamento da barragem Euclides da Cunha. In: PAN-AMERICAN CONFERENCE ON SOIL MECHANICS AND FOUNDATION ENGINEERING, 2., São Paulo, 1963. *Anais*... ABMS, 1963. v. 2, p. 331-346.

VARGAS, M. et al. *A ruptura da barragem de Pampulha*. Pub. n. 529. São Paulo: IPT, 1955.

VAUGHAN, P. R. *Notas de aula, Mestrado em Mecânica dos Solos, Imperial College, University of London*. 1974. Não publicado.

VAUGHAN, P. R. Undrained Failure of Clay Embankments. *Proceedings of the Roscoe Memorial Symposium on Stress-Strain Behaviour of Soils*. Cambridge: G.T. Foulis & Co., 1971.

VAUGHAN, P. R.; KENNARD, M. F. Earth Pressure at a Junction Between an Embankment Dam and a Concrete Dam. In: EUROPEAN CONFERENCE ON SOIL MECHANICS AND FOUNDATION ENGINEERING, 5., Madrid, 1972.

VAUGHAN, P. R. et al. Cracking and Erosion of the Rolled Clay Core of Balderhead Dam and the Remedial Works Adopted for Its Repair. In: ICOLD, 10., Q.35, R.5, 1970.

VIOTTI, C. B. *Emborcação Dam*: A Rankine Lecture Design – A Successful Performance. De Mello Volume. São Paulo: E. Blucher, 1989.

VIOTTI, C. B. Estudo das interfaces barragens de terra – estruturas de concreto: Jaguara, Volta Grande e São Simão. In: SEMINÁRIO NACIONAL DE GRANDES BARRAGENS, 13., Rio de Janeiro, 1980.

VIOTTI, C. B.; CARIM, A. L. C. Deformações excessivas na barragem de Emborcação e seu reflexo no projeto no projeto da barragem de Nova Ponte. In: SEMINÁRIO NACIONAL DE GRANDES BARRAGENS, 22., São Paulo, 1997.

WALKER, W. L.; DUNCAN, J. M. Lateral Bulging of Earth Dams. *Journal of Geotechnical Engineering*, ASCE, v. 110, n. 7, July 1984.

WEGMANN, E. *The Design and Construction of Dams*. New York: John Wiley & Sons, 1927.

WILSON, S. D.; MARSAL, R. J. *Current Trends in the Design and Construction of Embankment Dams*. New York: ASCE, 1979.

WILSON, S. D.; PIMLEY, B. *Earth Pressure Measurement in Pulverized Fuel Ash Behind a Rigid Retaining Wall*. Report n. 392. UK: Road Research Laboratory, Department of the Environment, 1971.